全国高职高专印刷与包装类专业教学指导委员会规划统编教材

印刷质量控制与检测

主　编　何晓辉
编　著　孟　婕　赵艳东
主　审　智文广

文化发展出版社
Cultural Development Press

内容提要

本书着重讲述了印刷质量控制的基本概念及基本原理。本书根据高等职业教育的特点，按照印刷生产流程顺序，详细介绍了印刷流程中各个阶段和工序质量控制和检测的具体方法及操作要点，内容包括原稿输入、印前图像处理、分色片输出、制版、打样的质量控制、印刷作业的规范、印刷过程主要参数的控制与检测、常见质量故障的分析等，同时还对常见的现代印刷质量控制系统进行了介绍。本书每章后面附有复习思考题，便于读者对相关知识的理解和掌握。

本书适合作为高职高专印刷专业教材，同时也适合印刷行业的从业人员自学或进行技术培训使用。

图书在版编目（CIP）数据

印刷质量控制与检测／何晓辉，孟婕，赵艳东编．—北京：文化发展出版社，2008.6
(2022.1重印)
全国高职高专印刷与包装类专业教学指导委员会规划统编教材
ISBN 978-7-80000-729-3

Ⅰ．印… Ⅱ．①何…②孟…③赵… Ⅲ．①印刷品－质量控制－高等学校：技术学校－教材
②印刷品－质量检验－高等学校：技术学校－教材 Ⅳ．TS807

中国版本图书馆CIP数据核字（2008）第043652号

印刷质量控制与检测

主　编：何晓辉　　编　著：孟　婕　赵艳东　　主　审：智文广

责任编辑：魏　欣　　责任校对：岳智勇
责任印制：邓辉明　　责任设计：侯　铮
出版发行：文化发展出版社（北京市翠微路2号　邮编：100036）
网　址：www.wenhuafazhan.com
经　销：各地新华书店
印　刷：北京建宏印刷有限公司

开　本：787mm×1092mm　1/16
字　数：250千字
印　张：11.875
印　数：24901～25400
印　次：2022年1月第13次印刷
定　价：39.00元
I S B N：978-7-80000-729-3

◆ 如发现印装质量问题请与我社发行部联系　发行部电话：010-88275710
◆ 我社为使用本教材的专业院校提供免费教学课件，欢迎来电索取。010-88275712

出版前言

20世纪80年代以来的20多年时间，在世界印刷技术日新月异的飞速发展浪潮中，中国印刷业无论在技术还是产业层面都取得了长足的进步。桌面出版系统、激光照排、CTP、数字印刷、数字化工作流程等新技术、新设备、新工艺在中国印刷业得到了普及或应用。

印刷产业技术的发展既离不开高等教育的支持，又给高等教育提出了新要求。近20多年时间，我国印刷高等教育与印刷产业一起得到了很大发展，开设印刷专业的院校不断增多，培养的印刷专业人才无论在数量还是质量上都有了很大提高。但印刷产业的发展急需印刷专业教育培养出更多、更优秀的应用型技术管理人才。

教材是教学工作的重要组成部分。印刷工业出版社自成立以来，一直致力于专业教材的出版，与国内主要印刷专业院校建立了长期友好的合作关系。但随着产业技术的发展，原有的印刷专业教材无论在体系上还是内容上都已经落后于产业和专业教育发展的要求。因此，为了更好地服务于印刷包装高等职业教育教学工作，遵照国家对高等职业教育的定位，突出高等职业教育的特点，我社组织了北京印刷学院、上海出版印刷高等专科学校、深圳职业技术学院、安徽新闻出版职业技术学院、天津职业大学、杭州电子科技大学、郑州牧业工程高等专科学校、湖北职业技术学院等主要印刷高职院校的骨干教师编写了“全国高职高专印刷包装专业教材”。

这套教材具有以下优点：

● 实用性、实践性强。该套教材依照高等职业教育的定位，突出高职教育重在强化学生实践能力培养的特点，教材内容在必备的专业基础知识理论和体系的基础上，突出职业岗位的技能要求，所含教材均为高职教育印刷包装专业的必修课，是国内最新的高职高专印刷包装专业教材，能解决当前高等职业教育印刷包装专业教材急需更新的迫切需求。

● 编者队伍实力雄厚。该套教材的编者来自全国主要印刷高职院校，均是各院校最有实力的教授、副教授以及从事教学工作多年的骨干教师，对高职教育的特点和要求十分了解，有丰富的教学、实践以及教材编写经验。

● 覆盖面广。该套教材覆盖面广，从工艺原理到设备操作维护，从印前到印刷、印后，均为高职教育印刷包装专业的必修课，迎合了当前的高职教学需求，为解决当前高等职业教育印刷包装类专业教材的不足而选定。

经过编者和出版社的共同努力，“全国高职高专印刷包装专业教材”的首批教材已经陆续出版，希望本套教材的出版能为印刷专业人才的培养做出一份贡献。

印刷工业出版社
2008年4月

前　言

质量是企业的命脉，印刷质量是印刷、包装生产中非常重要的内容。特别是随着我国改革开放的快速发展，我们与国际的业务往来越来越频繁，同时新技术的应用也越来越多，因此对印刷生产的管理提出了更高的要求。印刷质量控制越来越受到企业的重视。在印刷与包装工程的高等职业教育和其他各类培训、教育中，印刷质量控制与检测这门课被作为核心课程设置在教学计划中。本书着重讲述了印刷质量控制与检测的基本概念和基本原理，特别是对在现代印刷生产管理中应用的主要的印刷质量控制方法与检测技术，以及现代质量控制系统进行了详细的说明。

为了突出高等职业教育的特点，本书特别详细地讲述了印刷流程各个阶段和工序中进行质量控制和检测的具体方法和操作要点，全书内容的安排按照印刷生产流程顺序，从印刷品质量检测的内容、原稿输入、印前图像处理、输出分色片、制版、打样的质量控制，到印刷作业的规范、印刷过程主要参数的控制与检测、常见印刷质量故障分析进行了逐步的说明，并且详细介绍了印刷质量测控条、印刷测试版的使用原理和方法，还介绍了常见的现代印刷质量控制系统，附录中介绍了现行的国家标准供参考使用。

本教材适用于印刷、包装专业的高等职业教育以及印刷行业的从业人员自学或技术培训使用。

本书由北京印刷学院的何晓辉副教授主编，天津科技大学孟婕、赵艳东老师参加编写。第一、四章由何晓辉编写，第二、三章由孟婕、何晓辉编写，第五章由赵艳东、何晓辉编写，何晓辉对全书进行了统编。本书的编写参考和引用了相关的中外文书籍和资料，在此一并深表感谢。

在本书编写过程中，得到了北京印刷学院许文才教授、魏先福教授、邓普君副教授、梁炯副教授、武军教授的大力支持和帮助，在此表示衷心的感谢！

由于作者水平有限，书中不足之处，敬请读者批评指正。

何晓辉

2007 年 12 月于北京大兴黄村

目　录

第一章　印刷品质量的评价

【内容提要】本章主要介绍印刷质量的基本定义，印刷品质量的评价内容、评价方法以及印刷质量控制的基本概念。

【基本要求】通过本章的学习，了解印刷质量控制的基本原则，掌握印刷质量评价的主要内容，正确运用对印刷质量评价的方法。

第一节　印刷质量的定义

一、质量的定义

当人们提起“质量”，大多数人会想到产品的质量，即我们所说的狭义“质量”的概念。因此，先前对“质量”的定义大多数围绕着产品质量，如“符合规格”、“具备应有的功能”、“产品的故障率低且耐用”等。随着时代的发展，人们对质量的定义也发生着变化，逐渐使得质量的定义偏重于使用者的需求、顾客的满意程度等方向上。在现代企业生产管理中，越来越注重过程质量的控制，我们所提及的“质量”并不单指产品的质量，更强调服务的质量，即我们所说的广义的“全面质量”的概念。

因此，我们可以把质量定义如下。

1. 产品质量

产品能够满足社会和用户一定的使用价值，就是产品的质量。一般来说，人们对产品质量的要求是从适用性、耐用性、时间性、美观性、经济性、保存性以及安全性等方面来衡量和评定的。由于产品种类繁多，用途各异，所以并不要求每一种产品都符合产品的所有特性。但是有一点则是共同的，即产品的质量能够满足用户的要求和满意，就是该产品应有的质量。

2. 全面质量

全面质量可以用下列公式来表示：

$$全面质量 = 产品质量 + 工程质量 + 工作质量 \tag{1.1}$$

式中，工程质量也称工序质量，是指产品质量在形成过程中，与质量有关的操作者、原材料、设备、工艺方法、操作环境等对产品质量要求的满足程度。

为了保证和提高产品质量所做的工作称为工作质量。具体地说，就是指企业各个部门的经营管理工作、技术工作、组织工作等各项工作的质量。即各个部门的各项工作对提高和确保产品质量所提供的保证程度。

产品质量、工程质量和工作质量既有不同的概念，又有紧密的联系。产品质量取决于工程质量，而两者又必须以工作质量来保证。如果要生产出优质的产品，绝不能就事论事地抓产品质量，而是要抓企业各部门、车间、班组的工作质量，只有优质的工作质量，才能提高工程质量，从而保证产品质量。

二、印刷品质量的含义及内容

（一）印刷品质量的含义

印刷品种类繁多，用途广泛，给印刷品一个严密的定义是比较困难的。人们在评论印刷品质量的时候，总是不由自主地联想到审美、技术、一致性三方面因素。这种思考问题的方法是把人的视觉心理因素与复制工程中的物理因素综合在一起进行考虑的，也就是说既考虑印刷品的商品价值或艺术水平，也考虑印刷技术本身对印刷品质量的影响。但是实践证明，这样的评价往往不能可靠地表达印刷品的复制质量特性，只有从印刷技术的角度出发进行评定，才能正确地评价印刷品质量，这种观点得到了国内外大多数专家的赞同。

A. C. Zettlemeyer 等人曾经为“印刷品的质量”下过这样的定义：印刷品质量是印刷品各种外观特性的综合效果。关于支配印刷品综合效果的质量特性，国内外有很多研究者发表了各种各样的看法，总的来说，这些质量特性基本上是可以通过仪器测量，得出一定的数值，从而进行明确的评定。

P. Flike 将印刷品分为网点印刷品和文字、线条、实地印刷品两大类。他提出：

（1）文字、线条、实地印刷品的质量特性是反差、均匀性、忠实性。

（2）网点印刷品的质量特性是阶调再现性、均匀性、网点忠实程度。

除此之外，对印刷品质量有影响的特性还有光泽、透印、套印不准、背面蹭脏等。

R. Buchdahl 对印刷品的质量则认为：

（1）实地印刷品的质量特性是反差、均匀性、光泽。

（2）网点印刷品的质量特性是阶调再现性、均匀性。

G. W. Jorgensen 提出决定网点印刷品质量的主要特性有清晰度、阶调和色彩的再现性、均匀性。

由此可见，印刷品的外观特性是一个比较广义的概念，对于不同类型的印刷产品具有不同的内涵。我们通常如下定义：

对于线条或实地印刷品，要求墨色厚实、均匀、光泽好、文字不花、清晰度高、套印精度好，没有透印，没有背面蹭脏等。

对于彩色网点印刷品，要求阶调和色彩再现忠实于原稿，墨色均匀、光泽好、网点不变形、套印准确，没有重影、透印、各种杠子、背面粘脏及机械痕迹。

上述这些外观特性的综合效果，反映了印刷品的综合质量。在印刷质量评判中，各种外观特性可以作为综合质量评价的依据，当然也可以作为印刷品质量管理的根本内容和要求。确定支配印刷品各种外观特性综合效果的质量特性，对提高印刷质量具有十分重要的意义。

（二）印刷品复制质量的内容

1. 图像印刷品的复制质量

对于图像复制而言，印刷品的复制质量体现在两个方面：一是印刷品对原稿的再现性；二是印刷品与印刷品之间的一致性，即通常所说的复制质量的再现性与复制质量的稳定性。

复制质量的再现性与复制质量的稳定性既有区别又有一定的联系。一般而言，用经验来评定复制质量的再现性，复制质量的稳定性就差；用数据来评定复制质量的再现性，复制质量的稳定性相对就好。

复制质量的再现性包括色彩再现性、阶调再现性、图像的清晰度以及表观质量（印刷的均匀性）。

（1）阶调和色彩再现是指印刷复制图像的阶调平衡、色彩外观跟原稿相对应的情况。就黑白复制来说，通常都用原稿和复制品间的密度对应关系表示阶调再现的情况。就彩色复制品来说，色相、饱和度与明度数值更具有实际意义。

印刷图像的阶调与色彩再现能力不仅受到所用的油墨、承印材料以及实际印刷方法固有特性的影响，而且也常受到经济方面的制约。例如在多色印刷时，采用高保真印刷工艺就能够取得比较高的复制质量，可是那将是以提高成本为代价的。所以对于以画面为主题的印刷品来说，所谓阶调与色彩的最佳复制就是在印刷装置的各种制约因素与能力极限之内，综合原稿主题的各种要求，产生出多数人认为是高质量印刷图像的工艺与技术。

（2）图像分辨力问题，包括分辨力与清晰度两方面的内容。印刷图像的分辨力主要取决于网目线数，但网目线数是受承印材料与印刷方法制约的。人的眼睛能够分辨的网目线数可以达到250线/英寸，但实际生产中，并不总能采用最高网线数。此外，分辨力还受到套准变化的影响。清晰度是指阶调边缘上的反差。

（3）图像外观的均匀性问题。龟纹、杠子、颗粒性、水迹、墨斑等都会影响图像外观的均匀性。在网点图像中，有些莫尔条纹图形（如玫瑰花形）是正常的，但当网目角度发生偏差时，就会产生不好的龟纹图形。影响图像颗粒性的因素很多，纸张平滑度、印版的砂目粗细都与图像的颗粒性相关。从技术角度讲，除龟纹与颗粒图形之外，人们可以使其他多数引起不均匀性的斑点与故障图形接近于零。

（4）一致性问题。印刷生产是批量生产，保证印刷品之间的一致性是非常重要的内容。因此，在对一批印刷品的质量进行评价时，应该包括印刷品质量的一致性和对每件印刷品质量评价的内容。

2. 文字质量特征参数

文字可以被看作是特殊的图像，最佳文字质量的定义是非常明确的。它们必须没有下列各种物理缺陷：堵墨、字符破损、白点、边缘不清、多余墨痕等。也就是说，作为文字（特别是汉字）质量具有独特的要求，有较好的识读性。

（1）文字图像的密度应该很高。实际上，文字图像的密度受可印墨层厚度的限制。在涂料纸上，黑墨的最大密度约为1.40～1.50；而在非涂料纸上，黑墨具有的最大密度均为1.00～1.10。

（2）笔画和字面的宽度应该同设计人员绘制的原始字体相一致。字体的笔画与字面宽度也受墨层厚度的影响。墨层比较厚的时候，产生的变形就会比较大，在一定的墨层厚度条件下，小号字产生的变形要比大号字产生的变形明显得多。为了获得最佳的复制效果，笔画宽度的变化应该保持在字体设计人员或制造人员所定规范的5%以内；字符尺寸应保持在原稿规范的0.025～0.050mm以内。

第二节　印刷品质量的评价

一、印刷品质量的评价方法

评价印刷品的方法包括主观评价、客观评价和综合评价三个方面。

1. 主观评价

评价者以复制品的原稿为基础，以印刷质量标准为依据，对照印样或印刷品，根据自己的学识、技术素养、审美观点和爱好等方面的心理印象做出评价。主要包括以下内容。

（1）墨色鲜艳，画面深浅程度均匀一致。

（2）墨层厚实，具有光泽。

（3）网点光洁、清晰、无毛刺。

（4）符合原稿要求，色调层次清晰。

（5）套印准确。

（6）文字清晰、完整，不缺笔断道。

（7）印张外观整洁，无褶皱、油迹、脏迹和指印。

（8）印张背面清洁、无脏迹。

（9）裁切尺寸符合规格要求。

依靠这种没有数据为依据的定性标准来评价印刷品的质量，不能准确客观地反映出印刷品的质量状况，也不能有效地为控制印刷品质量提供依据，只能在印刷结束后简单地进行评定。

其评价的结果随着评价者的身份、性别、爱好、文化背景等的不同而不同，受评价者心理状态的支配，评价结果可能对印刷品某一局部质量达到统一，而对综合性的全面质量却很难得到统一的意见，不能客观地反映印刷品的质量特性。此外，照明条件、观察条件和环境、背景色等都对印刷品的评价结果产生很大的影响。例如，相同的一件印刷品在不同的照明条件下观察，会使人感觉不同的颜色。由此可见，主观评价不能全面反映印刷品的质量特性，但它却是印刷品质量好坏的最后仲裁者。由于印刷工业本身属于复制加工性行业，其印刷质量的好坏，往往不是由印刷者来决定的，而是由委印者凭借主观感觉来决定的，尽管印刷厂对印刷质量有其自己的评价内容和标准，但委印单位却并不一定以印刷质量标准为依据。目前评定印刷品质量的方法还多以主观评价为主，因此，我们所能做的是把主观评价因素加以客观解释，使其科学化，并和客观评价趋于一致，即在主观评价中强调要将观察条件客观化，推荐在下列条件下观察印刷品，使主观评价能得出较好的结果。

a. 照明条件。用于观察印刷品的光源，应该在观察面上产生均匀的漫射光照明，光源色温为5000K或者6500K，照度范围为500～1500lx，视被观察印刷品的明度而定。观察面照度不应突变，照度的均匀度不得小于80%。

b. 观察条件。观察印刷品时，光源与印刷品垂直，观察角度与印刷品表面法线成45°夹角，即0°/45°照明观察条件，如图1－1（a）所示。作为替代观察条件，也可以用与印刷品表面法线成45°夹角的光源照明，垂直印刷品表面观察，即45°/0°照明观察条件，如图1－1（b）所示。

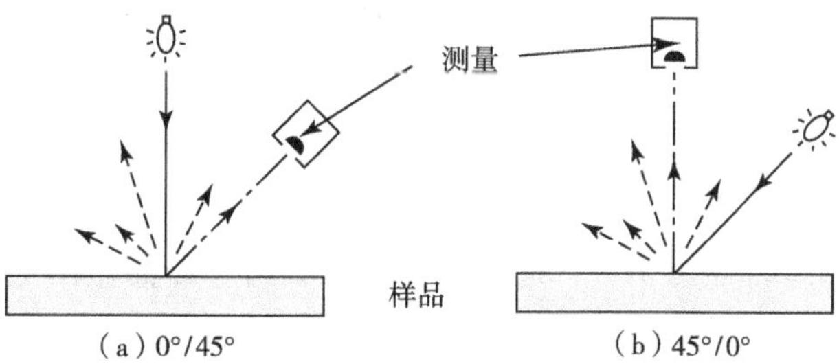

图1－1　照明/观察条件

c. 环境和背景色。观察面周围的环境色应该是符合孟塞尔明度值6～8的中性灰（N6/～N8/），其彩度值越小越好，一般应该小于孟塞尔彩度值0.3。观察印刷品的背景应该是无光泽的孟塞尔颜色N5/ ～ N7/，彩色值一般小于0.3，对于配色等要求较高的场

图 1－2　放大镜

合，彩度值应该小于0.2。

主观评价印刷质量主要靠目测，采用的工具主要是放大镜（放大倍率 10～25 倍），如图 1－2 所示。

通过放大镜可以观察印刷网点从分色片到印版，再由印版到印刷品的传递过程中在形状和大小上产生的变化，从而对网点的调值进行定性的评估。此外，借助放大镜还能观察印刷套准情况等。

主观评价的结果往往以定性指标的方法表示出来。例如，在相同的评价环境下，由多个有经验的管理人员、技术人员以及客户共同观察原稿和印刷品，对各个印刷品按优、良、中、差区分等级或者打分，最后进行总分统计。质量评定结果见表1－1。

表 1－1　印刷品质量评定

评价指标	质感	高光	中间调	暗调	清晰度	柔和	鲜明	反差	光泽	颜色匹配	肤色	外观	层次损失	中性灰
质量	STC	TSC	TSC	TSC	STC	TSC	CST	TCS	SCT	CTS	CTS	CTS	TSC	CTS
因素														
重要性														
排序														
得分														

注：C 代表色彩，T 代表层次，S 代表清晰度。

按照质量因素重要性加权，加权系数第一位为 2.5，第二位为 2.0，第三位为 1.5，C、T、S 都有优、良、差三级，其中优为原值，良为原值减去 0.5，差为原值减去 1.0，综合评定值 W 按照下式计算。

$$W = \sum K_1 C_i + \sum K_2 T_i + \sum K_3 S_i \quad (1.2)$$

其中

$$K_1 + K_2 + K_3 = 1 \quad (1.3)$$

具体评价的步骤为：首先，根据样张的相似性对样张进行分组，并给各组标明一个唯一的数字，该数字可以代表该组的质量优劣等级，即该组在所有组中质量好坏的排列顺序；然后，在各组中再对样张进行比较分析；最后，得出质量最好的样张。

2. 客观评价

测定印刷品的物理特性为中心，通过仪器或工具对印刷品做出定量分析，结合复制质量标准做出客观评价，用具体的数值表示。

对印刷品的客观评价方法，本质上是要用恰当的物理量或者说质量特性参数对图像质量进行量化描述，为有效地控制和管理印刷质量提供依据。对于彩色图像来说，印刷质量的评价内容主要包括色彩再现、阶调层次再现、清晰度和分辨力、网点的微观质量和质量稳定性等内容。可使用密度计、分光光度计、控制条、图像处理手段等测得这些质量参数。

（1）颜色

在对印刷品的评价中，通常使用彩色油墨实地密度值、CIELAB 值来表示颜色质量。

如在国家标准 GB/T 17934.2—1999《网目调分色片、样张和印刷成品的加工过程控制 第 2 部分 胶印》中有如下的规定，见表 1－2。

表 1－2 色序为青—品红—黄叠印的实地色 CIE L*a*b* 值

纸张① 颜色	1 型			2 型			3 型			4 型			5 型		
	L*	a*	b*②③	L*	a*	b*②③	L*	a*	b*②③	L*	a*	b*②③	L*	a*	b*②③
黑	18	0	－1	18	1	1	20	0	0	35	2	1	35	1	2
青	54	－37	－50	54	－33	－49	54	－37	－42	62	－23	－39	58	－25	－35
品红	47	75	－6	47	72	－3	45	71	－2	53	56	－2	53	55	1
黄	88	－6	95	88	－5	90	82	－6	86	86	－4	68	84	－2	70
红	48	65	45	47	63	42	46	61	42	51	53	22	50	50	26
绿	49	－65	30	47	－60	26	50	－62	29	52	－38	17	52	－3	17
蓝	26	22	－45	26	24	－43	26	20	－41	38	12	－28	38	14	－28

注：①纸张类型在本标准的 4.2.1.1 中规定。

②表中各实地色是用本标准的附录 A 中给出的方法得到的。

③测量方法按 GB/T 17934.1 中 5.6 的规定：D_{50} 照明体，2°视场，几何条件为 45/0 或 0/45。

（2）阶调值

对于印刷品阶调再现的质量，通常使用阶调增值/网点增大值来控制，或者使用网点增大曲线描述。如在国家标准 GB/T17934.2—1999《网目调分色片、样张和印刷成品的加工过程控制 第 2 部分 胶印》中有如下的要求，见表 1－3。

表 1－3 测控条上网线数为 $60cm^{-1}$，阶调值为 50% 处的阶调增加值（百分比）

热固卷筒纸期刊印刷，彩色①	
阳图型印版，3 型纸②	19
阴图型印版，3 型纸②	27
四色连续表格印刷	
阳图型印版，1 型和 2 型纸②	26
阴图型印版，4 型和 5 型纸②	29
阳图型印版，1 型和 2 型纸②	29
阴图型印版，4 型和 5 型纸②	33
商业/特殊印刷，彩色①	17
阳图型印版，1 型和 2 型纸②	19
阳图型印版，3 型纸②	23
阳图型印版，4 型和 5 型纸②	25（18）③
阴图型印版，3 型纸②	27（22）③
阴图型印版，4 型和 5 型纸②	31（28）③

注：①黑版比其他色版通常高 2%～3%。

②纸型定义见本标准的 4.2.1.1。

③为尽量减小阶调值增加而优化过的，使用阴图型胶印版印刷时的阶调增加值。

还可以通过暗调、亮调密度再现范围来控制阶调再现质量。

①暗调。暗调是指图像上深暗的部位，一般用70% ~100%网点面积率表示。图像最深部位用100%网点面积的密度表示，这称为实地密度，是控制图像暗调的一个指标，即说明暗调以测定密度方法来鉴别质量。

CY/T 5—1999《平版印刷品质量要求及检验方法》中规定的暗调密度范围见表1-4。

表1-4　印刷品暗调密度范围

色别	精细印刷品实地密度	一般印刷品实地密度
黄	0.85 ~1.10	0.80 ~1.05
品红	1.25 ~1.50	1.15 ~1.40
青	1.30 ~1.55	1.25 ~1.50
黑	1.40 ~1.70	1.20 ~1.50

②亮调。亮调是指画面上的明亮阶调，实际上也包含了画面上最亮的极高光部分。亮调是用网点面积表示的，精细印刷品亮调再现为2% ~4%网点面积，一般印刷品亮调再现为3% ~5%网点面积。

相对反差K值也是控制阶调再现质量的一个常用的方法。在CY/T 5—1999《平版印刷品质量要求及检验方法》中规定的相反差K值范围见表1-5。

表1-5　相对反差K值范围

色别	精细印刷品的K值	一般印刷品的K值
黄	0.25 ~0.35	0.20 ~0.30
品红、青、黑	0.35 ~0.45	0.30 ~0.40

（3）套印

套印是指两色以上印刷时，各分色版图文能达到并保持位置准确的套合。评价套印较直观的方法是用放大镜对规矩线（十字线、角线等）进行检验和判断。

多色版图像轮廓及位置应准确套合，精细印刷品的套印允许误差≤0.10mm；一般印刷品的套印允许误差≤0.20mm。

在目前的印刷质量控制中，我们主要推荐以客观评价为主的方法，以促进印刷质量的提高和生产效率的提高。

3. 综合评价

所谓综合评价，就是以客观评价的手段为基础，与主观评价的各种因素相对照，得到共同的评价标准的方法。亦即使主观的心理印象与客观的数据分析相吻合，进而使评价标准更加切合科学管理的方式。其重点是在还原原稿的复制理论基础之上，求出构成图像的各种物理量的质量特性。从而把这些测试数据加以综合、确认，使之变成控制印刷质量的标准。

印刷品是技术与艺术的结合产物，具有精神和物质双重性，因此，对印刷品的最终评价，是对印刷品具体性能指标的客观评价结果和人对印刷品效果的感觉的主观评价的综合结果。

对印刷质量控制时，用测得的数据对图像质量进行客观的评价并非易事。印刷质量参数很少有独立变量，每个质量因素如何影响图像的评价效果及如何影响其他质量参数对图像评价的影响，涉及各个质量参数对图像影响的“加权值”。这些加权值可以用多变量回归分析方法和模糊数学方法求取，也可以采用主观评判方法为客观评价方法决定难以解决的变量相关问题，这就是所谓的综合评判方法。

印刷质量的综合评价方法具有如下三个特点：

（1）首先确认目检价值的存在，包括印刷质量专家与大多数人自检印象的一致性。

在讨论质量测量评价方法时，首先想到的就是，目检者（包括印刷专家）之间的质量评价标准是否一致。如果这种一致性小，那么探讨评价法这件事的本身就没有多大意义。

图 1 -3 是由 10 名一般职工和 15 名印刷机械有关人员，对 6 张印刷样品进行评价的结果，以评分接近于 6 分的作为好的印刷品，所评价的图像是一张女子肖像。

对图 1 -3 的评价结果进行统计讨论后，发现印刷机械有关人员的评价标准是一致的，而一般职工的评价标准却不一致。印刷机械方面的有关人员，是不同工种的人员所组成，因此，这个结果表明，如果是分工种分别进行评价，可以有一致的评价标准。也就是说，通过目测评分的方法是有充分存在的价值的，也可以作为综合评价的一个基本内容。

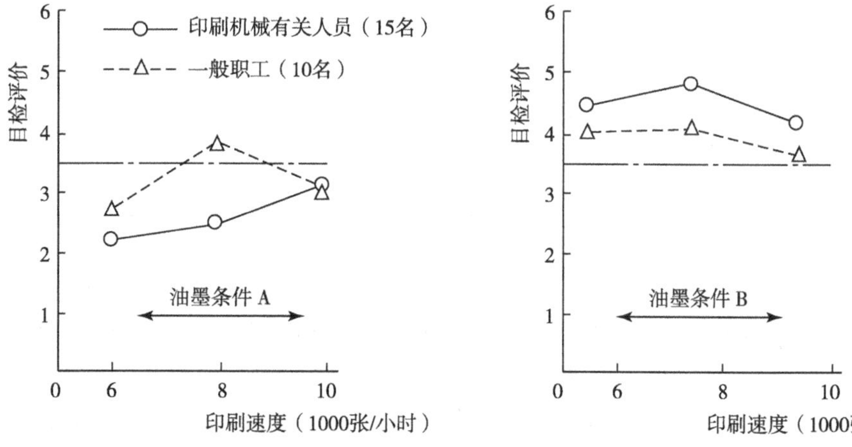

图 1 -3 目测评价结果

（2）根据客观评价的手段，以测试数据为基础。

（3）将测试数据通过计算、做表，得出印刷质量的综合评价分。

综合评判的次序可以分为如图 1 -4 所示的三个步骤。

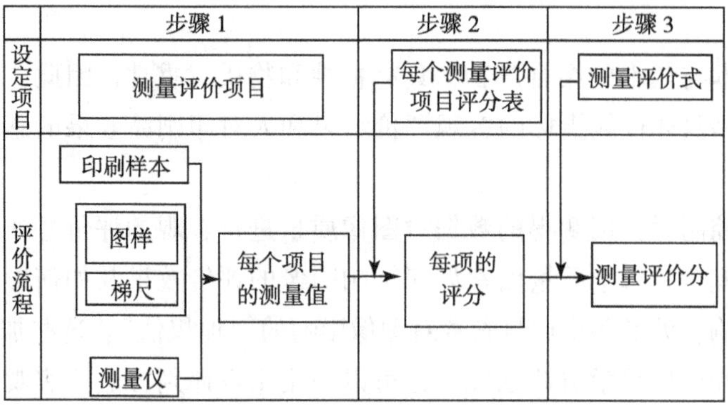

图1－4　综合评价的步骤

步骤1：参数检测与计算

用密度计和网点面积密度计对那些与图像同时印刷的测控条和色标（Y，M，C，K四色）进行测量，以求得表1－6所示的10个用仪器测定的评价项目的值。

表1－6　印刷品质量综合评价的计算举例

序号	评价测量项目	代号	测量值	评分	评价权重	得分（评价权重×评分）
1	阶调密度误差	(TE)	3.1	7	1.7	11.9
2	网点的形状系数	(SF)	22.9	6	1.7	10.2
3	网点蹭脏的附加密度	(SD)	24.3	5	1.6	8.0
4	网点增大	(DC)	11.8	4	1.5	6.0
5	三次色的色度	(LZ)	0.304	10	1.0	1.00
6	网点内的有效密度比	(DP)	77.9	5	0.6	3.0
7	实地密度	(D)	1.31	4	0.6	2.4
8	饱和度	(A)	2.8	5	0.5	2.5
9	灰度	(G)	17.1	5	0.5	2.5
10	色相误差	(LS)	0.19	10	0.3	3.0
				综合评价分＝59.5		

表1－6是一个印刷图像的综合质量的计算表。评价分满分为100分，这份产品实际得分59.5分。核算顺序是以序号1～10的测量项目相对应的测量数值；将测量项目各项的测量值换算成评分；将评价权重乘以评分就可计算出各项目中的得分；再将此分数合计，得出印刷品的综合质量评价分。此间，各质量评价分要与目视评价质量顺序一致，可将评价权重分数进行逆运算。由此可见，回归分析是很有用的。表1－6的分数就是按此方法求得的。

步骤2：制作评分表

如图1－4所示，就步骤1里所得的各测量项目的值，用表1－7所示的评分办法给予从0～10分的评价。

表 1-7　评分表

评分	测量评价项目	
	阶调密度误差	实地密度
0	57.4～53.9	0.99～1.06
1	53.9～50.4	1.06～1.13
2	50.4～46.8	1.13～1.19
3	46.8～43.2	1.19～1.26
4	43.2～39.7	1.26～1.33
5	39.7～36.1	1.33～1.39
6	36.1～32.6	1.39～1.46
7	32.6～29.0	1.46～1.53
8	29.0～25.5	1.53～1.59
9	25.5～21.9	1.59～1.66
10	21.9～18.4	1.66～1.73

步骤 3：把步骤 2 里求得的各测量评价项目代入式（1.4）里，求得质量评价分

$$Y = W_{TE} \times P_{TE} + W_D \times P_D + W_A + P_A + W_{IS} \times P_{IS} + W_{L2} \times P_{L2} + W_G \times P_G + W_{DP} \times P_{DP} + W_{SD} \times P_{SD} + W_{DG} \times P_{DG} + W_{SF} \times P_{SF} \quad (1.4)$$

式中　W ——其旁边字母所示的那个评价项目的重要程度（表 1-6 中的“评价比重”）；

P ——步骤 2 所要求的评分。

评分数 Y 以 100 分为满分，分数越高，质量就越好。

表示评价比重（总要程度）的 W，按其值的大小列于表 1-6 中。在此评价中，该怎样设定这个表示评价比重 W 是个重要的因素。以许多印刷品的测定结果与评价标准相一致的目测评价结果为基准，分析各评价项目对印刷质量的期望程度及相互之间的联系，其结果如表 1-6 种所示的评价比重，由此可见，与网点再现有关的阶调密度误差、网点的形状系数、网点周围蹭脏及网点增大这四个项目的重要程度的总和竟高达 65%，可见特别重要。

二、印刷品质量的评价过程

根据印刷生产的流程，在整个印刷生产中对印刷品评价包括以下几个阶段过程。

1. 客户对送审样的评判

在此过程中，客户是评价的主角，客户提供的原稿是否被满意地复制出来，是决定印刷质量优劣以及客户在送审样上是否同意签字付印的主要依据。通常情况，这个过程可能需要多次上下反复修正，才能得到客户的满意，最终在送审样上签字认可，正式付印。

客户签样通常是打样样张。评价内容包括阶调再现、色彩再现、套印精度、清晰度等因素。

2. 印刷过程中现场评价及测控

此阶段为生产阶段的控制，是发生在印刷车间的现场评价和控制，是生产高质量印刷品的关键，通常被称为过程控制阶段。

按照印刷的操作过程，可以将印刷过程中质量评价和控制分为以下几个步骤。

（1）正式开机前确认签出付印样。一般由生产负责人现场检查评价，签出付印样。签字的依据是客户认可的送审样。

（2）个别客户到现场签付印样，又称 OK sheet，上机样。

（3）以付印样为参照标准检查印张，发现偏差及时调整。要求在整个印刷过程中，要保证勤抽样检查，以保证印张与样张印刷质量的一致性。

3. 印刷品出厂前的验收、检查

成品出厂前质检人员要对准备出厂的印刷品进行检查，剔除废品、次品，清点数量等。

印刷完成进行成品检验时，要根据产品的数量和质量要求，确定全数检验或部分抽检。科学有效的方法是采用数理统计的方法对检验结果进行统计分析。

4. 各类印刷品质量评比

上述程序是正常生产情况下质量评价及控制过程，除此之外，行业内还经常举行各种级别的产品质量评比，其检测过程稍有不同，一般是定期或不定期地有行业专家对各类印刷品进行分门别类的质量优劣的评比。评比的依据包括以下两点：

（1）各类印刷品原稿或客户的要求。

（2）行业公认的普遍质量要求标准。

三、印刷品质量的检验与统计工作

在实际的印刷过程中，由于印刷速度相当快，不可能对每一张印刷品进行检验，即使是印刷完毕进行成品检验时，也要根据产品的数量和产品的质量要求，确定是进行全数检验还是部分抽查。在印刷过程中，通常采用抽查的方法进行检验，然后将抽查与统计结合起来，控制产品的质量。

在印刷质量评价中，使用数理统计方法，将被评价的印刷品，按照主观、客观的排序，取其相关数，作为最佳印刷品的指数来评价印刷品，是现代印刷质量管理中非常重要的一种评价手段。

质量管理中的数理统计方法很多，包括检查表、直方图、因果图、散步图、控制图、流程图等。

控制图是包含科学的判断界限的折线图，用于发现异常。一般而言，造成产品质量波动的原因分成两类：一类是偶然因素，它对产品质量的影响微小，但始终与生产过程共同存在，而且难以避免，例如，白纸中偶尔有几张折角破碎。另一类是异常因素，对产品质量有直接的影响，它往往是造成大批量事故的前兆，例如，套印不准的样张开始多起来。控制图就是通过样张抽查能很快发现异常因素的一种方法。

控制图的基本格式是：在坐标纸上取得横坐标和纵坐标，横坐标为抽样号或抽样时间；纵坐标为测得的数据值。在图上分别画出上下控制界限和中心线。生产过程中，定期抽样，将测得的数据用点子描在图上，如果点子越出控制界限或点子排列有缺陷，则表面生产条件发生异常情况，应采取措施，使生产过程恢复正常。如图 1-5 所示。

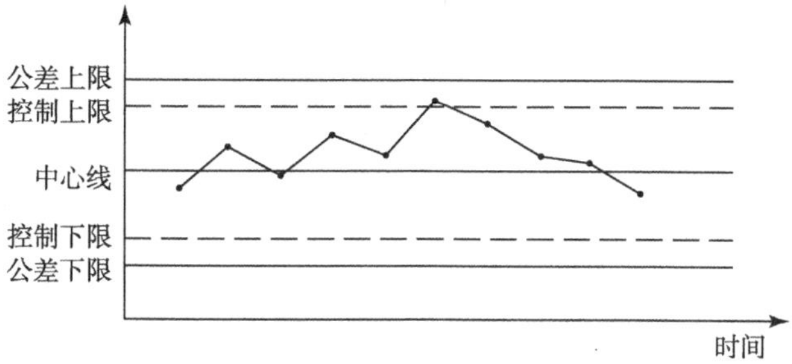

图 1-5 控制图

例如，从一天的生产过程中，每小时随机抽取 500 张样品，记录其中不合格数，列成表 1-8。

表 1-8 不合格品数据表

时间	1	2	3	4	5	6	7	8
不合格品数量	3	2	5	7	2	1	3	2

由表 1-8 做出如图 1-6 所示的控制图，该控制图只有控制上限，没有控制下限。根据控制图可以观察第四次抽样时有异常情况，必须查明原因，采取措施，予以纠正。

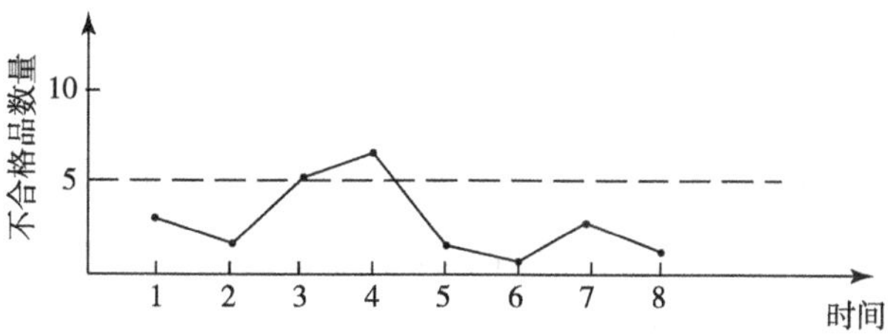

图 1-6 不合格品控制图

第三节　印刷质量的数据化与规范化管理

所谓数据化、规范化，就是说在彩色复制的各个部门和工序，通过必要的测试手段和方法，对整个复制过程的每一个环节，都能及时测定记录各种条件下的数据，并通过大量的数据，综合归纳出一系列公式、曲线及图表数据等，正确地指导生产，做到有规可循，有范可就，有依可据。其实质就是复制的标准化。

全面质量管理（TQM，Total Quality Management）在印刷质量管理的应用越来越广泛。大量的生产实践证明，要使印刷品保持稳定的印刷质量，必须做到整个流程的控制，即做好印刷工艺的质量控制。所谓工艺控制就是通过测量及规范控制变量，以获得稳定、可重复的、最佳的产品质量。从印刷样张的观察、扫描、胶片输出、数码打样，到印刷生产工艺、印刷材料质量的测控等，通过使用相应的控制方法及工具，对整个印刷流程的每一步进行控制，从而保证最终印刷品质量的稳定，得到客户的满意。

过程控制更加注重质量问题的预防，而不是事后应急检查。最初企业的质量保证是在生产过程中抽样检查，需要专门的人员处理，但这并不能很有效地消除次品的生产。过程控制强调的是检查产品的生产过程而不是检查完成的产品。当生产过程可控制在标准规定范围之内，则产品的质量就得到了有效的保证。

为了得到最佳效果，对复制的各个阶段都应当仔细地加以控制，控制的结果还必须传递给参加复制生产的其他所有的人。为了合理安排并取得高标准的色彩复制，传递色彩信息是最根本的要求。因此，在对工艺控制中，确定各个生产阶段影响印刷质量的工艺因素，并对这些特性参数进行规范和控制是工艺控制的基本内容。此外，对各个阶段产品的质量进行细致的检测和控制，是保证最终印刷品质量的前提。所以，确定各个阶段产品质量检测标准和方法是印刷质量控制的基本内容。

在现代的印刷生产中，色彩管理被视为实现高质量印刷品的重要手段。但是，必须明确的一点是：色彩管理成功的前提是印刷工艺的规范和标准化。色彩管理只有在整个印刷生产过程都处于稳定和可重复的前提下才能发挥作用。色彩管理通过特征文件 Profile 对各种不同的设备进行颜色的转换和复制控制，而特征文件实际上是对应于一定的设备条件而言的。例如，对于某台印刷机使用某种纸张和油墨产生一个合适的特征文件，当上述条件中有任何一个发生变化，原来的特征文件可能就不正确了。因此，为了很好地实现色彩管理，我们首先必须实现印刷过程的质量控制，使整个印刷生产工艺规范，使产品质量稳定。如果保证了整个印刷生产过程稳定、可靠，则所产生的特征文件就可以准确地应用。彩色印刷品复制流程如图 1 -7 所示。

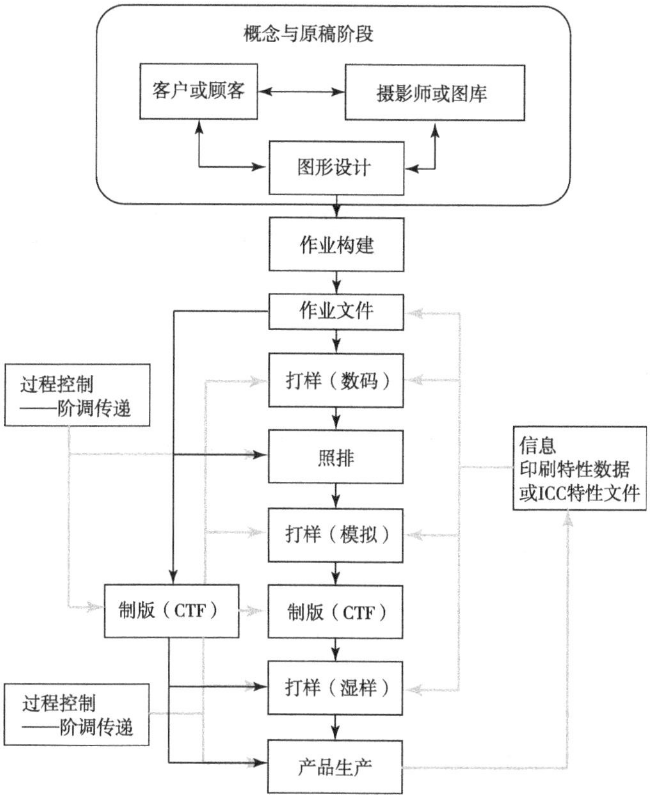

图 1－7　彩色印刷品复制流程图

复习思考题一

1. 什么是产品质量？什么是工作质量？两者的关系如何？

2. 如何理解“印刷品质量”？

3. 印刷图像质量可以用哪些质量参数描述？文字质量可以用哪些质量参数描述？

4. 印刷品质量评判方法分为几类？各有什么优缺点？

5. 对印刷品阶调层次进行评价主要用什么方法？

6. 对印刷品色彩复制进行评价主要有哪些方法？

7. 对印刷品清晰度再现和表现质量怎样进行评价？

8. 综合评价是怎样把主观和客观评价联系起来的？分析一下，在评判实践中综合评价的难点是什么？

9. 举例说明放大镜在印刷质量检测中的作用。

10. 简述印刷生产过程控制的重要性。

11. 印刷质量的数据化、规范化管理的重要意义是什么？

第二章　常用的印刷质量测量方法

【内容提要】 本章对密度测量及各类密度的概念，密度计的分类、组成、原理、使用及在印刷中的应用，色彩基本理论，色度测量的概念，色度计、分光光度计的组成及测量原理，色度测量在印刷中的应用等内容进行了阐述。

【基本要求】 了解密度测量及各类密度的概念，密度计的组成及原理，色度测量概念，色度计、分光光度计的组成；掌握密度计的分类及使用，密度计在印刷中的应用，色度计、分光光度计的使用，色度测量在印刷中的应用，密度测量与色度测量的对比。

印刷品是一种视觉产品，大多数情况下，人们习惯利用目测的方法对彩色印刷品进行质量评价。而这种主观的评价存在着易受外界条件的影响、判断不准、因人而易、重复率低等一系列缺点。在现代印刷生产中，仪器测量这种客观的方法越来越广泛地应用于印刷质量控制当中，极大地提高了生产效率，同时对印刷质量的提高发挥了积极的作用。印刷质量控制中使用的仪器测量主要包括密度测量和色度测量两种方法，本章主要对这两种检测方法进行介绍。

第一节　密度的测量方法

通过密度计对印刷品质量进行检测的方法称为密度测量方法，密度测量实质上是对反射光或透射光的光量大小的度量，是视觉感受对无彩色的黑、白、灰组成的画面明暗程度的度量。密度测量方法不仅能够测量密度值，还能测量网点增大、叠印率、相对反差等值，它是一种最早、最简单而又经济的客观检测方法。虽然密度计测量的不是色度，但它可以通过检测实地密度来监控油墨量的多少，进而对网目调印刷的一些特性参数，如网点增大、叠印率、相对反差等进行控制。即密度测量法在印刷中对于颜色的控制，实际上主要是控制印刷墨层厚度的变化。

一、密度的基本概念

1．密度

密度是反映光线与物体相互作用过程中发生的反射、透射、选择性吸收等现象的物理量。密度可以定义为物体表面吸收入射光的比例，可以间接表示物体吸收光量大小的性质。物体吸收光量大，表明其密度高；物体吸收光量小，则表明其密度低。

印刷复制中使用的密度形式主要有：用于不透明物体的反射密度；用于透射物体的透射密度；用于网目调区域的网点积分密度。

2．反射密度

当一束光线照射在不透明物体上时，一部分光将被物体吸收，而另一部分光将从物体表面反射出去。反射光通量与入射光通量的比值是固定的，设此比值为β，称为反射率。如图2－1所示。

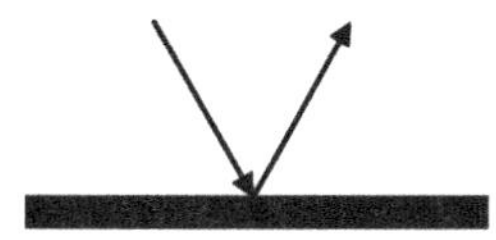

图2－1　反射密度示意图

$$\beta = \frac{\Phi_r}{\Phi_0} \tag{2.1}$$

式中　Φ_0——入射光通量；

Φ_r——反射光通量。

反射密度的定义是以取10为底的反射率β倒数的对数，即对反射光通量与入射光通量比值的倒数再取以10为底的对数，用D_β表示：

$$D_\beta = \lg\frac{1}{\beta} \tag{2.2}$$

式（2.2）定义了反射光和密度之间的关系，从数值上解释了密度，更重要的是以大致相当于人眼看物体的方法来描述了密度。其优点表现在以下三个方面：

（1）这种测量值与墨层弧度之间呈现出更加明显的线性关系。

（2）它更好地将人眼对亮度差别的视觉感觉联系起来。

（3）它提高了反射率差别较小时的测量精度。

图2－2说明了光的反射率、墨层厚度与密度之间的关系。从图中可以看出，随着墨层厚度的增加，反射光量迅速减少、密度值明显增加，因此可以通过测量密度值而控制墨

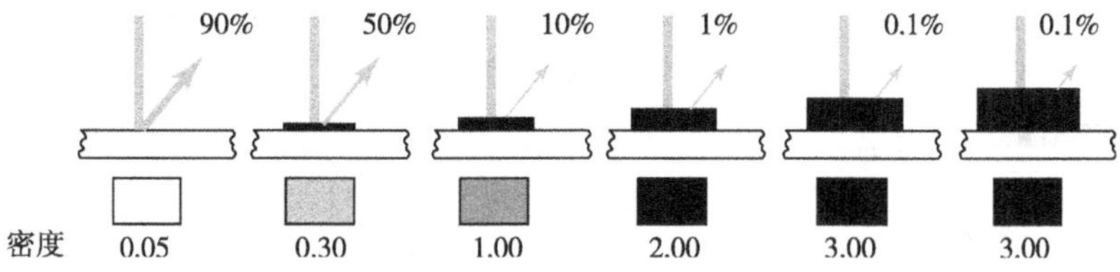

图2－2　光的反射率、墨层厚度与密度之间的关系

层厚度。事实上，密度与墨层厚度成比例增加的关系是限定在一定范围内的，当超过某个墨层厚度时，随着墨层厚度的增加，密度值并不增加。例如，平版胶印中的墨层厚度通常在1μm左右，实验表明，当墨层厚度小于1.2μm时，墨层厚度与密度的线性关系是成立的；当墨层厚度在2μm左右时，随着墨层厚度的增大，密度值不再增加，此时达到了油墨的最大密度值。

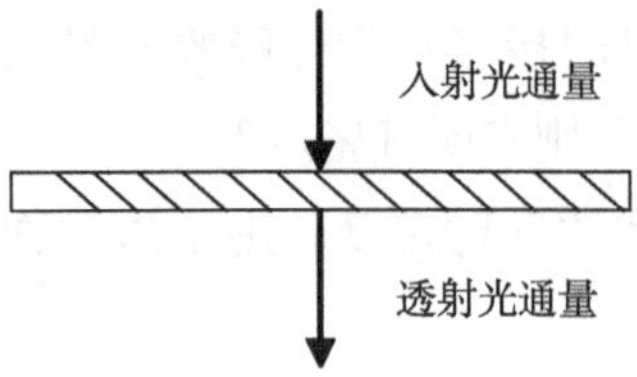

图2-3 透射密度示意图

反射密度主要用于印刷过程中检测和控制印刷品的质量。

3. 透射密度

当一束光线射向透明物体时，一部分光被吸收，另一部分光被透射出来。其透射光通量和入射光通量的比值是固定的，设此比值为τ，称为透射率。如图2-3所示。

$$\tau = \frac{\Phi_\tau}{\Phi_0} \tag{2.3}$$

式中 Φ_0——入射光通量；

Φ_τ——透射光通量。

类似于反射密度定义，透射密度定义为透射率倒数的对数值，透射密度可以反映透明材料吸收光的特性，用 D_τ 表示：

$$D_\tau = \lg\frac{1}{\tau} \tag{2.4}$$

透射密度主要用于传统印前生产中控制胶片、分色片的质量。

4. 网点积分密度

网点积分密度是指一个网目调区域的密度，即密度计的测量探测头所对应的承印物上某一网目调部位的平均密度，指的是这一部位的每一个网点和网点周围的空白部位对光的反射和吸收的综合度量。

5. 彩色密度

印刷中测量的彩色密度，指的是通过红、绿、蓝三种滤色片分别测量得到的黄、品红、青油墨的密度。

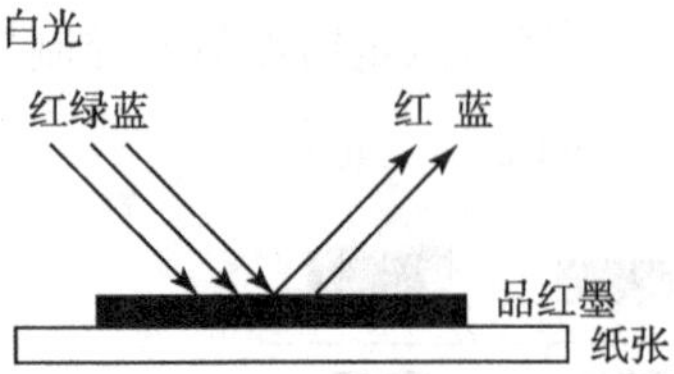

图2-4 彩色密度

这里以品红墨为例，如图2-4所示。当一束白光照射到纸张上的品红墨处时，品红墨吸收控制进入人眼中的绿光，而反射红光和蓝光，呈现品红色。因此为了测得品红墨的密度，即测量品红墨对绿光的吸收能力，在进行密度测量时要在密度计的光电管前面放置绿滤色片，通过该绿滤色片便可测出品红墨对绿光的吸收程度。因为绿滤色片只让绿光通过，而会吸收掉三原色光中的红光和蓝光，所以这时密度计显示的密度值反映的是品红墨对照射光中绿光的吸收程度。密度值高，表明透过绿滤色片的绿光少，品红墨对绿光的吸收量多，说明品红墨越饱和或墨层越厚；反之，密度值低，则说明品红墨对绿光的吸收量少，说明品红墨不饱和或墨层越薄。同理，在光电管前面分别放置红、蓝滤色片可以测得青墨对红光的吸收程度和黄墨对蓝光的吸收程度。

必须说明的是，密度本身并没有颜色的概念，在测量印刷原色油墨黄、品红、青、黑色密度时，密度计是利用互补色的原理，测量的实际上是原色油墨的明暗程度。因此，对于专色油墨的测量，密度值是不够准确的。

二、密度测量工具

（一）密度计的分类

根据测量物体的不同，密度计分为两大类：反射密度计和透射密度计。

1. 透射密度计

透射密度计主要测量透射物体的密度值，一般是用在透射原稿的分析，输出分色片及制版工序测量分色片的密度值上。

2. 反射密度计

反射密度计主要测量反射物体的密度值，例如反射稿、印刷品的密度值。通过反射密度计测量实地密度能够监控墨量的多少，同时反射密度计还能检测印刷品的一些特性参数，例如网点增大、相对反差、油墨叠印率等。

常用的反射密度计有手持式反射密度计和扫描式反射密度计。手持式反射密度计在印刷标准化生产过程中用途较大，它是随机抽样检查来控制印刷质量的重要工具；扫描式反射密度计常用于在线检测过程中，通过扫描印张上的测控条，达到连续监测印刷质量的目的，尤其在高速运转的卷筒纸印刷中作用更大。

（二）密度计的组成及测量原理

如图 2 – 5 所示，密度计一般由照明光源、透镜、彩色滤色片、传感器、显示器等部分组成。

密度计是精密的光学电子仪器，主要作用是进行密度及相关物理量的测量和计算。要实现这些功能，密度计需要有以下几个基本组成部分：

1. 照明系统

由光源、照明光路、供给光源能源的电源组成。光源发出的光通过转换使之符合 ISO 标准，提供具有一定颜色质量的光（例如要使红光、绿光、蓝光得到平衡），称为光源 A，

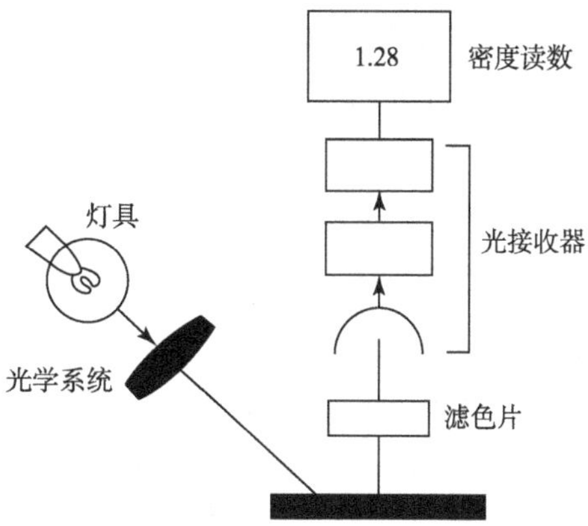

图 2 – 5　密度计的组成示意图

也就是说光源的相对光谱分布应当符合标准光源 A 的要求。这种光源的颜色质量非常接近于从未加滤色片的钨丝灯发出的光的质量。密度计的光源是由一个能够很好控制亮度或给为其提供脉冲使其发出的光的质量均匀一致的电路来供电的。不过，无论光源和电源是什么，光源和电源都要保证作为这个入射光部分的已知要求的照明。

2. 光的采集和测量系统

这个系统由光接受器、采集光的光路和只将可见光谱的那部分光线传送到光接收器而把其他部分光线阻断的分光滤色片所组成。这个采集光的系统通常包括滤色片，使整个光谱感光度与某些提到的标准相匹配，测量滤色片是与印刷油墨黄、品红、青相对应的补色滤色片，即红、绿、蓝滤色片。

3. 信号处理系统

信号处理系统得到代表入射光和接收到的光能量的电子信号，对此进行计算和显示。这个系统可能是简单的比率检测器，连接到模拟式或数字式显示器的对数计算电路，也可包括存储功能，处理如网点增大和相对反差等其他功能。

密度计并非直接测量所吸收的光量，而是测量由样品反射回来的光。反射密度计测量过程如下：通过其光源照射待测油墨，光线穿过透明的油墨层时部分被吸收，未被吸收的光线中大部分在纸张上发生散射；其中部分散射光再次穿过油墨层，再度被部分吸收，经过反复这样的吸收，其余未被吸收的光线照射到密度计的传感器上，传感器负责将接受到的光信号转换成电信号，然后信号处理系统再根据该电信号与测量参考白板时电信号的强弱比例，经计算显示为密度值。

（三）密度计的使用

1. 校准

任何密度计在使用之前都需要用标板进行校准，包括白板校准和黑板校准，即调零和调节高密度值。调零是指将理想的完全白色的漫反射表面的密度测量值调为零。当然理想的完全白色的漫反射表面是不存在的，通常是以“参考白色”为基准，进行常规校准，即将密度值设为零。“参考白色”一般指标准白和承印材料（纸张白色），但二者选择哪一个作为标准来调零还要根据测量目的来确定。标准白主要用于绝对校准，测量结果与承印材料无关，可对设备之间进行比较；此外当评价印刷品的综合效果时，也应该在标准白上进行调零。但如果是为了评价油墨在纸张上的印刷效果，则应该在白纸上进行调零；此外当测量密度是为了计算网点面积率时，也必须在白纸上调零，以排除纸张本身密度的影响。

调节高密度值是指用标准黑板对密度计进行校准，将测得的密度值设定为已知的标准黑板密度值。对于标板的保存要注意，一定要保持清洁。

2. 密度测量时应注意的问题

（1）进行密度测量时一般要使用标准底衬，白色或黑色，这是为了减少周围光线及底衬材料不同造成的读数差异。

（2）测量时密度计的测量头与样品要紧密贴合，而且测量头取点要准，位置要统一，以减少测量误差。

（3）在同一印刷企业尽量使用同一性能的密度计，因为不同密度计的测量数值可比较性差。在不同企业如果需要用密度值进行沟通，那么不同密度计示值之间也需要换算。

3. 密度计的使用举例说明

这里以 GretagMacbeth D200 - Ⅱ透射密度仪为例，介绍其使用方法。

（1）仪器结构简图（图 2 - 6）

（2）仪器技术性能及规格

①光源色温：约 3000K。

②测量范围：密度：0.00D ~ 6.0D，

网点面积率：0 ~ 100%。

（3）仪器说明

①显示：D200 - Ⅱ透射密度仪配有一个液晶显示器，这个显示器包括两个部分，左边显示的是所选的功能，右边显示的是测量值或者出错信息。

②测量和校正功能：D200 - Ⅱ透射密度仪有五个功能，可选择的测量功能或者校正功能被显示在显示器的左边，只要模型改变，测量数值就会自动地转换成以新的测量模型为单位的数值。

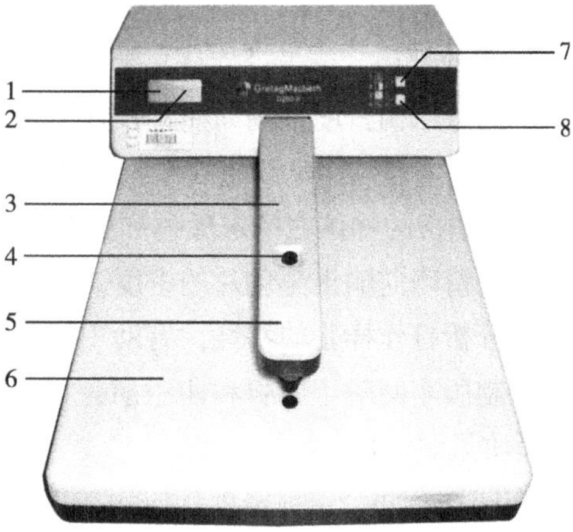

图 2 - 6 GretagMacbeth D200 - Ⅱ透射密度仪

1—状态显示器；2—测量值或者出错信息显示；3—测量臂；4—归零键；5—测量按钮；6—被照亮的测量台；7—模型 1 或 2 的选择按钮；8—模型 3 或 4 的选择按钮

模型 1：密度；模型 2：前两次测量的密度差异；模型 3：阳图网点面积；模型 4：阴图网点面积；模型 5：校正。

③模型选择：用上面的键选择模型 1 和模型 2，用下面的键选择模型 3 和模型 4，用仪器后面面板上的 CAL 开关选择模型 6。

④决定选择。

⑤调零，具体步骤如下：

a. 把待测物体放到测量孔。

b. 按住测量按钮压低测量头到胶片。

c. 当测量臂压低的时候，按一下测量臂上的零按钮。

d. 当测量值显示在显示器上后立即释放测量键。

（4）测量步骤

①把待测物体放到测量孔。

②按住测量按钮压低测量头到胶片。

③当测量值显示在显示器上后释放测量键，显示屏上显示出所测量的密度值或网点值。

三、密度测量在印刷中的应用

一直以来，在印刷企业、广告公司和供应商等都广泛地使用密度计进行质量检测。通过测量反射（或透射）光通量，可直接读出光学反射（或透射）率。根据这些反射（或透射）值，密度计也可计算出主要的印刷属性，如实地密度、相对反差、网点增大、偏色和灰度等。

1. 在印前部门，密度计应用主要包括如下几方面：

（1）测量原稿密度，例如照片及画稿在高光、中间调和暗调的密度，这样有助于确定在印版上产生与以给定油墨、纸张、印刷机条件能达到的范围相匹配的图像的曝光量。同时为了使拍摄的物体在指定颜色和照明范围内，也可以通过密度值进行定标。

（2）测量印前输出分色片的密度，检测分色片质量，并校准及线性化照排机。

（3）分析打样样张的特性，有助于控制颜色和色调复制的变化因素。

（4）制版车间对于原版和印版质量的检测，可测量密度值、网点面积率等，以控制印刷制版质量。

2. 在印刷车间，反射密度计应用在以下方面。

（1）分析印刷车间购入的材料，如油墨和纸张的性质。

（2）测量实地块的密度值，根据测量值来判断墨量大小。在四色叠印中还能通过实地密度值判断黄、品红、青密度之间的平衡，检查是否出现偏色。

（3）测量网点面积或网点增大值，使网点增大控制在一定范围内，保证色彩复制的一致性。

（4）测量印刷油墨的叠印率，保证色彩还原。

（5）测量相对反差，使层次复制处于最佳状态，也能为灰平衡提供依据。

从上述分析得知，密度测量是一种对印刷色彩进行测量的重要形式，密度计本身有其独特的优点，这主要是对印刷过程控制而言的，例如，在控制墨层厚度应用方面。此外，它还被用在一些简单而有意义的测量中，这些都是密度测量的优点。但尽管如此，密度计还是有许多不足的。

①仪器之间的一致性差。这是由于光源、光电倍增管和滤色片之间光谱特性上的差异造成的，这种差异就会导致不同密度计的读数不能进行比较，在交流沟通上很困难。

②密度计不能提供与人眼灵敏度相关的心理物理测量，所以也就不能正确反映视感觉的明暗。密度计的分析测量能力是有限的，而且不能准确地表示出颜色的外貌。

第二节　色度的测量方法

在前一节介绍了密度的测量方法，了解到密度测量法有一些局限性，它跟人眼的彩色视觉不相吻合，人们无法用密度测量语言明确、有效地跟顾客交换色彩信息。但是，这样的信息交换在目前变得越来越重要，现在必须要用顾客能领会的方法说明产品的规格，以统一的标准来描述印刷品的色彩，所以色度测量在印刷中的应用逐渐广泛起来。因为只有色度测量才能表达眼睛看到的是什么色彩和什么样的色差是容许的，也才能使色彩进行真正的交流。

一、色彩理论概述

简单地说，色彩是一种以波传输的光能形式。波长决定光的颜色，我们印刷中说的色彩是指可见光谱内的颜色。在印刷中，我们要研究的就是如何使自然界中原本连续的光谱颜色通过彩色复制工艺，呈现在每个人的面前，并且尽量做到与原来的颜色保持一致。

（一）颜色感觉形成

在我们日常生活中，每件物体都会呈现一定的颜色。可以说颜色是与人的感觉和知觉联系在一起的。绿色代表树叶的颜色，同时也是指示交通车辆前进的信号，颜色感觉都是存在于颜色知觉之中的，很少有孤立的颜色感觉存在。

颜色感觉的形成必须具备四大要素：光源、颜色物体、眼睛、大脑，如图 2－7 所示。这四个要素不仅使人形成颜色感觉，而且也是人能正确判断色彩的条件。在四个要素中，如果有一个不确实或在观察中有变化，就不能正确地判断颜色及颜色产生的效果。

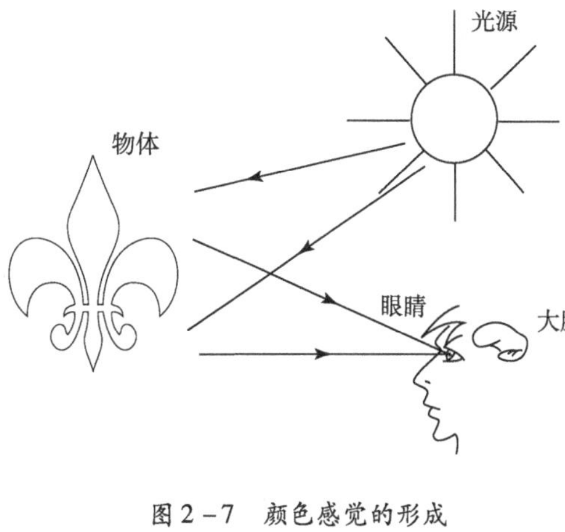

图 2－7　颜色感觉的形成

颜色视觉产生的过程是这样的：光源（包括太阳光与各种人工光源）发出的不同光谱组成的光照在物体表面，经过物体对光选择性地吸收、反射或透射之后作用于人眼，由人眼内视细胞将光刺激转换为神经冲动并通过视神经传入大脑，再由大脑内视觉中枢判断产生关于该物体的颜色感觉。颜色是一种物理刺激作用于人眼的视觉特性，我们看到的颜色是光线的一部分经有色物体反射刺激我们的眼睛，在头脑中所产生的一种反映。

（二）颜色的表示

对于色彩的表示方法主要分为两大类：显色系统法和混色系统法。

1．显色系统法

这种方法是建立在大量实际色彩样的基础上的，根据色彩的外貌，按照直接颜色视觉的心理感受，将色彩进行有序的排列，并给以各色样相应的文字和数字标记作为表示，例如孟塞尔表色系统、瑞典的自然颜色系统等都属于这种显色系统法。

2. 混色系统法

这种表示方法是基于三原色光能够混合匹配出各种不同的色彩而归纳出的系统，不需要汇集实际样品，目前最重要的混色表色系统是 CIE 系统，它也是国际上通用的表色、测色标准。

（1）CIEXYZ 系统

该系统建立在人眼感色性的基础之上。XYZ 不是物理上的真实色，是假想的理想三原色。这个假想的 XYZ 色空间所形成的颜色三角形将整个光谱色变成了 XYZ 颜色色域的域内色。

（2）CIELAB 系统

1993 年成立的国际色彩联盟（简称 ICC）选择 CIELAB 和 CIEXYZ 作为与色彩管理设备无关的颜色空间。由于系统具有最大的色域空间，任何设备呈现的颜色都可以映射到其中，并且系统有完善的定义和研究基础，因此，它是在不同设备之间传递颜色信息最优秀的“语言”。

CIELAB 均匀颜色空间是经 CIEXYZ 颜色空间非线性变换而来的，这一匀色空间的优点是当颜色的色差大于视觉的识别阈值而又小于孟塞尔系统中相邻两级色差时，可以较好地反映物体色的心理感受效果。

在色度测量中经常选用 CIE 1976 $L^*a^*b^*$ 表色系统与色差公式来表示颜色及计算色差。CIE1976 $L^*a^*b^*$ 空间中 L^*、a^*、b^* 的值按下面的方程计算：

$$
\begin{aligned}
L^* &= 116\ (Y/Y_0)^{\frac{1}{3}} - 16 \qquad Y/Y_0 > 0.01 \\
a^* &= 500\ [\ (X/X_0)^{\frac{1}{3}} - (Y/Y_0)^{\frac{1}{3}}] \\
b^* &= 200\ [\ (Y/Y_0)^{\frac{1}{3}} - (Z/Z_0)^{\frac{1}{3}}]
\end{aligned}
\tag{2.5}
$$

式中，X、Y、Z 为颜色样品的三刺激值；X_0、Y_0、Z_0 为 CIE 标准照明体的三刺激值。

CIELAB 色空间中两颜色值 $L_1^* a_1^* b_1^*$ 与 $L_2^* a_2^* b_2^*$ 之间的色差 ΔE_{ab}^* 是由下式计算得：

$$\Delta E_{ab}^* = \sqrt{(\Delta L^*)^2 + (\Delta a^*)^2 + (\Delta b^*)^2} \tag{2.6}$$

① 明度差

$$\Delta L^* = L_1^* - L_2^*$$

$\Delta L^* > 0$，表示颜色 1 比颜色 2 浅；$\Delta L^* < 0$，表示颜色 1 比颜色 2 深。

② 色度差

$$\Delta a^* = a_1^* - a_2^*$$

$$\Delta b^* = b_1^* - b_2^*$$

$\Delta a^* > 0$，表示颜色 1 比颜色 2 偏红；$\Delta a^* < 0$，表示颜色 1 比颜色 2 偏绿。

$\Delta b^* > 0$，表示颜色 1 比颜色 2 偏黄；$\Delta b^* < 0$，表示颜色 1 比颜色 2 偏蓝。

二、色度测量的基本原理

色度测量是利用色度测量仪器对印刷品进行测量，得到直接描述印刷品颜色的色度数据（例如三刺激值）的方法。

色度测量是将人眼对颜色的定性颜色感觉转变成定量的描述，这个描述是基于表色系统。色度测量的依然是从印刷品表面反射或透射出来的光谱，基本原理是依据颜色的三刺激值 XYZ 色度计算公式。

$$
\begin{aligned}
X &= K\int_{\lambda} S(\lambda)\bar{x}(\lambda)\rho(\lambda)\,\mathrm{d}\lambda \\
Y &= K\int_{\lambda} S(\lambda)\bar{y}(\lambda)\rho(\lambda)\,\mathrm{d}\lambda \\
Z &= K\int_{\lambda} S(\lambda)\bar{z}(\lambda)\rho(\lambda)\,\mathrm{d}\lambda
\end{aligned} \tag{2.7}
$$

式中　$S(\lambda)$——照明光源的光谱分布；

$\rho(\lambda)$——反射物体的光谱反射率；

$\bar{x}(\lambda)$、$\bar{y}(\lambda)$、$\bar{z}(\lambda)$——光谱三刺激值；

K——系数。

$$K = \frac{100}{\int_{\lambda} S(\lambda)\cdot\bar{y}(\lambda)\cdot\mathrm{d}\lambda} \tag{2.8}$$

色度测量直接显示三刺激值 X、Y、Z，而且还可以把三刺激值转换成均匀颜色空间色度坐标，如 CIELAB 坐标。测量原理如图 2－8 所示。

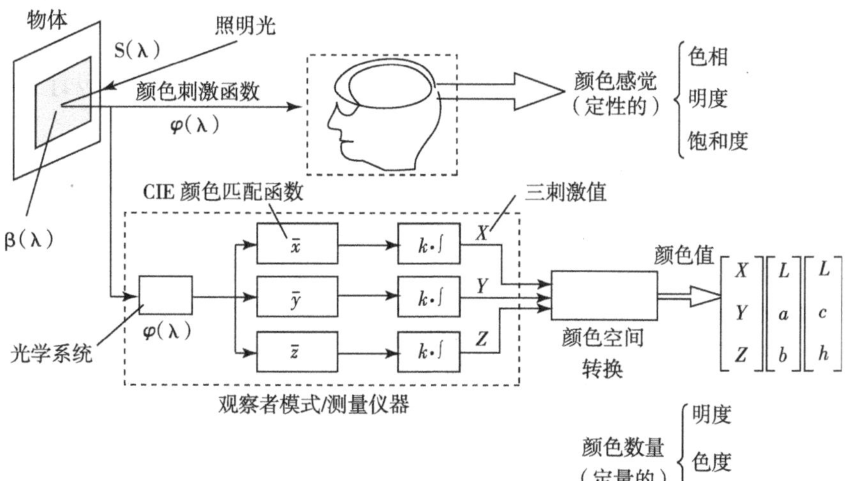

图 2－8　色度测量的基本原理图

色度测量方法可以从视觉上均匀并精确地标度评价物体的颜色，利用色度测量方法可以确定一个印刷面的绝对色彩，也可以用一定的公差提供一个样本，还可以通过色差比较对不同的工艺过程进行评价，所以色度测量方法在印刷质量检测中的用途更为广泛。

三、色度测量工具

色度测量中主要包括色度计测量和分光光度计测量，下面分别进行介绍。

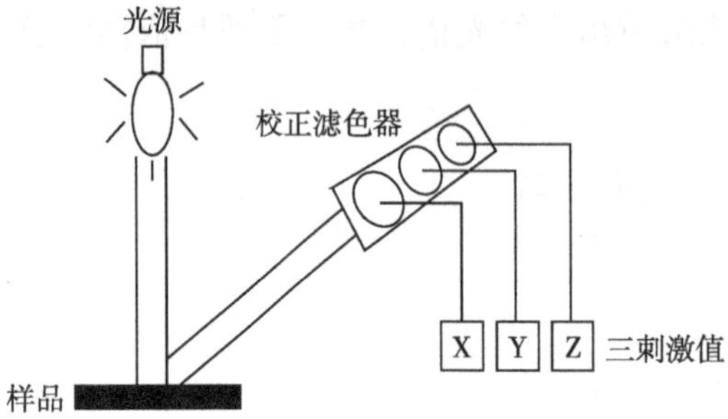

图 2-9　色度计原理示意图

1. 色度计

色度计是仿照人眼感色的原理制成的，通过对被测颜色表面直接测量获得与颜色三刺激值 X、Y、Z 成比例的视觉响应，经过换算得出被测颜色的 X、Y、Z 值，也可将这些值转换成其他匀色空间的颜色参数，如图 2-9 所示。

色度计一般由照明光源、校正滤色器、探测器组成。照明光源负责照射待测物体，并通过由滤色器和光电接受器组成的光电积分探测器来模拟标准观察者对颜色的三种响应。色度计获得三刺激值的方法是由仪器内部光学模拟积分完成的，也就是由滤色器来校正照明光源和探测器的光谱特性，使输出电信号大小正比于颜色的三刺激值，所以与人的视觉相协调。目前先进的色度计内部都装有微型计算机及多组滤色片，模拟的分光效果与人眼非常接近，所以色度计测量值可以精确地描述色彩，并且与人的视觉相一致。

色度计类似于密度计，从外观及操作上也非常相近，两者都包括红、绿、蓝滤色片，把可见光分为三原色，但也有不同，主要有以下两点：

（1）色度计的设计用于观察颜色，其功能与人眼相近；但密度计的设计则要考虑油墨的特殊灵敏度。

（2）色度计可以处理和计算不同的颜色数据，例如进行色空间转换、计算色差等，并且可以让用户在三维空间上画出颜色坐标；而密度计没有这样描述颜色的功能。

色度计可以看成是一个反射率计或不带对数变换器但带有一套专门滤色片的密度计，重要的是完成色度测量。

利用色度计进行色彩测量主要有以下几个步骤：

（1）确定测量孔径大小。

（2）选择合适的标准光源。一般印刷工业中进行色彩测量常选用 D_{50} 和 D_{65} 光源，测量反射稿时选用 D_{65} 光源，测量透射稿时选用 D_{50} 光源。

（3）确定视场角。当观察目标直径较小时一般都选用 2°视场角，尤其对印刷图像细节部位进行观察时；当观察目标很大时，这时应选用 10°视场角。

（4）在标准白板上对色度计进行校准。

(5) 选定测量对象进行色度测量。

2. 分光光度计

分光光度计测量颜色表面对可见光谱各波长光的反射率，将可见光谱的光以一定步距（5nm、10nm、20nm）照射颜色表面，然后逐点测量反射率，将各波长光的反射率值与各波长之间关系描点可获得被测颜色表面的分光光度曲线，每一条分光光度曲线唯一地表达一种颜色，也可将测得值转换成其他表色系统值。

这类仪器测量的实际上是光度量而非色度量。它的基本原理是通过比较待测样品和标准样品对特定波长的光反射（或透射）的光通量之比，求得待测样品的光谱反射比或光谱透射比〔$\rho(\lambda)$或$\tau(\lambda)$〕。

分光光度计主要由光源、色散装置、光电探测器和数据处理与输出几部分构成。

从光源上来讲，测量所用光源必须包含可见光谱的全部波长。在理想情况下，分光光度计使用的光源应该与观察环境的光源相同。但这种理想情况脱离实际，大多数仪器采用波长从 300～780nm 之间，并试图与 D_{65} 照明体的光谱性能相匹配的光源。当测量荧光样品时，反射率曲线和由反射率曲线计算的三刺激值要正确地再现视觉色彩，测量所用光源的辐射分布要符合彩色匹配要求的辐射分布。

接着再利用一个 CIE 几何条件以及光与试样相互作用，将光线送入色散装置，结果测出试样的反射率或透射率。最初的色散装置是棱镜，后来通过一套间隔为 10nm 或 20nm 的干涉滤光器进行分光，现在大多数分光光度计是采用衍射光栅进行分光的。将通过入射夹缝的一束光线投射到有几百条间隔极窄的平行刻线的玻璃板上，光发生衍射，在出射夹缝处形成一系列的光谱。

在起初的分光光度计中，主要是采用扫描棱镜单色器和光电管探测器将每个波长的功率转换成电信号。而这样的扫描工作机械系统非常复杂，速度太慢。后来随着硅光电二极管阵列的发展，扫描系统逐渐被淘汰，而采用了由光电池、光电二极管组成的传感器，提高了效率，还大大降低了仪器的复杂性。目前一些仪器上已配备了 16 个传感器，可同时对 16 个波长进行测量（从 400～700nm，间距 20nm）。

其具体工作流程如图 2－10 所示，由光源发出足够强度的连续光谱，先后或同时（将光束一分为二）照射到待测样品及标准样品上，其反射（或透射）的光经色散装置输出为由不同波长的单色光排列而成的色散光谱，然后分别将不同波长的单色光用光电探测器接收，并将光能转变为电能，从而记录和比较光通量的大小，得出样品的光谱反射比（或光谱透射比）。目前使用的分光光度计多与计算机相连作为数据处理和输出装置，它能根据所存储的数据〔如标准照明体 $S(\lambda)$ 、标准色度观察者函数 $\bar{x}(\lambda)$,$\bar{y}(\lambda)$,$\bar{z}(\lambda)$等〕和计算程序，将所测得的$\rho(\lambda)$〔或$\tau(\lambda)$〕进行计算，得出三刺激值、色度坐标、色差等结果，并能存储数据，显示、打印各种曲线、图表等。分光光度计是一种灵活的、理想的测色仪器。

分光光度计内部采用了可溯源标准对仪器进行校正，它实现的复现性效果比色度计还要好。所以目前，国外一些印刷机配备的印品色彩质量检验的测色仪器都是采用分光光度计的。

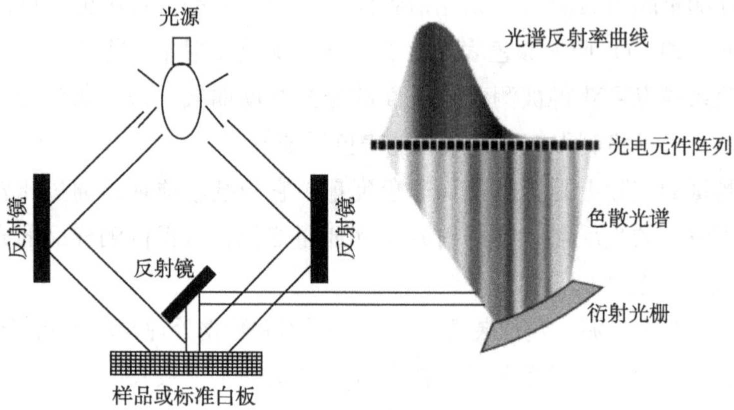

图 2－10　分光光度计原理示意图

分光光度计的使用同色度计类似，关键的是使用前要进行校准。分光光度计不仅能够测量色度值，还能测量密度值，更重要的是可以测量分光曲线，对于鉴别同色异谱现象有着非常重要的作用。

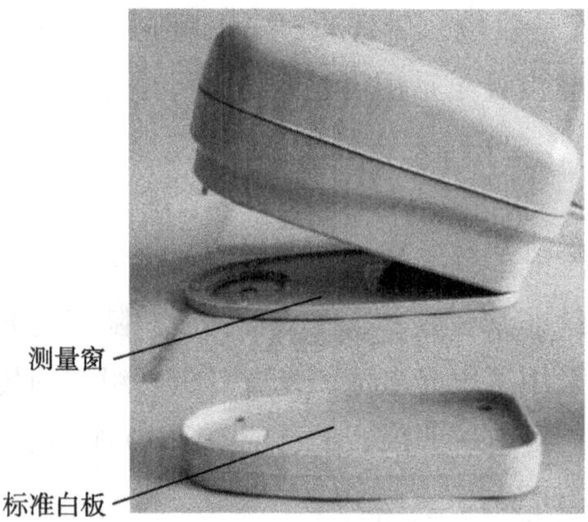

图 2－11　X－Rite Swatchbook 分光光度计

3. 分光光度计使用举例

这里以美国 X－Rite（爱色丽）公司的 X－Rite Swatchbook 分光光度计为例进行介绍，如图 2－11 所示。

X－Rite Swatchbook 分光光度计是美国 X－Rite（爱色丽）公司生产的一种小型轻便的反射式分光测色设备，对应使用该公司的 Colorshop 软件对光谱数据进行分析、处理，得到样品的光谱反射率、色度、密度、网点面积率等数据及图表。

该设备的使用步骤如下：

（1）设备连接。将 X－Rite Swatchbook 分光光度计后面的电缆线的两个分支分别与电源适配器及 RS－232 串口转接头相连，电源接通。

（2）进入 Colorshop 测色软件的主界面，如图 2－12 所示。

（3）确认设备连接。在主界面弹出“Preferences”之“Connection”窗口中“Select a device”下拉菜单中选中“X－Rite Digital Swatchbook”；在“Select an I/O”下拉菜单中选中本设备与这台计算机所连接的串口，如图 2－13 所示。

紧接着点击“Test”按钮，等待检查设备连接情况，直至下面一行出现“Connection

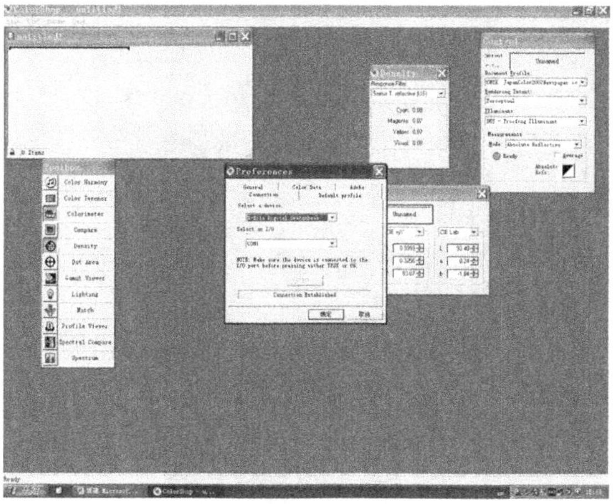

图 2－12　Colorshop 软件主界面

图 2－13　Colorshop 软件设备连接窗口

Established”为止，表示设备与计算机及软件连接成功，点击“确定”，“Preferences”窗口关闭，“Calibration（校准）”界面自动弹出，提示采用标准反射样品进行设备校准。另“Preferences”窗口需要时可以从 Colorshop 软件工具栏中“Edit”下打开。

（4）仪器校准。以嵌在每台设备相配套的基座上的标准漫反射白板作为标准进行仪器校准，将设备放入基座后，白板就正对测量光孔。压低仪器头到基座，保证稳定直到用户对话框表明校正完成，“OK”按钮由灰变黑，如图 2－14 所示。点击“OK”按钮“Calibration（校准）”界面关闭，就可以开始测量了。

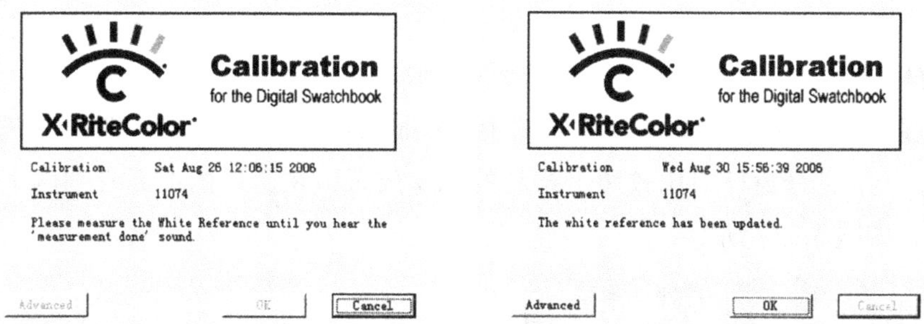

（a）　　　　（b）

图 2－14　校准

（5）测量及获取结果，如图 2－15 所示为颜色测量结果显示图。

①测量过程。压低仪器头到底板，保持稳定直至听到表示测量完毕的“当”的声响或看到窗口出现新的与测量样品颜色相同的色块以及新的数据，表明对该样品的测量完成。可连续测量多个样品，代表每个已测样品的标志（色块＋名称）将出现在“untitled”窗口的样品序列中，单击这一序列中代表某一样品的色块可以对此样品进行命名，用鼠标拖动可以改变样品排序。

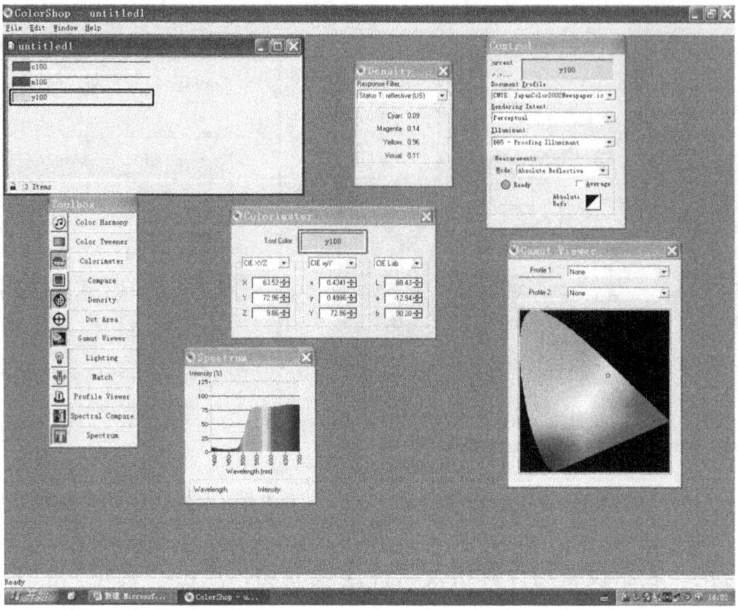

图 2 - 15　颜色测量结果显示

②获取结果

a. 色度值。点击“Toolbox”工具箱中“colorimeter（色度计）”图标即可打开色度值读数窗口，如图 2 - 16 所示。在“untitled”窗口的样品序列中选中一个样品或直接测量一个新的样品，样品的颜色会出现在“colorimeter（色度计）”窗口中的“tool color”对话框中，下面并列的三个对话框中所显示的是该样品的不同色空间的色度值。还可以在“Control”窗口的“Illuminant（光源）”对话框下拉菜单中选取不同的光源，来得到不同光源下的色度值。

b. 色差值。点击“Toolbox”工具箱中“Compare（比较）”图标即可打开样品色差读数窗口，上半部分窗口中比较两个样品的视觉效果，在窗口的下面看到两个样品的色差 ΔE^*_{ab}值，如图 2 - 17 所示。

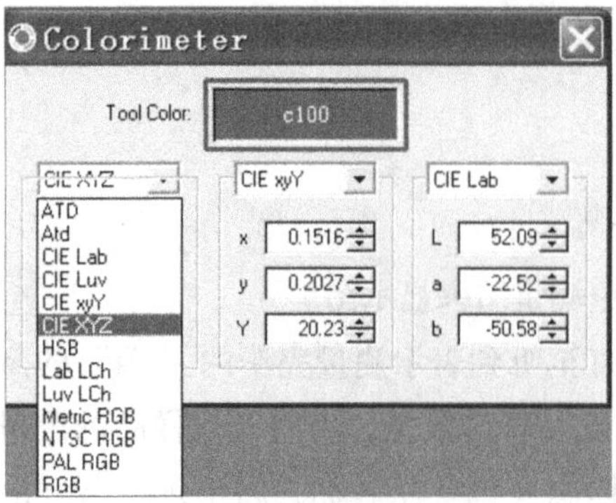

图 2 - 16　色度测量结果

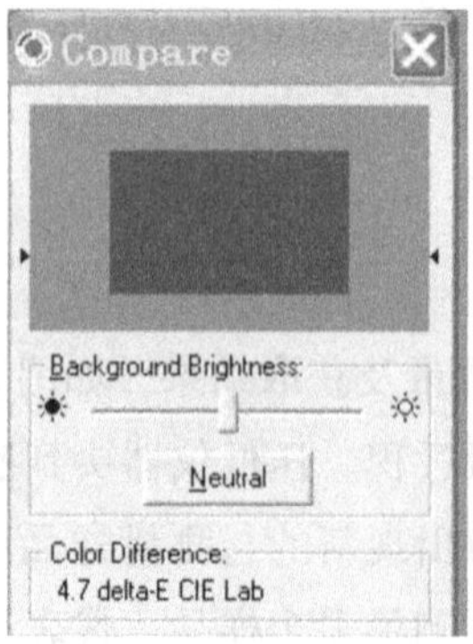

图 2 - 17　色差测量

c. 密度值。点击“Toolbox”工具箱中“Density（密度）”图标即可打开密度值读数窗口，如图2－18所示，在“untitled”窗口的样品序列中选中一个样品，样品的“Cyan、Magenta、Yellow、visual”四个通道的密度值就会出现在“密度”窗口中。同时还可以在“Response Filter（响应滤光器）”对话框的下拉菜单中选择不同的响应状态函数，测量印刷品密度一般选择“Status T：reflective（US）”响应状态函数。

d. 网点面积。点击“Toolbox”工具箱中“Dot Area（网点面积）”图标即可打开网点面积测量与读数窗口，如图2－19所示。先在“Response Filter（响应滤光器）”对话框的下拉菜单中可以选择不同的响应状态函数，通常测量印刷品（反射样品）的网点面积应选择“Status T：reflective（US）”响应状态函数。然后测量网点面积，先点击左侧 0% 方框，当此方框被一蓝色边框包围后，测量承印物（纸张），然后单击右侧 100% 方框，当此方框被一蓝色边框包围后，测量油墨实地，之后就可以测量该承印物上与实地同色调的非实地部分网点面积了。

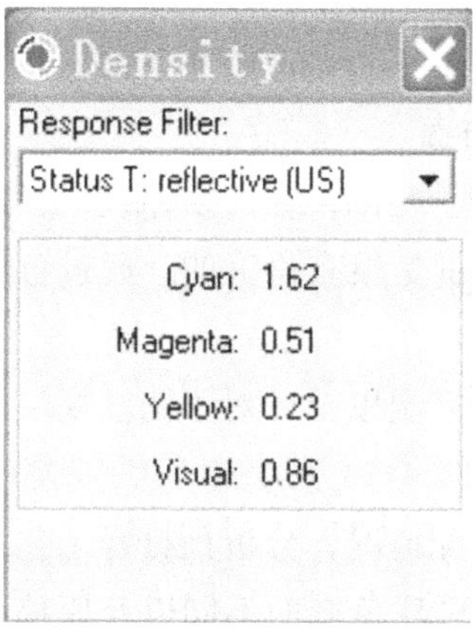

图2－18　密度测量

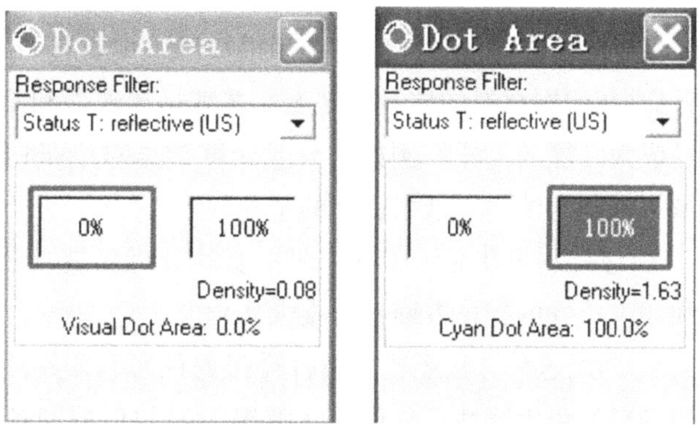

图2－19　测量网点面积

e. 光谱反射率。点击“Toolbox”工具箱中“Spectrum（光谱）”图标即可打开光谱测量窗口，在“untitled”窗口的样品序列中选中一个样品，则在光谱测量窗口中会显示出该样品的光谱反射率曲线，如图2－20所示。

（6）数据存储。在Colorshop软件的“Edit”下打开“Preferences”窗口，选中“Color Data”标签，在其对话框中列出了所有可以输出的数据类型，可以根据需要在前面的复选框中单击决定是否输出该数据，然后确定，如图2－21所示。再在“File”菜单中选“Save”或“Export as”的对话框中可以命名，选择文件存放路径，可以将数据文件保存为后缀为“. txt”文本文件，“Export as”文本文件，以便今后可以使用“记事本”等应用程序将其打开。

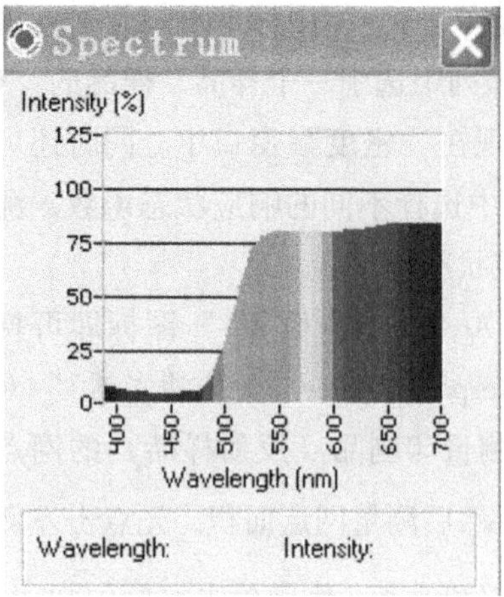

图 2－20　光谱反射率测量曲线

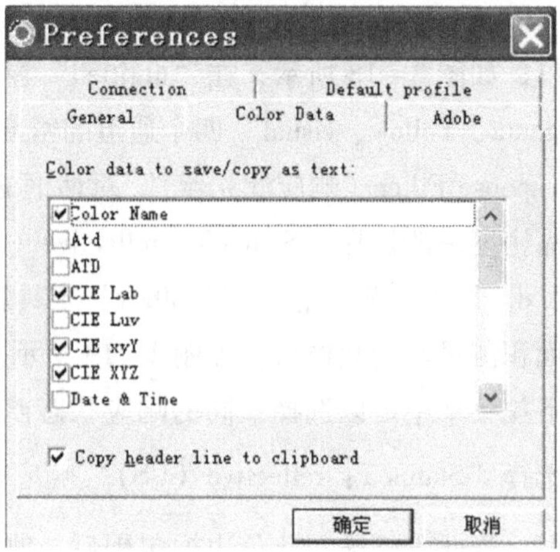

图 2－21　输出数据种类选择

四、色度测量在印刷中的应用

色度测量在印刷工业中的应用很广泛，主要有如下几个方面。

1. 在印刷材料的质量控制上。尤其是对油墨和纸张的质量检测，在许多印刷厂，这已经成为必须的工作。例如，分光光度数据对纸张白度的测量是很有价值的；通过色度测量可以制定油墨、纸张标准的精确规范。

2. 色度测量在对于印刷中灰平衡的分析测量、最佳阶调复制以及针对不同油墨、纸张和印刷条件的校色方面也有很大作用。

3. 利用这种方法还能分析打样张的色彩和印刷用纸的匹配情况，分析预打样工艺中所用颜料的色度特性；分析一套油墨再现的色域和各套油墨再现色域的不同以及原稿和复制图像之间的关系。

4. 通过对印刷品的色度测量，实现印刷过程中的色彩控制。目前大多数印刷机控制系统都采用基于分光光度计测量的色彩测量系统，如海德堡 CPC 系统的 CPC2 质量控制装置从 CPC2－S 开始采用分光光度计进行色度测量代替原来的密度测量。分光光度计应用于印刷机色彩控制的优势在于，通过进行光谱测量正确定义颜色，到更多的颜色控制信息。不仅可以得到光谱反射率曲线、CIE 色度值，还能测得密度、相对反差、灰度值等常用控制参数。

5. 在进行色彩管理时要用到色度测量。分光光度计在色彩管理中主要应用于显示器的校准及特性化和印刷设备的特性化，一般都采用专门用于校准和特性化的分光光度计。显示器的校准和特性化是两个不同的过程，但一般结合在同一工序中，校准是先将颜色信号发送到显示屏，同时使用分光光度计测量显示屏的输出，然后通过软件修改响应，正确校准显示屏后，也就调整和纠正了伽马值、白点、黑点和色彩平衡。特性化是通过发送一个已知 RGB 值至显示器，再测量相同颜色的 LAB 输出来完成的，系统将结果进行对比、关联，再将它们构建成描述设备使用颜色情形的数学模型。显示器的校准和特性化中分光光度计的使用非常简单，只要将其吸附在显示屏即可。这里对测量影响最大的是环境照明条件。

印刷设备特性化是通过测量印刷成品与样张（或原稿），然后进行比较、分析，再构建成描述设备使用颜色情形的数学模型。印刷设备一般需要进行上千次测量来完成特性化，建立特性文件，因此要采用能够自动扫描色样的分光光度计。

采用色度测量规范，提高标准化生产的程度，这样能达到节省材料、减少差错、提高产品质量的目的，实现对印刷色彩的质量控制。在印刷行业中，色度测量是对眼睛功能的一种扩展，但它决不会取代眼睛，因为只有眼睛具有主观评判的功能。但仪器能够产生量化的数据，还可以放到任何能达到的位置，例如装到一个印刷机上进行测量，这样就达到了色彩检测的目的。

复习思考题二

1. 什么是彩色密度？密度的实质是什么？
2. 印刷检测中常用密度计分哪两大类？分别用在哪些地方？
3. 反射密度计组成及测量过程是怎样的？
4. 密度计在印刷中使用时应注意哪些问题？
5. 密度计在印刷中主要应用有哪些？
6. 分析比较密度测量与色度测量。
7. 色度测量工具有哪些？并简述各自结构特点。
8. 分析比较色度计与分光光度计各自的测量过程。
9. 色度测量在印刷中主要应用有哪些？

第三章　印前工艺质量控制

【内容提要】本章对印前工艺中原稿输入、印前图像处理、输出分色片、晒版、打样等工序的质量控制进行了阐述。

【基本要求】了解扫描准备，清晰度强调、版材质量检查、晒版设备工作状态检查等；掌握原稿输入质量控制中原稿分析、印前输出分色片前的质量检查、输出分色片的质量检查，晒版质量控制中原版质量检查、PS版晒版质量控制、印版质量检查，打样质量控制等基本内容。

印前是整个印刷过程的第一个环节，印前质量的好坏直接决定了印刷质量的好坏，印前过程质量控制是为最后印刷品的质量打下良好的基础。印前过程主要包括原稿输入、图像处理、输出分色片、晒版及打样等工序，各个工序都在印前过程中起着至关重要的作用。

第一节　原稿输入质量控制

常用的原稿输入设备有扫描仪、数码相机等，原稿输入的质量控制对印前质量的好坏起着重要的作用。

利用扫描仪扫描图像是图像数字化的主要方式，原稿图像（如照片、反转片）经过扫描变为数字图像进入印前系统。扫描过程主要包括原稿分析、扫描准备、扫描仪校准、扫描参数设置几个步骤，每个步骤对扫描图像的质量都有很大影响。

一、原稿分析

忠实再现原稿是印刷行业的永恒追求，原稿是保证彩色复制质量的先决条件和基础，因此印前输入中对于原稿的分析非常重要。

扫描输入过程中首先要对原稿的质量进行检查，以保证后期处理的质量。扫描输入时，对原稿的质量检查主要包括以下几个方面。

（1）检查原稿表面有无划痕、脏污，文字、线条是否完整，有无缺笔断划等。

（2）检查画面是否偏色。在自然光或接近日光的标准光源下，观察反射稿上白色、灰色、黑色等部位是否有其他颜色的干扰。

（3）检查主体色彩是否准确。一般来说，反射稿的颜色比实际景物的色彩更鲜艳些，如以人物为主体的反射稿，应以面部肤色红润为标准。

（4）检查反差是否适中。反射稿的反差包括亮度差、色反差和反差平衡，亮度差适中，在高调部分和暗调部分之间就有丰富的过渡色彩层次；色反差适中，反射稿色彩浓度就大，且具有较强的立体感；反差平衡好，同一颜色在高调部位和暗调部位的颜色表现就会很一致。

（5）检查图像颗粒度。原稿的颗粒度影响色彩、层次、质感，颗粒度细腻的原稿有利于层次和色彩的真实表现。

二、扫描仪的校准

图像扫描质量的好坏决定了图像的最终输出质量，扫描仪的校准只是获得最佳图像质量的第一步，扫描质量的优劣还与原稿分析、扫描参数设置及操作者的实际经验都有着很大的关系。

扫描仪的校准原则就是将扫描仪调校成能够忠实复制原稿的阶调层次信息、色彩变化以及灰平衡。具体方法是：用扫描专用的反射或透射色标调节扫描软件中的高光、暗调数值及中间调的 Gamma 值。必要时，调节 R/G/B 或 C/M/Y/K 单通道数值，以使图像的阶调、色彩及灰平衡与色标一致。

第二节　印前图像处理质量控制

印前图像处理的质量控制主要包括对层次、色彩、清晰度的调节以及分色参数的设置等方面。

一、图像层次调节

层次是指图像中的明暗变化，对于印刷而言是指视觉中可分辨的密度差别。层次调整的好坏决定了整个图像的基调，还决定了图像细节的再现。层次调节是通过调节图像的亮调、中间调、暗调的亮度级来适应印刷过程中对层次的限制的。

在 Photoshop 软件中对于图像层次的调节主要是通过直方图、曲线等工具来完成的。

1. 直方图工具在调节图像层次中应用

（1）直方图分布。图 3－1 所示为 Photoshop 中图像的直方图，通过色阶 Level 命令显示。直方图表示整个图像的阶调分布，横向表示从白到黑（0~255）所有阶调等级，纵向表示该级阶调下的像素数量。直方图能直观地显示图像的层次分布，为调节图像提供有效依据。

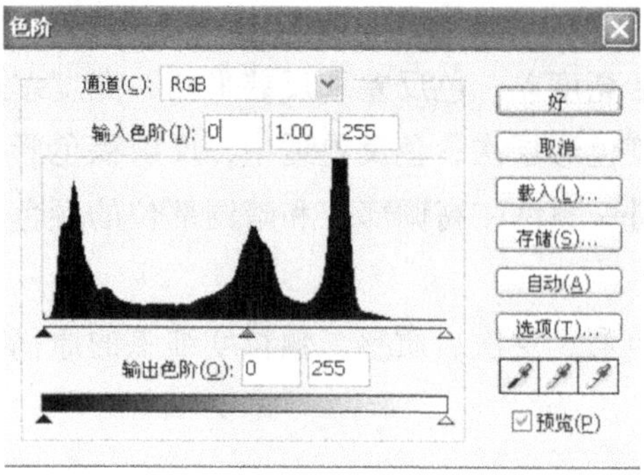

图 3－1　Photoshop 中的直方图

在色阶工具中，除直方图以外，还有调节图像明暗极点和中间调的三角滑块，利用它可直接改变极点位置，中间滑块改变的是图像的 Gamma 值。

一般在调节图像层次时，首先要通过色阶来看直方图，再结合直方图来利用曲线工具来调节，而对于一些简单的图像，还可直接通过直方图直接调节其层次。举例说明，图 3－2(a) 为原稿，图3－2（b）为原稿直方图分布，该图反映的图像阶调在暗调、亮调缺失，图像朦胧，如果用直方图方法来调节图像，应该将左边的黑色暗调滑块向右滑到图像上出现像素处，右边的白色亮调滑块向左滑到图像上出现像素处，如图 3－3（b）所示，最终图像调整得清晰，亮调、暗调层次丰富完整，效果如图 3－3（a）所示。

（a）原稿

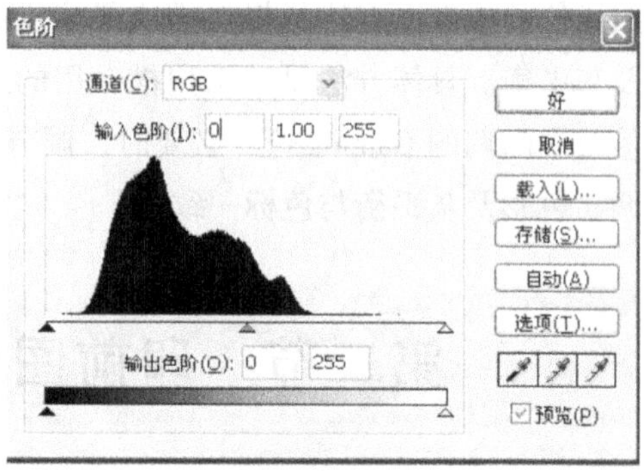

（b）原稿直方图

图 3－2

（a）调整后图像

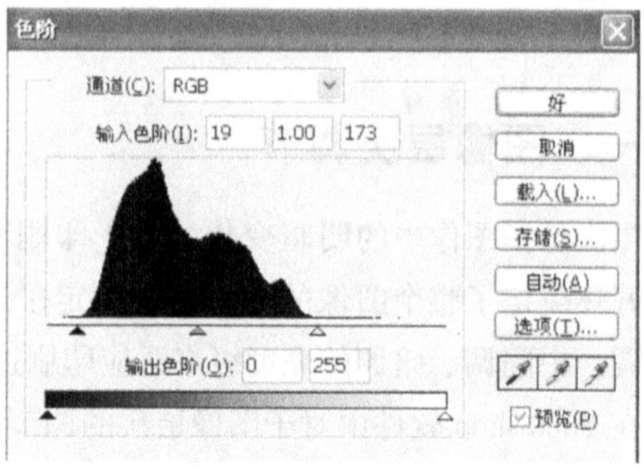

（b）直方图调整

图 3－3

（2）黑白场定标。色阶工具中还有更重要的吸管工具，曲线工具中也有吸管工具，利用吸管工具进行黑白场定标，这是层次调节中的第一步。

白场和黑场是指一幅图像上最亮和最暗的色调值，调整印刷图像首先需要考虑如何设置白场和黑场。印刷中一般比3% ~5%更亮的区域印刷不出来，即3% ~5%的区域变成了0%，即纸的白色，这样图像高亮度区域的层次就会丢失。相反，在95%以上的暗调区域都会被印刷成100%的黑色，这一部分暗调层次也会丢失。为了补偿这种不足对再现图像层次的影响，就必须对印刷图像进行黑白场定标。

利用吸管工具设置白场和黑场的颜色值，要结合具体的印刷条件，没有统一的标准，大多数情况下，常用的CMYK高光极点值可设5、3、3、0，而暗调极点值可设65、53、51、95或95、85、85、80。设置时只需双击色阶或曲线工具中的高光和暗调吸管，并输入设置值即可，设置完后，接着在图像中用高光和暗调吸管在确定的高光和暗调区域点击即可。

2. Curves曲线工具在调节图像层次中应用

Curves曲线工具如图3－4所示，横向表示原始数据轴，纵向表示调整后的数据轴，几乎所有的图像层次调节工作都可利用此工具来完成。采用曲线调整图像层次原理与色阶调整相同，目的都是使图像中该亮的部分亮起来，该暗的部分暗下去，并且去除不必要的层次，曲线更重要的一方面是可以更精细地对图像层次进行局部调整。下面介绍几种典型的曲线调节，如图3－5所示。

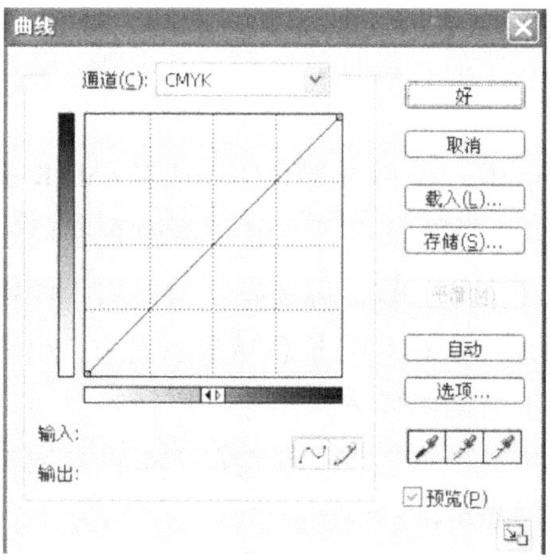

图3－4　Photoshop中的Curves曲线工具

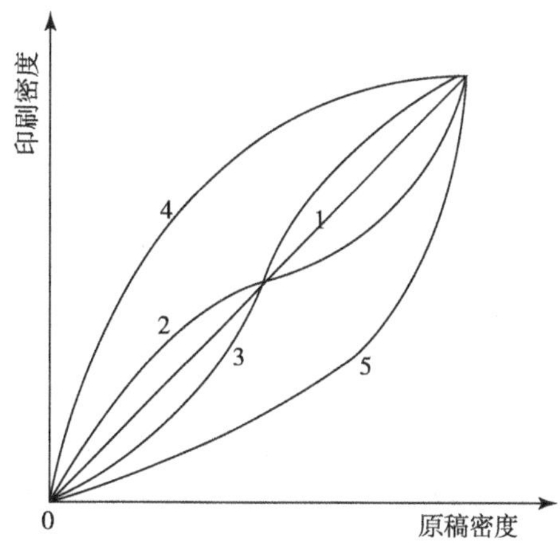

图3－5　典型曲线调整

曲线1：表示图像原有的层次分布，其余的曲线都是在此基础上进行调节的。

曲线2：表示高光和暗调均被拉开，中间调层次被压平，适用于画面偏闷，高光层次比较平的原稿，比如雪景画面等。

曲线3：表示高光暗调层次均被压缩，而中间调层次被拉开的情况，这是经常采用的一种曲线，可以提高图像的饱和度。但亮调部分也不能压缩过多，否则会因为太亮而丢失很多层次，该曲线适用于原稿偏薄，密度反差较小的原稿。

曲线4：表示高光层次被拉开分布，暗调层次被压缩，适用于暗调面积小，需要强调亮调层次的原稿，如摄影时曝光过度的原稿。

曲线5：表示减薄并拉开暗调层次，高光层次被压缩，适用于暗调面积大，画面偏闷，需要把暗调层次拉开，使整个画面提亮的原稿，比如摄影时曝光不足导致闷厚的原稿以及夜景图像等。

二、图像颜色校正

颜色复制是指颜色分解、传递、合成的一个复杂的过程，颜色还原是印刷复制的一个主要方面，在颜色复制过程中，受到许多因素的影响，例如扫描设备、显示设备、印刷设备、纸张、油墨等，因此必然会产生颜色误差，尤其是受到层次压缩和油墨的影响更为严重，所以要想获得理想的颜色复制，就必须设法校正这些颜色误差，才能实现颜色还原。

1. 准备工作

颜色校正前，首先，要进行设备的校正和系统的标定，要对扫描设备、显示设备、输出设备等进行专业的校正，另外在这些设备之间要有一套比较完善的色彩管理方案来实现颜色的一致，这些是校正颜色的基础。

其次，在进行颜色校正之前要先进行层次校正。因为按呈色机理来看，颜色是在中性灰层次基础上呈现的，所以应该先将层次校正完毕后再进行色彩校正，否则，颜色校正完后，再校正层次时颜色又会发生变化。

第三，就是选择合适的颜色空间。在Photoshop中，在RGB颜色空间或者CMYK颜色空间下，都可以对图像进行层次和颜色的校正，但两者特点不同。用RGB颜色空间进行校正的优点是色域空间较大，并且和显示器的色彩空间一致，但在校正后要用于印刷输出时须转换到CMYK空间来，这时会导致部分颜色无法在CMYK色域显示出来，出现溢色。用CMYK颜色空间进行色彩校正的优点是校正后的图像直接用于印刷而不会出现溢色，另外，用CMYK颜色空间更容易把握颜色的变化。所以，一般情况下可以对图像在RGB颜色空间中校正，然后在CMYK颜色空间对图像再进行细微调节。

2. 灰平衡概念

灰平衡实际上指能够产生灰色的颜色组合，在RGB颜色空间，R、G、B三色只要等量就会产生中性灰，而在印刷CMYK颜色空间中，由于四色油墨的偏色，所以等量的黄、品红、青三原色油墨以相同网点百分比叠印时并不能产生中性灰。因此印刷中的灰平衡是指将黄、品红、青按一定的比例叠印，得到视觉上中性灰的颜色，这时对应的黄、品红、青的网点百分比数值称为该点的灰平衡数据。灰平衡数据是一系列数据，而不是一个数据。

印刷中都是通过对灰平衡的监测来间接控制整个图像的色彩的。因为灰色区域对颜色敏感性很强，当中性灰有偏色时，人眼很容易就能察觉出来。判断图像的颜色质量，首先要看其是否实现了灰平衡，如果图像的灰色部分偏色，那么图像上的所有颜色都可能有偏色。因此在图像处理、输出分色片、晒版、印刷等过程中如果没有去看灰平衡，则图像很可能会偏色。

灰平衡是实现图像阶调、颜色再现的基础，因此校正色偏时一定要先选择中性灰色。在实际印刷中，是通过灰梯尺来检验灰平衡的。

表 3－1 给出了一组典型的灰平衡数据，从表中可以看出，在构成中性灰的三原色比例中，青比品红、黄的成分要多一些。

表 3－1　灰平衡数据

C	5	10	20	30	40	50	60	70	80	90	95	100
M	3	6	13	21	29	37	46	63	71	82	87	94
Y	3	6	13	21	29	37	46	63	71	82	87	94
K	5	10	20	30	40	50	60	70	80	90	95	100

给出的这组数据是比较典型的，但是印刷企业往往也会有一套自己的灰平衡数据，这样在进行颜色校正时可向对应的印刷企业咨询，以此来指导工作。一般某一类型的油墨混合后产生灰色的 CMY 值是不变的。

3. 判别偏色

印前图像处理过程中，图像偏色一般通过眼睛观察或在 Photoshop 中通过信息调板工具测量图像中某点的颜色值来判别。

（1）眼睛观察。一般是先观察图像的亮调部分，因为人眼对较亮部分的色偏较为敏感；其次看图像的黑、白、灰构成的中性灰区域，这部分对颜色最敏感；第三是观察一些常见颜色，例如人的肤色，看看是否符合心理所希望的颜色；最后看图像中重要的记忆色，例如风景色，看其是否符合真实色彩。这些是用眼睛判别偏色的常见步骤。

（2）信息调板工具测量图像中的颜色值。在 Photoshop 中用吸管工具和信息调板工具分别测量显示数字图像中颜色值，如果本应是中性灰的区域，其值却不是灰平衡的值，则说明图像发生了色偏，根据灰平衡的比例来判断哪种颜色多了，哪种颜色少了。在判别偏色上，一般利用吸管工具先检查散射高光区域的中性灰，因为高光区域相对于其他区域灰色成分要多些。除此之外，当然还要对其他中性灰区域进行检查。信息调板如图 3－6 所示。

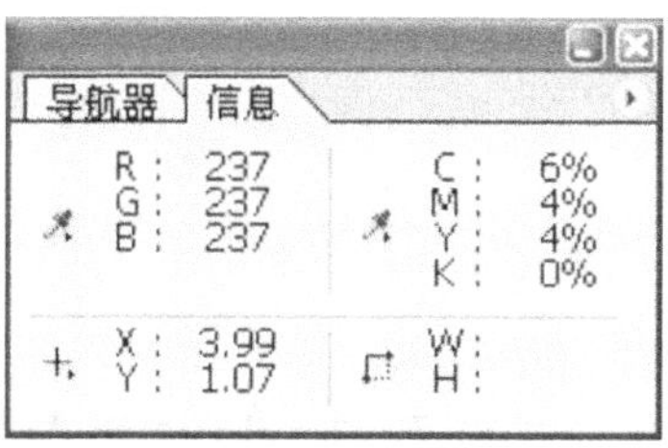

图 3－6　信息调板

4. 校正偏色

印前图像处理中对于偏色的校正主要包括两大类型：灰平衡调整和局部颜色校正。

（1）灰平衡调整。对于偏色的图像，这里是通过调整图像中密度最低的高光点、中间调灰色、暗调最深的黑色三部分的黄、品红、青的网点百分比来实现灰平衡，从而校正偏色。

亮调区域灰平衡调整的原则是青版网点百分比应大于品红和黄版2% ~3%，而且要保证最少色版的最小网点，一般为3%能够再现出来，否则高光层次会丢失，同时也会造成偏色。高光区域黑版网点百分比通常取0%。具体调整方法：记录图像上密度最低的高光点的黄、品红、青的网点百分比；接着选择青通道调整曲线进行对应调节，直到信息调板中青的网点百分比为5%；再依次选择品红和黄通道，调整曲线直到其对应网点百分比为3%，这样就保证了亮调区域的灰平衡。

中间调是人眼最敏感的区域，当中间调偏亮或偏暗10%时，人眼就会很明显地察觉。中间调区域灰平衡调整的原则是青版网点百分比应大于品红和黄版10% ~13%，例如青版为50%，则品红版、黄版应为37% ~40%。另外，在青版大于55%的中间调内，应该要保证有黑版2% ~5%，以保证灰色的纯度和稳定性。调整方法与亮调区域灰平衡调整方法类似。

暗调区域的灰平衡主要通过控制黑版网点百分比，而不是通过控制CMY网点百分比来实现的。但是，由于桌面制版系统采用了GCR黑版生成方式，所以必须考虑在有黑版的情况下黄、品红、青版的配合和印刷适性，通常的调整原则是青版网点百分比应大于品红和黄版8% ~10%。

以上三步基本保证了图像整体的灰平衡，但对于局部的特定颜色的偏色还需要下面的局部颜色校正方法。

（2）局部颜色校正。当图像中的偏色集中在某区域的某一颜色范围内时，需要这种针对特定颜色的局部性颜色校正，例如画面中的天空、植被上的花朵等，在Photoshop中是通过“可选颜色”命令来调整的，如图3-7所示“可选颜色”命令中实际上是把画面上的所有颜色分为了九大色系。对某颜色进行局部调整的前提是判断出它属于什么颜色，比较精确的方法是看其网点百分比，然后在对相应的颜色下进行调节。

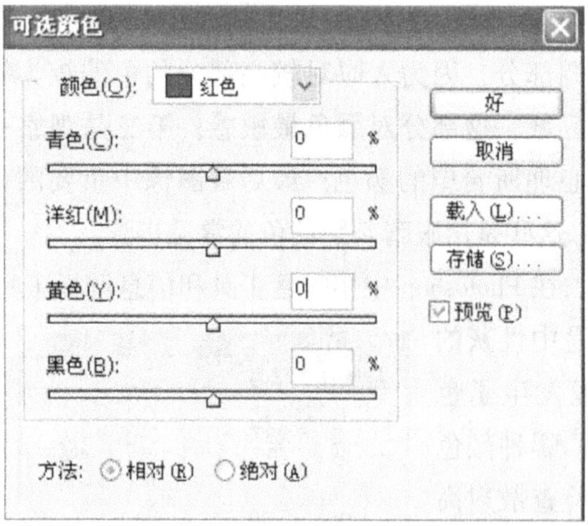

图3-7 Photoshop中的“可选颜色”

除此之外，Photoshop中“色相/饱和度”工具也有一定的颜色校正功能。例如我们要提高图像中某一色块的饱和度，可以选中该色块，然后对饱和度进行调整。

下面结合实际，介绍几种典型常见的偏色现象，以便于分析校正。

①阴雨天气拍摄的原稿看上去像是被一层淡蓝色所笼罩，这是因为阴天没有阳光，

所以缺少红色。

②在荧光灯下拍摄的正片，有时会产生偏绿的现象，这是因为荧光灯所发出的光看起来是白色的，但实际上白色中含有强烈的颜色，如果用彩色底片直接拍摄，必定会造成色偏。

③大部分原稿都有记忆中的颜色，比如大家所熟悉的天空、各种树木以及花草等，如果这些颜色发生了变化，人眼将很容易发现。

三、清晰度强调

在 Photoshop 中，对于图像清晰度的强调是通过锐化工具完成的。在 Photoshop 中有四种锐化方式，其中 Unsharp Mask 功能最强，在清晰度强调中也最常用，如图 3－8 所示。数量表示锐化强度，Photoshop 中这个数值的范围可在 0%～500% 之间任意选取，默认值是 5%，值越大，表示强调效果越显著，这应该按照原稿的内容和印刷效果而定。半径表示符合锐化条件的某个像素在锐化时使周围的多少和像素同时参加锐化，取值范围是 0.1～250 像素，半径过大，会产生过高对比度的宽边界效果，使图像粗糙，一般对低分辨率的图像半径值小些，高分辨率的图像可选稍大的半径值。阈值表示锐化的起始点，表示参加锐化的相临像素点的反差范围，即相临像素点反差在阈值以内的不做锐化，大于阈值的做锐化。操作者可根据不同类型的图像对三个参数进行设置。例如，对于人物稿，锐化强调量应较小，半径取值应较低，阈值设置应较高，以保证肤色柔和细腻；而对于金属质地的原稿，锐化量则要大，半径取值也要高，阈值设置应较低，来突出其特征及质感。

四、分色参数的设置

印前图像处理质量控制中很重要的一步是分色参数，即由 RGB 模式转变成四色分色片用的 CMYK 模式的数值设定，如图 3－9 所示。Photoshop 软件内置有很强的分色功能，

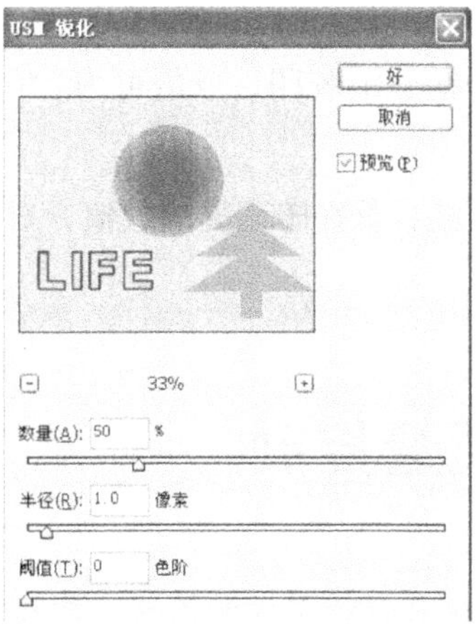

图 3－8 Photoshop 中 Unsharp Mask 锐化

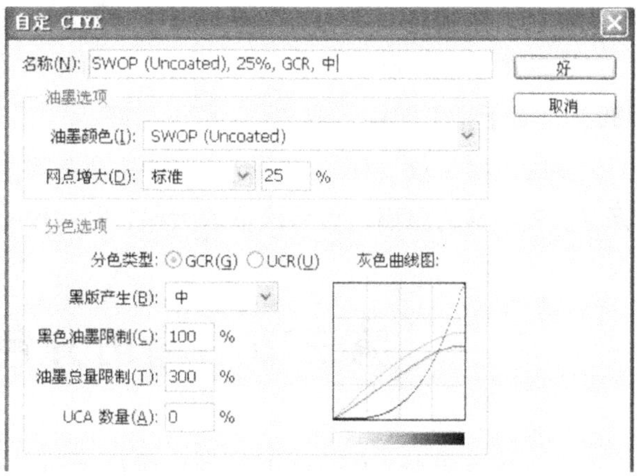

图 3－9 Photoshop 中的分色参数设置

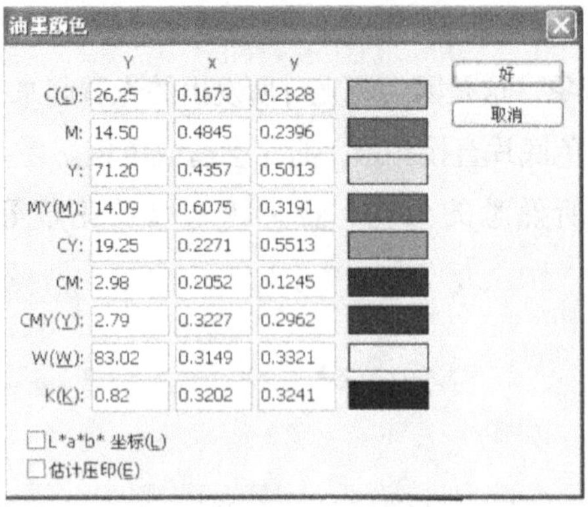

图 3-10 印刷油墨颜色设定

所以分色参数的设定主要在 Photoshop 的“编辑”/“颜色设置”中进行。分色参数的设置主要包括印刷油墨设置、网点增大设置、分色选项设置。

1. 印刷油墨颜色设定

印刷油墨颜色设定对于印刷分色很关键，因为印刷厂家使用的油墨不同，其颜色特性就不同。国内常用的油墨标准有两种，一种为日本的 Toyo Inks（Coated）标准，一种为美国的 SWOP Inks（Coated）标准。当然，理想的是使用印刷所用油墨的颜色值，如图3-10所示，但这也比较麻烦，所以最好选择相近的油墨颜色值来设置。

2. 网点增大的设置

网点增大指中间调 50% 处网点的增大情况，铜版纸一般取 20% ~25%，胶版纸在 30% 左右，报纸则为 35% ~40%。

3. 分色选项设置

①选择分色类型。Photoshop 中提供两种分色类型，即 GCR 和 UCR，每次可选取一种方式。GCR 为灰成分取代，UCR 为底色去除。桌面制版系统常使用 GCR 方式。

②确定黑版产生的阶调曲线。每幅图像黑版的阶调分布对图像有着极其重要的影响，操作者要在分析透彻图像实质的基础上对其进行修改。具体说，当图像中的灰成分不是很多，如日常拍摄的风景图片、新闻人像等，通常将黑版设为中调黑版。当图像为高饱和、高反差的艺术摄像，我们可将黑版设定为短调骨架黑版。当图中灰成分很多，如一些古旧的绘画，为了达到较好的灰平衡，我们可使用长调黑版，甚至全调黑版复制。

③黑色油墨限制。不同种类的原稿应有不同的数值，从 70% ~90% 均可，通常取 85%，保证印刷品的黑场足够黑，也就是黑版有足够的反差。

④油墨总量限制。表示四色网点之和的最大值。对于铜版纸胶印，取值可为 340% ~380%，对于报纸印刷，取 260% 以下为好。

⑤底色增益量（UCA 数量）。该值主要是增大青、品红、黄在暗调处的数值，对于暗调层次较丰富的原稿，可将该值取大些，如 40%。

第三节 输出分色片质量控制

分色片也称为胶片，输出分色片质量控制主要包括输出前对文件的检查、照排机的调节、输出分色片的质量检查等几方面。在操作时，应着重从这几个方面考虑，以提高输出分色片的质量。

一、印前输出文件质量检查

印前输出文件的质量检查主要检查输出文件是否符合印刷规范。检查项目主要有：

1. 检查套版线、色标及各种印刷、裁切线是否齐全

套版线应为四色套印的黑（即 C = 100%、M = 100%、Y = 100%、K = 100%），如果没有套版线，输出的分色片等于一堆废品。

2. 检查图像颜色模式

激光照排机输出分色片时，所有彩色图像的色彩模式应为 CMYK 模式。因此，输出前应通过链接图像表仔细检查所链接图像的色彩模式是否正确。如果图像仍为 RGB 或 Lab 模式，应在图像处理软件（如 Photoshop）中进行颜色模式转换，否则输出分色片时只有黑版上有图像，或者分色情况不理想，甚至不能输出；对黑白图片，图像模式应为灰度或二值模式，输出时只有黑版上有网点信息。

3. 关于印刷上的套印、叠印、掏空、专色等也是非常需要注意的

再有四色字问题，这也是较为常见的问题，输出前必须检查出版物文件内黑色字，特别是小字，是不是只有黑版上有，而在其他三色版上不应该出现，如果出现，则印刷品质量会受到影响，必须将其处理一下，将其改为单色 100% 黑。

4. 检查所用图片的分辨率是否符合印刷要求

确保扫描图像、照片和其他点阵图片有合适的分辨率，这对保证输出照排片的质量是必要的。下面列出了一些不同出版物的分辨率设定标准。

（1）报纸采用的扫描分辨率为 125 ~ 170dpi。针对印刷品图像，设置扫描分辨率为加网线数（lpi）的 1.5 ~ 2 倍。报纸印刷的加网线数一般用 85 ~ 133lpi。

（2）期刊杂志、宣传品采用的扫描分辨率为 300dpi，因为杂志印刷加网线数一般用 133lpi 或 150lpi。高品质书籍采用的扫描分辨率为 350 ~ 400dpi，因为大多数印刷精美的书籍印刷时采用的加网线数为 175 ~ 200lpi。在这里需要说明的是：最好不要使用网上下载的图片，这些图片的分辨率一般只有 72dpi，有的更低，不管对其进行怎样的处理，输出效果都不会很好。

5. 字体最好采用常用字体，如方正、文鼎

尽量不使用少见字体。如已使用，在 CorelDRAW 和 Illustrator 中先将文字转换为曲线方式，就可避免因输出中心无此种字体而无法输出的问题。如有补字文件，必须将补字文件一并拷贝。

6. 通过 RIP 解释预视发片结果

RIP 解释预视与最后发片结果是一致的，通过预视对照原稿或打样稿，检查文件链接的图像是否正确，图像解释是否完好，图像颜色是否与原稿相符，文字有无乱码，文件

各要素有无错位，黑版是否叠印等。这是输出前的最后检查，所以一定要细心，以免出现质量问题。

二、分色片输出操作质量控制

1. 照排机运行情况的检查

输出分色片时，激光照排机的任一小问题都有可能造成胶片的浪费和出片效率的降低，还可能导致分色片底灰过大、密度不足、版面不均匀、实地不实、层次丢失、绝网、糊版等质量问题。因此，要确保激光照排机处于绝对正常且良好的工作状态，需要对激光照排机进行定期检查。

照排机启动后，其工作状态一般在输出工作站的操控软件界面中都可看到，需要进行检查的项目主要有以下几点。

(1) 激光照排机的设置与系统设备是否匹配并正常运转。为保证激光量的稳定，应定期对激光头进行测试和校正。

(2) 冲片机的药液浓度与温度是否正常。要根据分色片和药液的性能设置显影、定影的参数值，定期用测试条和梯尺进行测试，同时做好冲片设备的日常清洗、保养工作，并及时地更换补充显影液、定影液，防止沉浊物使分色片带脏。

设定显影、定影的参数值主要是合理调整显影液、定影液的浓度、温度及显影和定影时间等。

①其他条件不变，显影液的浓度越高，温度越高，则分色片的实地密度越高，需要根据产品说明来配置显影液。

②其他条件不变，显影温度设定过高会使显影液因蒸发、氧化速度过快而失效，造成分色片灰雾度过高，同时高密达不到要求。

③其他条件不变，定影液浓度越高，温度越高，分色片片基灰雾度越低。一般国产定影液的稀释比为1∶4，过高的定影温度设定或夏季过高的气温会使定影液因蒸发或氧化过快而失效，造成分色片灰雾度过高，同时也会使高密达不到要求，并且会形成药液结晶附着在定影辊上，将分色片划伤。推荐定影温度为28～32℃，定影时间为30～35s。

此外，为保证分色片冲洗的质量，在显影及定影过程中，药液要搅拌均匀，不要因药液没搅拌好而出现分色片密度不均匀的情况。最后，要注意及时地更换补充显影液、定影液。

(3) 分色片在设备运转和传递的过程中易受异物影响而被划伤，应定期清洗和擦拭传动部件，当发现部件损坏应及时更换。

此外，照排机输出分色片时应该注意以下几个问题。

(1) 每一批次的胶片在投入使用之前，都应进行基本密度测试及网点线性化，一般要在显定影温度稳定且达到设定温度时再测密度和做线性化。然后根据测试结果采取相应的工艺措施，如调整激光焦距、曝光量、显影和定影的温度和时间以实现规范化、科学化生产，防止不合格产品产生。

（2）激光照排胶片中含有防光晕层，在定影，水洗的过程中有一些会脱落，在片基上形成淡蓝色的水斑，可在定影液中加入适量的坚膜剂消除。水洗槽要经常保持清洁，每天在工作结束后要将水槽中的水放掉，用干净的纱布擦干。每次加水之前要先将水放掉一些以除掉水锈，每周至少要坚持清洗水辊一次。

总之，在使用激光照排输出胶片的过程中，只有掌握它的特性，正确操作输出工艺，才能有效地保证输出分色片的质量。

2. 照排机输出参数设置

在输出分色片时，网点参数，包括网点形状、网目线数、网线角度等的选择与印刷工艺密切相关，如果一张胶片的光学质量很好，而输出参数选取不当也会造成印刷质量低劣。

（1）网目线数

网目线数是指在单位面积内单向平行线的条数。线数越高，网点越小，印品就可以越精细。但是，并非线数越高越好，而是要根据印刷、材料工艺要求来选择。当纸张质量达不到相应的标准、机器精度不高、油墨质地较差以及印刷的压力较大、网点扩大率较高时，易致细网线胶片出现糊版、跑色等现象，故网线数应和实际印品相符。

一般新闻纸印刷选用 85 ~ 100 线/英寸，胶版纸选用 100 ~ 150 线/英寸，铜版纸选用 150 ~ 200 线/英寸。若印刷适性条件较好，如纸张质量较高、工艺方面的误差也能得到有效控制时，则可相应取高些。

（2）网点形状

网点形状是指单个网点的几何形状。不同的网点形状在不同的调值（网点百分比）处会因压力变化而造成搭角、跳级的现象，如方形网点在 50% 处，菱形（椭圆形）网点在 35% 和 65% 处，圆形网点在 78.5% 处会产生跳级现象。

因此，针对要复制的重点调值范围，应尽可能避免使用在这一范围有跳级现象的网点形状。

（3）网角

网角是指网点中心垂直连线与水平线之间的夹角，它反映了网点的排列方向。单色印刷时，人眼对 45°的网角视觉效果最佳。多色套印时，由于网点套印的不准确性，有可能产生“龟纹”现象。选取适宜的网角组合是减轻龟纹产生的方法之一。一般情况下，四色印刷多将主色调置于 45°，网角组合如下：

以人物为主：CMYK 依次取 15°、45°、90°、75°；

以风景为主：CMYK 依次取 45°、15°、90°、75°。

3. 照排机线性化

输出分色片理想的情况是，计算机前端处理时所设定的百分比准确无误地输出到分色片上。但实际上输出分色片上的网点百分比与输出前所设定的网点百分比难免有误差存在。产生误差的原因主要是由于照排机光源、曝光量、分色片性能，如分色片感光度、密度、宽容度等，以及冲洗工艺，如药液浓度、显影时间、温度等因素造成的。

以50%中性灰为例，要求计算机上图文50%网点的地方，输出到分色片上也必须是50%，网点误差不得超过±1%，否则，会引起印刷图像的失真，这一点在彩色四色印刷中尤为明显。

因此，胶片线性不好是影响出片质量的极其重要的因素，为了解决上述问题，可以通过调整胶片的输出线性。线性化是照排工序非常重要的工作，其目的是确保分色片能达到必要的实地密度，并且使不同百分比的网点都能够准确记录在胶片上。控制分色片的线性化需要照排机和冲片机协同控制。首先控制好冲片机显影、定影液的浓度、温度、自动补充量、时间等，使这些因素尽量稳定不变。然后根据照排机的自检样张确定适合的曝光量以达到一定的实地密度和50%网点的较好还原。最后在此曝光量下通过RIP完成各网点百分比的线性化。日常工作中应经常检测胶片的实地密度、线性程度，一旦发现超出正常范围，就应及时调整参数，重做线性化。

例如，在方正PSP3.1 RIP中，提供的“灰度变换”功能作用就是对胶片进行线性化，此功能位于“选择参数/挂网/灰度变换”下，具体操作步骤如下。

（1）先输出一张21级灰梯尺（可用Photoshop制作，0%～100%，以5%为递增量），利用密度计检查100%处的密度值。

（2）调整照排机曝光数值、冲洗机显影温度、速度等参数，使100%处胶片密度达4.0～4.2，胶片灰度控制在0.05以下，白片基越透明越好。此工作分两步进行，通过检查胶片片头环境光曝光部位的最大密度，调整冲片机参数，使最大密度达到无穷大，即密度计测不出来。再调激光照排机曝光参数，输出0%～100%灰阶，使100%处的密度达到4.0以上，并使各灰阶不出现并级。经过上述调整的冲片机、激光照排机参数作为标准参数使用。

（3）先利用上述标准参数输出0%～100%灰梯尺，然后用经过校准的密度计测量各灰阶值，将测量值和标准值比较，本着“多多少，减多少；少多少，加多少”的原则，调整RIP中灰度变换曲线的各点数值。如50%处，实际测量值为58%，则在RIP中的50%处填入50%＋（50%－58%）＝42%的值，各灰阶均依次进行调整。

（4）调整完毕后，利用调整值再输出一张22级灰梯尺，测量后再按上述步骤（3）所示方法在其已调整数值的基础上进行第二次调整，调整完毕后再测量、再调整。一般需通过2～3次调整，最后达到各点误差为±2%、50%处的误差为±1%即获成功。

（5）对曲线部分进行处理，将“灰度变换”数值进行存储，供以后曲线丢失时调用。以后每次输出胶片时要检查曲线是否丢失。

在做胶片线性化时，需要注意以下几个问题。

①每天冲片机中药液的浓度都会发生变化，会影响网点的还原，因此，对于高要求

的印刷品应该每天都要做胶片线性化，对于有条件的输出中心也应该每天都做胶片线性化。

②更换药液或更换胶片一定要重新做胶片线性化。

三、分色片的质量检查

输出分色片的过程首先是把图文经过 RIP 处理成点阵图像，再将其转化为支配激光的信号，利用激光相对分色片的纵向和横向移动，将激光点（即网点）射到分色片相应的位置上，使分色片相应部位曝光，再通过显影、定影设备的显影、定影过程，把未曝光部分冲洗掉，就在分色片上形成了点阵图像。

为了保证印刷质量，需要对分色片进行质量检查，主要包括以下四个方面。

1. 实地密度与灰雾度

实地密度与灰雾度是衡量胶片质量的基础。所谓实地密度是指实地块的密度值，一般发排软件自带的灰梯尺由于其面积太小，再加上有些分色片药膜有沙眼，使得其实地密度测量值较实际值要小，一般在 3.5～3.8 之间即为合格，但若有大块实地，必须保证它的密度值在 4.0～4.3 之间，才能保证印刷品的色彩饱和又不会使暗调层次并集。

所谓灰雾度，就是指分色片上空白部分的绝对密度，即将密度计绝对清零后所测空白部分的密度。实际生产中，一般要求灰雾值要小于 0.1，其中灰雾度≤0.03 的分色片为优，0.03～0.07 之间均为合格。

2. 线性化数值

线性化数值是衡量分色片质量的主要因素。一般应保证分色片灰梯尺上的标示数值与测量数值相差≤2 为合格。但由于一般的高精度印刷机都有一定的色彩可调程度，所以，我们只要保证其线性化差值 5，即能保证印刷品的质量。

3. 网点形状、网角及加网线数

网点要求圆滑、饱满、清晰、不发虚；网角符合标准，一般单色 45°，四色相差 30°，且无龟纹；加网线数合适。

4. 曝光后的药膜质量

曝光后的药膜质量是最容易被人忽略的一个因素。冲洗出来的分色片主要容易出现白色斑点和划痕等问题。白色斑点是定影不充分造成的，一般是因为定影液浓度不够、药水量不足，只要将分色片从冲洗机的定影入口处重新塞进去，再经过水洗、烘干，分色片上的白斑即会消失。划痕的出现，可能是冲洗机走片的方向上有机器硬件变形划伤分色片，这就需要用清洗剂定期清洗冲片机，滚动辊也要用湿布擦洗，避免结晶的形成。一般来说，分色片实地上没有沙眼，药膜无划痕，无“白点”，才能说是一张质量过关的分色片。

此外，分色片质量检查还要求套准标记、版别齐全；四色分色片套准，四张分色片的重复对位精度≤0.05mm；图片、文字要清晰，层次要分明。

第四节　晒版质量控制

晒版是制版与印刷的桥梁工序。不仅要求在晒版工序中能不变形地将原版上表示图文信息的网点用感光方式转移到印刷版材上，而且要求印版上表示图文信息的部分具有亲油疏水性能，空白部分具有亲水性能，并能经受住数万次的压印摩擦而不改变其着墨和亲水性能。

然而，既是一个中间转移工序，变化是必然要发生的，为求其稳定而少变化，就要对版材感光性能、晒版操作工艺、图像转移数据以及对印刷的适应性能等，控制在制版印刷工程整体规范数据之中，保证顺利而良好地完成复制再现。

一、原版质量检查

原版的质量性能直接影响和决定着晒版质量，要晒制出高质量的印版，首先必须具有高质量的原版作保证。原版质量检查，主要从以下几个方面进行检查。

1．版面质量检查

版面质量检查主要包括以下两个方面。

（1）原版空白部分的灰雾度要低。在其他条件一定的情况下，原版的灰雾度大，其透光性能就较差，晒版时本该曝光的部位曝光不充分，造成后序显影困难、版面带脏、底灰过大等故障。实际生产中，灰雾值在0.1以下时，才能保证正常的晒版作业与晒版质量。

（2）原版应该干净无脏，否则会给印版上带脏。

2．网点质量检查

原版网点质量检查有两个重要指标如下。

（1）网点密度要高。阳图晒版为了达到有效的曝光量，不让网点覆盖的部分有光量通过，因此，网点必须有足够的密度。相反，若网点的密度较低，晒版时由于其网点部位也会透过一定量的光能，而非完全不透光，使本该不曝光的部位也产生了部分曝光，如图3－11所示，这样会降低印版耐印力，严重时甚至产生“掉版”现象，同时还会使显影不易控制。

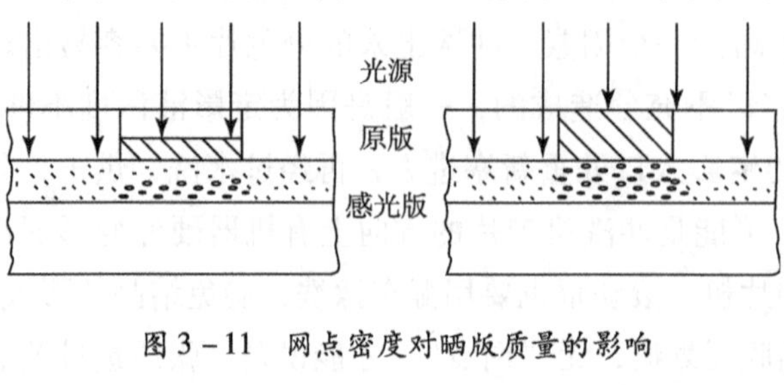

图3－11　网点密度对晒版质量的影响

实际生产中常出现的问题是网点密度不足，特别是1%～2%小黑点发灰，影响晒版质量。因此，单个网点的密度应达到3.0以上，实地密度达到3.5以上。

（2）网点要光洁，没有虚晕度。网点虚晕度是指网点边缘区域过渡的快慢程度。过渡快的网点，其虚边较窄，清晰度好，晒版时网点的还原再现性好，而边缘密度过渡慢的网点，其窄边较宽，黑度也较低，晒版时网点的还原再现稳定性差，受曝光量和显影时间的影响较大，如图3－12所示。实际生产中常出现的问题是有些原版点子中心密度高，四周密度低，带有虚边，造成晒版曝光量的微小变化就会使印版上的网点产生较大的变化。

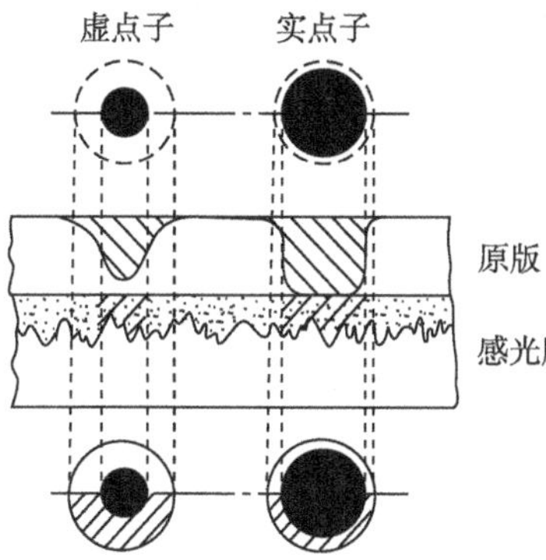

图3－12　网点虚晕度对晒版质量的影响

3. 组版质量检查

原版最好为一块不带刀口和拼贴胶带的胶片，这样更能确保胶片与PS版紧密结合，避免因光的散射而引起的网点发虚现象。

组版质量检查主要是指彩色产品中各张单色原版的套合精度、组合类原版上各张小幅图的拼贴牢固可靠度、胶带粘贴位置等。具体要求是：规线齐全，如图3－13所示，宽度约0.1mm；各色版的套合误差小于0.1mm；组合版拼贴牢固可靠，在使用过程中不得出现图片移位或脱落等故障现象；胶带远离图文7mm以上，且薄而透明。

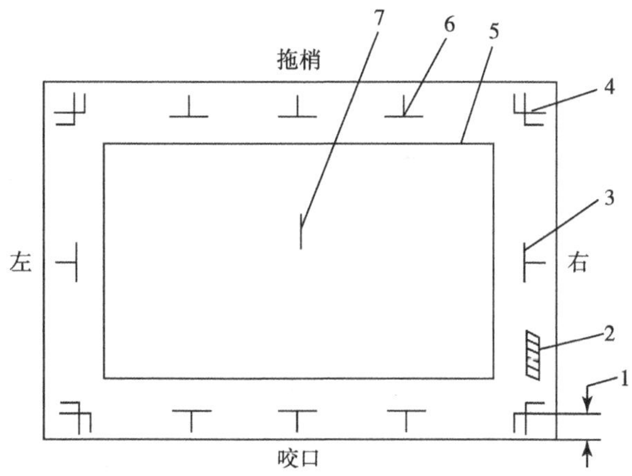

图3－13　版面常见规线示意

1—咬口尺寸；2—版标（色标）；3—中线（套印规矩线）；4—角线（套晒、套印、折页、裁切规矩线）

5—内图尺寸线；6—十字线（拼版、套晒规矩线，印版上不留）；7—折标（书刊产品的装订配页标记）

4. 版式规格检查

版式规格即版面结构样式与大小尺寸。晒版原版的版式规格必须与印品的规定相符，图文的内容、位置正确，方向性、阴阳性和结构尺寸等能够充分满足正常晒版、印刷以及装订的工艺要求。此外，要注意清点原版色数，不能出现缺、重现象。

二、版材质量检查

感光版是晒版的基本材料，其类型、外观特性、光化学成像性能等都直接影响到晒版及印版质量。

1. 外观检查

按照晒版工艺要求对版材的平整度、涂层厚度与均匀度等外观质量进行认真检查，对那些有明显的涂层不匀、颜色特殊的版材应及时检出或进行适当处理。具体包括以下三点。

（1）外观平整，无折痕，无破边，无马蹄印。

（2）感光涂层厚薄适度。用千分尺多点测量版材厚度，厚度误差不得大于0.02mm。

（3）涂层均匀。在黄色光线下斜向观察检验，颜色深浅一致，无明显的涂布方向性，没有道子、斑痕、砂眼或深浅影晕等。

2. 光化学成像性能检查

（1）不同类型的感光版具有不同的感光速度与成像质量，这主要是因其感光层的物质构成与制造工艺不同，如2，1，5型与1，2，4型阳图感光版相比，由于感光剂分子上取代基位置的不同，对萘环活化的影响程度不同，因而其感光速度也不同。

表3－2　不同感光版的曝光速度

类型	光量子效率	曝光时间（5kW碘镓灯）
2，1，5型	0.39～0.45	20～30s
1，2，4型	0.12～0.16	40～75s

（2）即使是同一种型号的感光版，由于其生产批号的不同、存放时间长短的不同，其在感光性能上也有一定的差异，因此，在条件许可的情况下，每天都应定时对每个批次的版材的感光度等感光特性进行测试，使正式晒版时做到有据可循。

感光版的感光特性主要是指其曝光前后性能改变的快慢程度，它直接决定着晒版曝光的宽容度和网点的虚实度、稳定性。图3－14所示的曲线1代表的感光版曝光前后性能变化显著，晒版网点结实、虚边小，如图3－15（a）所示；而曲线2所示的感光版曝光前后性能变化比较缓慢，当遇到网点较虚的原版时，晒出的印版网点也较虚、稳定性较差，如图3－15（b）所示。

三、晒版设备工作状态检查

晒版机是晒版过程中的关键设备，晒版前按标准检查其工作性能，及时排除不正常

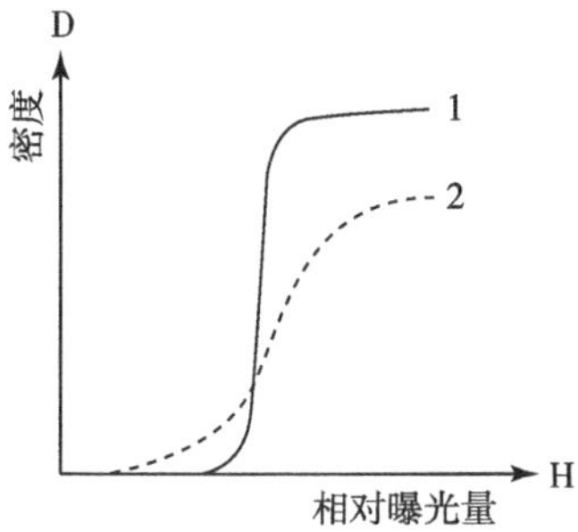

图3－14　感光版感光特性曲线示意图

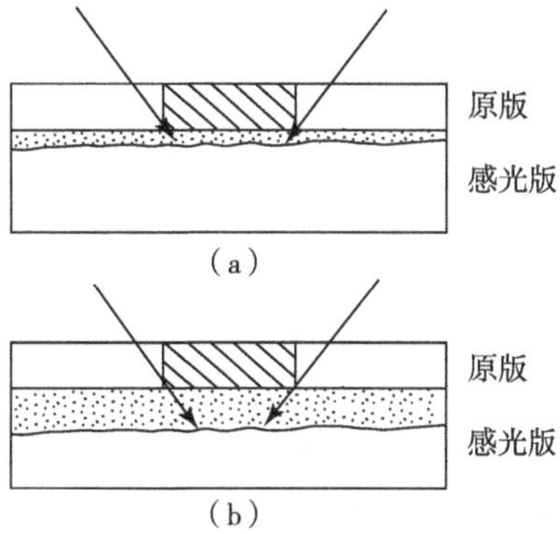

图3－15　感光特性与网点虚晕度的关系

现象，使其始终处于最佳的工作状态，是安全与优质生产的基本保证，检查项目如下。

1．必要的清洁处理

晒版机对清洁卫生程度要求较高，必须经常或随时进行清洁擦拭除尘去脏。晒版架的玻璃上若有尘粒等脏物，就会直接造成晒版浮脏或产生图像砂眼等质量事故，或者影响晒腔抽气而影响图文转移与网点再现。

2．晒版光源照度、均匀度的检测

在晒版架的整个平面上，获得均匀和适量的照度，是在晒版时保证均匀有效曝光的前提条件。照度大小不当或均匀度较低，都会导致光渗现象加重和使网点传递效果变差，特别是当晒版光源衰退老化、感光版的曝光宽容度较小时，其影响和变化更为明显，因此应定期进行晒版架的照度检测。

晒版车间要求每天擦地、窗台等容易黏附灰尘的地方；每周进行一次彻底的打扫，特别是设备、版台后面的卫生死角，保证空气中的灰尘尽可能的少。另外，每次晒版时都要认真将晒版机的玻璃擦拭干净，同时将胶片擦干净，保证晒制的PS版没有脏点。

四、PS版晒版质量控制

晒版及显影过程是影响晒版质量的至关重要环节，在这个过程中，影响印版质量的要素众多。晒版质量控制，主要是对这些关键性要素进行控制。

1．晒版时原版与PS版感光层的接触状态

晒版时原版与PS版感光层接触好坏是影响晒版质量的一个重要因素。接触不好时，会造成底片与版材感光胶层的密合不足，出现空隙，产生危害严重的光渗现象，从而改变晒版网点转移的大小。在日常生产中，这方面的问题较多，表现在以下方面。

（1）晒版机本身真空接触不良，晒版架的玻璃及橡皮不平整。

（2）真空泵的抽气量太低。

（3）有的原版片上重叠1～3张小片及在图边贴胶带，造成抽气不实，局部图边发虚。

（4）有的原版分色片和版材上有脏物，造成局部抽气不紧密，网点发虚。

（5）晒版工房温、湿度条件差，相对湿度太低，会加剧导致产生灰尘和静电，造成分色片和PS版感光层之间出现接触不良。一般室内温度要求在（20±2）℃，相对湿度为（55±5）%。

由此可见，接触良好是网点良好转移的先决条件，而晒版机的晒腔抽气程度直接决定着原版与感光版之间的接触状态。一般来讲，晒版腔抽气程度的要求是：真空系统能在1min内获得600mmHg（78kPa）的真空度，并能在0~650mmHg（85kPa）范围内进行有效调节，关闭气路5min后真空度不得降低150mmHg（20kPa），放气时间不超过2s。

改善接触不良状态的方法有两种：一是在原版与感光版之间喷粉；二是在原版与晒版玻璃之间夹放弹性透明薄膜，以加快抽气速度和补偿原版的不平整状态。

在此基础上，操作者可以通过寻找合适的抽气时间，让PS版与原版之间能紧密结合，以便于正确的曝光。

2. 曝光量

曝光量是指曝光过程中感光材料所获得的光能量值。

（1）影响曝光量的因素

曝光量直接影响着晒版光化反应的速度和网点再现性的优劣，因此，合适的曝光量是使整个阶调的大小网点能得以正确传递的重要条件。曝光量主要有如下两个指标。

①光源。曝光是通过感光版吸收光能量来实现的，因此晒版时，曝光光源的种类、结构、发光特性等会直接影响到曝光的速度和质量。表3-3列出了常用的晒版光源特性。

光源的种类不同，发光特性也不同，其曝光速度不同，特别是当光源的光谱功率分布与感光版的分光感度匹配性能较差时，光能的利用率低，这不仅使曝光时间延长，而且使热辐射影响增大。

表3-3 常用的晒版光源特性

种类	高压汞灯	晒版荧光灯	镝灯	碘镓灯
结构	面光源	面光源	点光源	点光源
功率（W）	400	40	1000，2000	3000，5000
光谱形态	线光谱	连续光谱	密集线	密集线
主波长（nm）	365~435	360~500	300~1000	360~460
寿命（h）	5000	1000	200	200
光能利用率	低	较高	低	高
其他	启动性差	散、斜射光多	启动性差	启动性差

晒版光源的结构按其发光面积大小可分为点光源和面光源两类。点光源的照度均匀性较差，晒版时，版边与版心部位的照度相差可达60%之多，因此在同一曝光时间内，

当版心部位曝光合适时，四边曝光会不足，而当四边曝光合适时，版心部位的曝光又会过度。面光源（如由多支晒版荧光灯管排列组成的面发光体等）照度均匀，版面照度差小于10%，但面光源的散射光、漫射光较多，使光渗量增大，容易产生网点的缩小现象，影响了晒版网点的还原再现性。光源结构与网点再现的关系如图3－16所示。

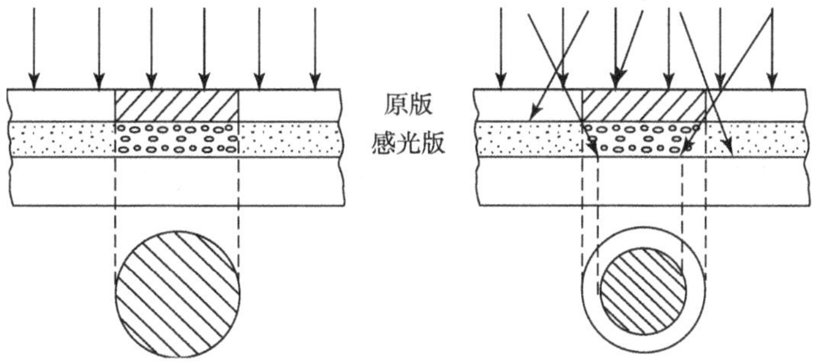

图3－16　光源结构与网点再现的关系

灯距是指光源到感光面间的距离，是影响曝光速度与匀度的因素之一。当光源一定时，版面照度与灯距成反比，照度均匀度与灯距呈正比的关系。灯距缩小时，版面照度增大，曝光速度加快，但曝光的均匀度变差（主要是指点光源），同时容易引起网点变形；当灯距增大时，照度降低，曝光时间增长。

在晒版时，应合理地使用和调节灯距。通常情况下，采用点光源晒版时，可适当增大灯距，虽降低了曝光速度，却使曝光匀度提高，其灯距以稍大于版面对角线尺寸为宜，保证均匀度不低于85%。采用面光源晒版时，可通过缩小灯距和使用分光格将面光源分割成局部点光源方式，既可提高曝光速度，又可减少散射光和漫射光。

②曝光时间。晒版的曝光时间关系到印版的深浅，若晒阳图型PS版曝光时间短了，印版相对要深，版面容易起脏。相反，曝光时间长了，印版网点变小，印版就浅，而且高、中、暗调的深浅变化也不一样。因此，当晒版条件都已选择好，并加以固定后，就要找出合适的曝光时间，达到最佳曝光量。

（2）曝光量的测定与控制

由于不同的感光版具有不同的感光速度，达到正常晒版状态时所需的曝光量也各不相同，因此在使用之前必须进行测定或对厂家提供的感光数据进行验证。通过曝光量的测定与控制，在确定基准曝光量的同时，可以确定基准曝光时间。

基准曝光量的测定方法是：使用透射的连续调梯尺和网点梯尺与被测定的感光版测试条密附，以不同的曝光量（固定光强、改变曝光时间）分别晒出多张测试条，并进行正常显影等处理，最后依据晒版质量标准与要求比较各试条，从中找出一条网点再现质量最佳的试条，这一试条的曝光量就是被测感光版的基准曝光量，曝光时间为基准曝光时间。

在实际晒版中，正常晒版的曝光量应比测试值大 20% 左右，其目的一是补偿大张版与测试条在曝光、显影上的差别；二是减少底灰、浮脏，防止产生胶带边等影印。

3. 显影条件

显影是指把分色片或印版上经曝光形成的潜影显现出来的过程。显影要求在印版图文显现出来的同时，还要获得满足印刷要求的印刷版面和版面性能。因此，在正确曝光的条件下，还需要正确的显影条件来配合，其显影条件包括显影液的化学成分、浓度、温度、显影时间及显影液疲劳程度等。

（1）显影液浓度

显影液浓度是指显影液中显影剂的相对含量。显影剂含量越大，显影液浓度越大，显影速度越快。在显影过程中，必须严格控制显影液的浓度。显影液浓度过大或过小都会影响显影质量。

①若显影液浓度过大，则显影速度过快，使显影过程难以控制，易造成显影过度。此外，还会造成网点缩小、残损，小网点丢失及耐印力降低等弊病，并对空白部位的氧化膜和封孔层产生腐蚀和破坏作用，版面出现发白现象，使印版的亲水性和耐磨性变差。

②若显影液浓度过小，不仅显影速度慢，而且容易出现版面起脏、暗调小白点糊死等现象。

为准确控制显影液浓度，可通过网点梯尺进行测试。具体方法是：在正常曝光、一定的显影时间下，一般控制在 30 ~ 100s 之间，观察网点梯尺上网点的显影状态，若 98% ~99% 的空心点和 1% ~2% 的小黑点均清晰牢固，说明显影液浓度合适；若空心点“糊死”较多，说明显影液浓度过小；若小黑点“丢失”过多，说明显影液浓度过大。

（2）显影温度

在其他显影条件相对稳定的情况下，显影温度越高，显影速度越快，反之则越慢。根据显影方式的不同，一般手工显影温度控制在（20 ±2）℃为宜，机器显影温度控制在（24 ±1）℃为宜。显影温度过高或过低也会影响显影质量。

①若显影温度过高，会使显影液显影状态的稳定性变差，并会加剧网点溶解，严重时甚至会出现“掉版”现象。

②若显影温度过低，显影速度就会很慢，以至难以完成。

（3）显影时间

显影时间受到感光版种类、晒版曝光量、显影方式、显影液浓度、温度等因素的影响，当这些条件一定时，显影时间越长，显影越彻底。但显影时间过长，容易出现网点缩小等现象。

显影时间的确定，首先应稳定其他影响晒版的因素，然后以灰梯尺进行试显，若 98% ~99% 的空心点和 1% ~2% 的小黑点均清晰牢固，说明显影时间合适。

一般情况下，PS 版手工显影时间可控制在 30 ~ 100s 之间，一般显影时间为 1min 左右，机器显影速度控制在 0.8 ~1.75m/min，在此范围内可以通过显影时间或显影速度的适当调节来补偿显影液衰退等条件变化的影响。

（4）显影液疲劳程度

显影液的疲劳是指显影液显影能力的下降。如用手工显影方式显影，由于显影液露置于空气中，吸收的水分和 CO_2，加速显影液衰退，影响显影性能。显影液疲劳的另一个原因，是光分解物溶解于其中，明显降低显影能力。

显影时，若显影时间延长到原显影时间的一倍时，表明显影液已失效，必须重新更换显影液。显影过程中，一方面可以通过密封措施减少显影液与空气的接触来减缓衰退速度，另一方面，通过定期更换和定量补加显影液来补偿和稳定显影液衰退的影响。

除此之外，显影过程中还要注意显影液的循环流动，以提高显影速度与均匀度。

五、印版质量检查

印版质量检查是晒版过程中必不可少的一道工序，其目的是防止质量不合格的印版进入印刷工序，引起不必要的返工和浪费。具体来讲，印版质量检查内容主要包括以下几个方面。

1. 印版外观质量检查

印版外观质量检查多采用目测法，即采用视觉观察印版外在的性能状态。对印版外观质量的基本要求是：版面平整、干净，无折痕、无划痕、无脏物和墨点。墨点可以用 PS 版修版液进行除脏处理，杂质、灰尘等污物可用清水冲洗干净。此外，要及时涂擦阿拉伯树胶，以防止印版空白部分氧化。

2. 版式规格检查

印版的版式规格检查可以依据晒版工艺单及印刷机规格所要求的版式规格对照检查，一般包括规格尺寸检查、图文位置检查、套印规矩线检查等。版式规格的质量要求为：规格尺寸（包括版面尺寸、咬口尺寸等）准确，能满足上机印刷要求；图文位置端正，无晒斜现象；套印规矩线、裁切线齐全，且套色版之间的尺寸误差小于 0.1mm。

3. 图文内容检查

图文内容检查的基本质量要求为：图文完整、正确，无残损字、无瞎字、无缺字等现象；多色版套晒时，色版齐全，无缺版或晒重现象。

4. 印版阶调检查

对印版阶调的检查就是指对印版层次的检查，主要看整个印版版面高光、中间调、暗调层次是否丰富，是否能达到印刷的要求。具体要求是高光区域 3% 的小网点实不丢失；暗调区域 97% 的网点不糊版；中间调区域 50% 部分适当晒浅 3% ~5% 。

5. 网点质量检查

网点质量检查主要是对印版上网点的虚实度、光洁度进行检查。检查时可借助普通放大镜或高倍放大镜观察印版上的网点情况。满足印刷要求的印版网点质量应达到：网点饱满、完整，无空心、虚边窄；网点光洁，无残损、毛刺少。

六、晒版质量测控条

在大部分的制版或印刷厂里，有十几年经验的老师傅可以把晒版质量控制得非常好，但是如何将其量化呢？在印刷生产中，测控条作为信息传递的重要工具，成为标准化的重要内容。通过使用专门设计的几何图形作为测控产品质量的参照物，帮助我们快速、准确地检测并控制产品质量。

晒版质量控制条可分为两大阶段：一方面是传统的晒版质量控制条，另一方面是符合 CTP 整体数字流程的数字测控条。下面的几种晒版质量测控条是针对不同的制版情况而设计的。

（一）Ugra - PCW 1982 晒版质量测控条

由瑞士印刷科学研究促进会 Ugra 研制的 Ugra - PCW 1982 晒版质量测控条，是针对传统的用胶片制版的情况下控制晒版质量的测控条，在世界上广泛应用，如图 3 - 17 所示。

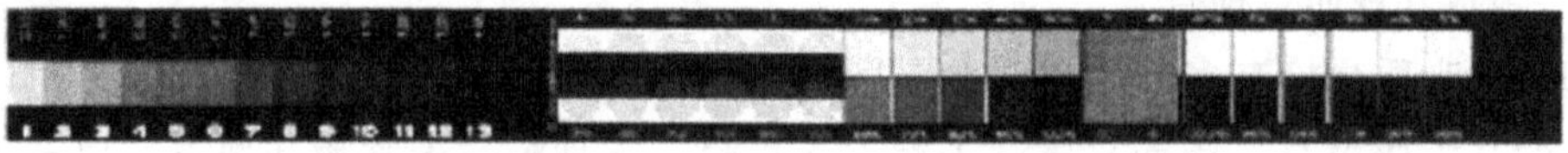

图 3 - 17　Ugra - PCW 1982 晒版质量测控条

Ugra - PCW 1982 晒版质量测控条是规格为 174mm × 14mm，厚度为 0.10mm 的胶片，它由 5 部分组成：连续调梯尺段、细线标段、网目调梯尺段、变形重影控制段、小网点控制段。

1. 连续调梯尺段（Continous - tone wedge）

由 13 个 4mm × 5mm 大小、密度值由小到大排列的连续调色块构成，密度值标注在每级控制块的上方，如图 3 - 18 所示。其上所表示的密度值是以密度计测量值减去胶片片基密度后量得的密度值，误差值约在 ± 0.02，主要用于对曝光时间的控制，以及对感光材料阶调再现的评估。

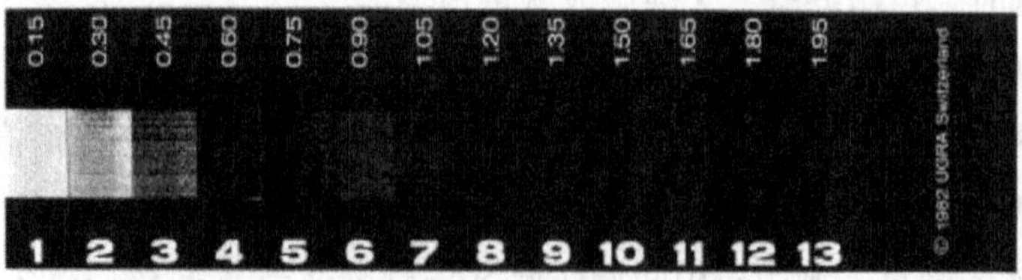

图 3 - 18　连续调梯尺段

（1）密度与曝光时间的关系

连续调梯尺每一级与其相邻两梯级间的关系大约是 2 的平方根，如表 3 - 4 所示。

表 3－4 连续调梯尺的梯级与曝光时间的关系

梯级	1	2	3	4	5	6	7
系数	1.4	2.0	2.8	4.0	5.6	8.0	11.2

当从第 3 级前进至第 4 级时，曝光时间乘以 1.4，从第 3 级前进至第 5 级时，曝光时间乘以 2，而从第 5 级返回至第 4 级时，曝光时间除以 1.4。

如果某一厂使用某一品牌的 PS 版，得出其正常曝光量于 UGRA 测控条上连续阶调的第三格（表示浓度值 0.45）是透明的，第四格（表示浓度值 0.60）呈现灰蒙蒙的半透明状，但在实际的生产中以 20 个曝光单位晒版，经过显影后发现第四格是透明的，这表示曝光过度，此情形如不加以修正很容易发生阶调丢失的现象，特别是亮调小网点不见了。修正的算法即是将第四格往前拉至标准的第三格。

工厂里一旦得出理想的曝光时间，则可将连续调再现情况作为日常的控制手段。一般情况下，使用 Ugra－PCW 1982 晒版质量测控条时，阳图型感光材料开始出现灰蒙蒙的半透明状控制在 4～5 级，阴图型感光材料开始出现灰蒙蒙的半透明状控制在 3～5 级。

（2）对感光材料阶调再现的评价

连续调梯尺上介于完全空白和实地之间的梯级为感光材料的阶调范围，梯级数为感光材料的阶调等级。一般情况下，阳图型感光材料的阶调等级为 4～7 个梯级，阴图型感光材料为 5～8 个梯级。

2. 细线标段（Micro－Lines）

由 12 个直径为 4.5mm 的阴阳线圈组成，线的宽度在 4～70μm 之间，如图 3－19 所示。这些阴阳线圈控制块具有如表 3－5 所列的特性。

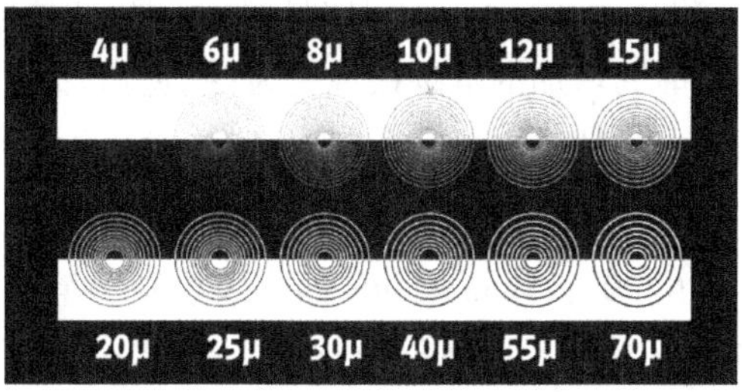

图 3－19 细线标段

表 3－5 细线标段特性

线宽/μm	4	6	8	10	12	15	20	25	30	40	55	70
线与线之间的距离/μm	36	54	72	90	108	135	150	135	150	200	275	350
等效网点面积百分比/%	10.0	10.0	10.0	10.0	10.0	10.0	14.3	15.6	16.6	16.6	16.6	16.6
对应的线数 L/cm	250	167	125	100	83	67	71	62	56	42	30	24

细线标控制段的主要作用是用来判断晒制好的印版的解像力，同时也可以帮助确定曝光宽容度。

（1）确定晒版的解像力

由表 3－5 可以看出，在 175L/in（68L/cm）的作业流程中，最佳的解像力最好是落在 12～15μm 之间。

常用的判断版材解像能力或是曝光条件的重要因素就是细微线。细微线的构造有阴阳的圆形线条，理想的解像力呈现方式是阳纹和阴纹互补的。因此，在判断细微线时，观察哪一个宽度的细微线是可以同时表现出阴阳纹的互补性，即为最佳的解像力。如图3－20所示。

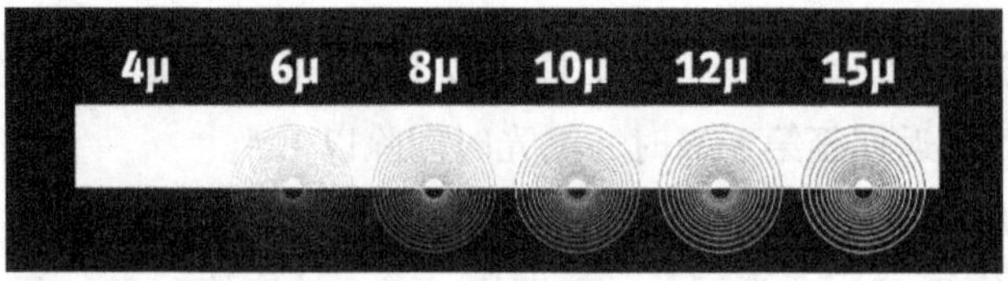

图3－20　细线标段判断解像力

由于10μm的阴阳纹几乎同时出现在版上，则其最佳解像力为10μm。在此时所用的“几乎同时出现”这句话的意思是当你用放大镜观察时，可能不会看到完美的细微线，会有断线的情况发生，而断线的情况如果在三分之一以下，即认为阳线区位空白、阴线区为实地，则判定为印版的理想解像力。

（2）曝光宽容度的确定

印版理想解像力所对应的曝光时间被认为是所需的最少时间，增加将会导致阳图型版材网点因光渗现象而减小，阴图型版材网点因光渗现象而增大。曝光宽容度就是要确定一个时间范围，确定一个时间增加范围，在此时间范围内，网点增加和减少都不超过一定的度。时间增加的范围被规定为：线宽增加不超过5μm。因此，曝光宽容度即为印版理想解像力对应的曝光时间为起点、线宽增加5μm对应的曝光时间为终点的时间范围。

3．网目调梯尺段

由10个5mm×5mm的梯级控制块组成，如图3－21所示。网点范围为10%～100%，级差为10%，加网角度为45°，网线数为60L/cm（即150 L/in），网点形状选择的是中等链形网点。主要用来检查每一阶调（如10%，20%）在版上的信息传递能力是否正常。

阶调再现主要是通过观察判断的方式，也可以使用印版密度计（以n修正值）来测量网点，但不能保证能量到正确的网点面积，仅供参考。

4．变形重影控制段

由4个5mm×5mm的控制块组成，包括网线角度分别为0°、45°、90°三个测量控制块和一个信号控制块（D区）如图3－22所示。加网线数为48L/cm，等效网点面积百分比为60%、线宽124 μm、线与线之间的距离为84 μm。

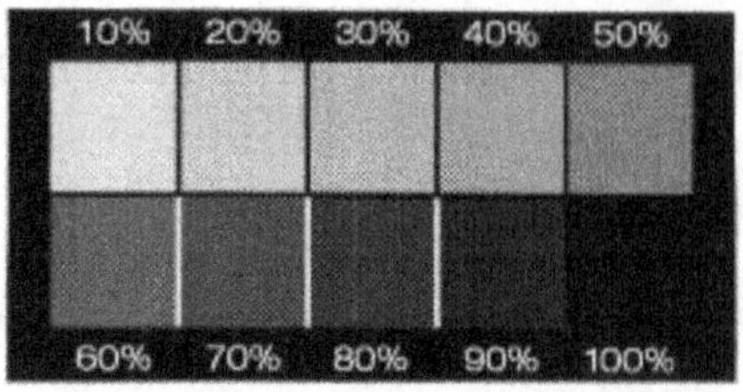

图3－21　网目调梯尺段

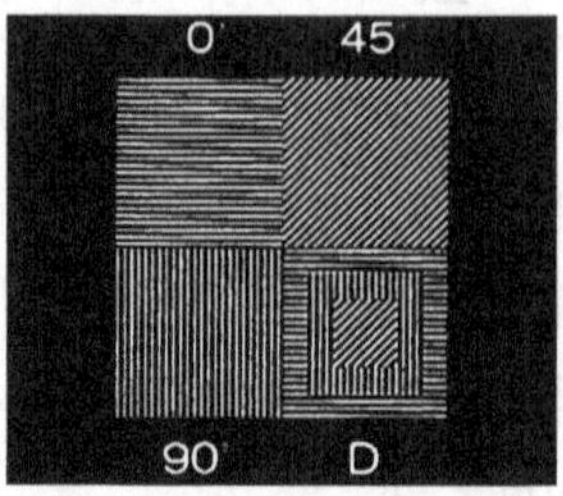

图3－22　变形重影控制段

区分重影和变形的一个重要特征是重影发生时出现两个图像，颜色深浅不一，而变形发生时只是线条变宽，并且重影在高光部位容易观察到。

5. 小网点控制段

由 12 个 5mm × 5mm 控制块组成，阴阳网点各半，如图 3 - 23 所示。加网线数为60L/cm，网点形状为圆形，加网角度为45°。网点中心距（沿网线方向）为 167 μm，各控制块的特性见表 3 - 6。

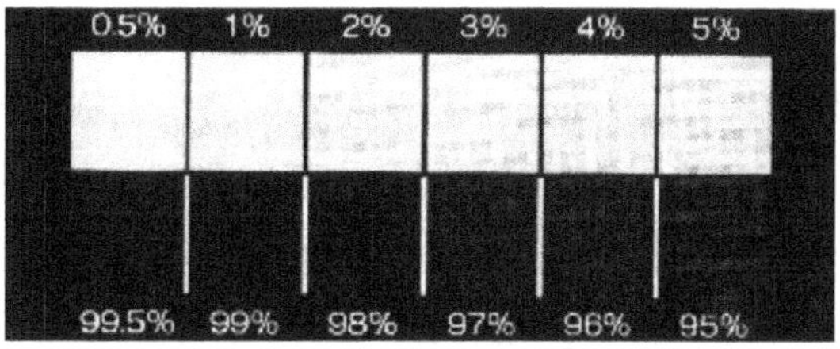

图 3 - 23　小网点控制段

表 3 - 6　各网点控制块具有的数值特性

网点 %	0.5/99.5	1.0/99.0	2.0/98.0	3.0/97.0	4.0/96.0	5.0/95.0
直径 μm	13	19	27	33	38	42

小网点控制段主要用来检查高光和暗调的晒制情况，通过观察阳网点丢失和阴网点并糊的程度，检测网目调再现的最小值（起点）和最大值（终点）。通常要求晒打样版时保证98% 网点不糊，2% 网点不丢失，在晒制印刷上机版时保证 97% 网点不糊，3% 网点不丢失。

需要注意的是：直径和线宽数值相同的小网点与微线条在光渗条件下，不具有可比性。相对而言，小网点更敏感。这是因为：首先，两者数值相同但加网线数不同，小网点间距比细微线条的大；其次，小网点光渗现象发生在任何方向，而微线条则仅仅发生在两个方向。

（二）UGRA/FOGRA 数字印前作业 PostScript 测控条

传统模拟式的晒版方式可以采用前面所介绍的模拟式晒版控制条来监控光源、版材和晒版条件的质量。在 CTP（Computer To Plate）制版过程中，数字测控条则发挥着重要的作用。非常典型的有瑞士印刷科学研究促进会 UGRA 和德国印刷研究协会 FOGRA 制订的 UGRA/FOGRA 数字印前作业 PostScript 测控条，如图 3 - 24 所示，适用于数字印前生产环境，控制以 PostScript 为基础的数字印前工作流程的正确性，即检验印前全部完成后输出在分色片上的结果是否正确和合理。该测控条可适用于不同解像力的输出设备，也可应用于 CTF、CTP、激光打印机和喷墨打印机等的质量控制当中，将传统和数字流程的质量控制得恰到好处。

图 3 - 24　UGRA/FOGRA 数字印前作业 PostScript 测控条

UGRA/FOGRA 数字印前作业 PostScript 测控条 1.2 版本包含两个独立的文件：一个是 PS 文件，这是常规的 PostScript 文件，可直接发送到 PostScript 曝光设备或由 RIP 控制的打印机；另一个是 EPS 文件，它可以导入到可接受该文件格式的应用软件，测控条的放置位置、方向和对齐方式按用户要求决定。在编码上，EPS 文件与 PS 文件稍有不同，但它们给出的最终结果应该是相同的。

UGRA/FOGRA 数字印前作业 PostScript 测控条长 161mm（如果有包含彩色控制段是 191mm），宽 17mm，包含 9 个功能组，也称为控制块或者功能块，主要的有 7 个。如果 PostScript 控制条中有个别色块不出现，则可以将输出结果与标准结果比较，看看差别到底有多大，是整体的还是局部的。当输出结果与标准结果有不同时，则说明使用了一种不兼容的 PostScript 解释器。

1. 信息块

该控制块在控制条的最左面。它的第一行为“UGRA/FOGRA Digital Control Strip”。接下来是版权声明和版号，比如“Version 1.2”。版本号后是文件类型（PS 或 EPS）。

在第一行后还有四行，这四行中的第一行是曝光记录设备的名称，接下来一行是 RIP 中安装的 PostScript 版本号，第三行则给出了曝光设备的理论记录解像力，第四行是测控条的用户名。信息面板的最后一行是 RIP 所使用的 PostScript 等级。

2. 解像力块（星条线）

在任何电子曝光记录系统中，实际使用的解像力往往与设备的理论解像力不同。这一特点不仅适用于曝光记录设备，也适用于打印机甚至屏幕显示。

PostScript 测控条的解像力块包含一系列的放射线，如图 3－25 所示。所有的放射线均从同一基点出发，它们在基点附近四分之一圆弧的密集分布会造成某种程度的发黑，称为“发黑圆弧”。输出设备的分辨率越高，所形成的“发黑圆弧”半径也越小。记录分辨力很高的激光照排机产生的“发黑圆弧”半径很小；但低分辨力激光打印机产生的“发黑圆弧”半径变大。激光记录技术在生成图像时可能采用不同的方法，有许多因素将会影响“发黑圆弧”的大小。这些因素包括：采用不正确的曝光参数，成像工艺参数调整不恰当，或者是以静电照相为基础的数字印刷系统的阶调值过高等。因此，“发黑圆弧”半径的尺寸可作为衡量记录设备实际分辨力的参考值。利用分辨力块可以比较两台理论记录分辨力精度相同的激光照排机的实际记录精度，也可以用于采用静电照相复制技术的数字印刷机或激光打印机上。

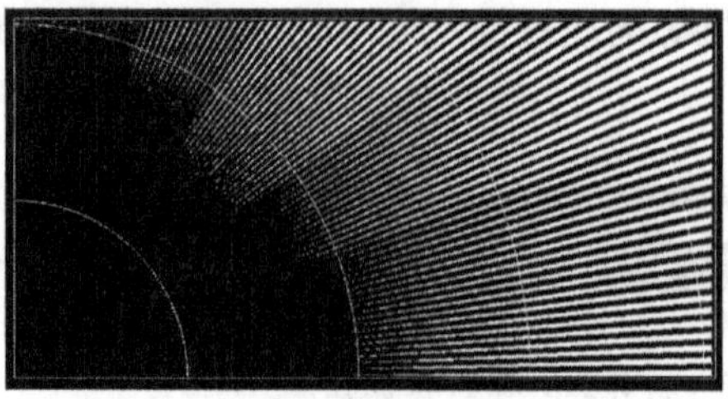

图 3－25　星条线

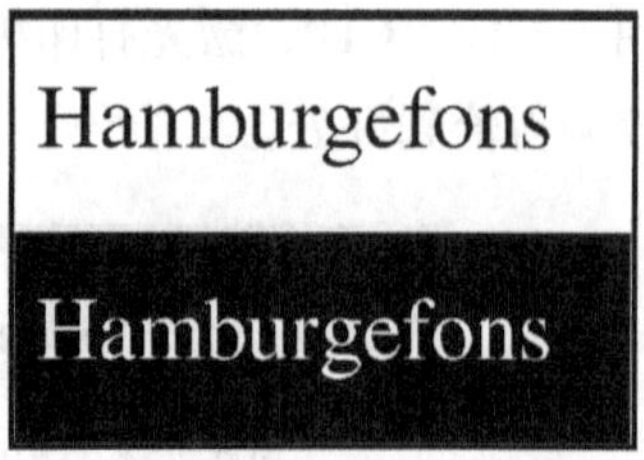

图 3－26　文本块

3. 文本块

文本块包含两行文字“Hamburgefons”，如图 3－26 所示。第一行是白底黑字，第二行是反白字，尺寸为6 points。字体是palatino，通常称为“核心”字体，大多数PostScript激光打印机均内置有这种字体。

文字块是用来测试输出设备复制文字的质量。由于只有6个points，而且是阴阳字同时存在，所以在输出时很敏感。

4. 几何诊断块

该控制块包含8列不同的诊断块，如图3-27所示，从输出设备描述这些诊断块的方式可判断出可能存在的缺陷。诊断块中各色块的准确尺寸没有预先定义，但它们是记录设备最小可描述网点或线条的倍数。这些色块的复制效果取决于输出设备的记录分辨力与加网线数。

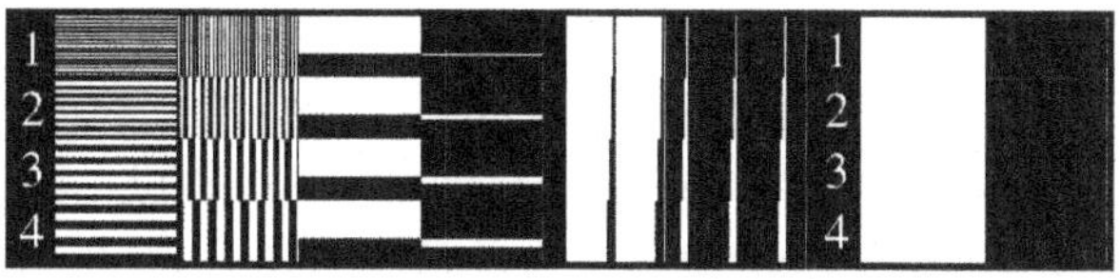

图3-27 几何诊断块

几何诊断块的第一和第二列是等间距排列的水平和垂直线，所以理论网点百分比应该是50%，在视觉上看起来是有着同样的“灰”感觉。如果输出设备的网点因为镜片的原因，如变形为椭圆形的话，在某一方向的平行线可能看不出来，但另一方向的平行线却是“满版”的感觉，这说明可能是激光所形成的点不理想所造成的。

几何诊断块的第三至第六列主要的作用是帮助做更详细的分析和判断，即衡量线条间距靠近时的分辨能力，但不能给出白底黑线记录的精细程度。如果发现间距较小的平行线产生满版填塞的现象，则由此四栏可以判别到底纪录在版上的细线粗到什么程度才造成填塞为满版的现象。

几何诊断块的第七列和第八列共包含8个小网点色块，其功能是可以补充分辨力信息。这些色块是由基本单位的激光点所形成的小网点，就如同亮调和暗调的小网点一样，对复制条件很敏感，在制作的过程中可以判断出是光源、版材或冲洗条件等问题。

5. 网目调楔形加网块

该灰色楔形加网控制块中包含15个等级，如图3-28所示，通常用于确定和评估各独立传递函数曲线的特性。

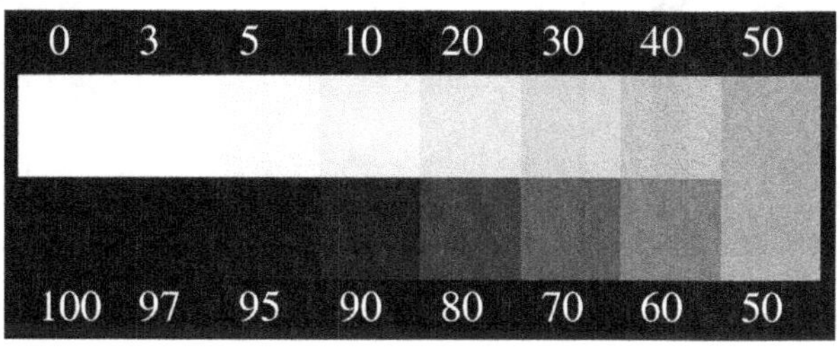

图3-28 网目调楔形加网块

在 PostScript 测控条编程时没有对楔形加网预定过任何特殊的加网工艺、加网角度和其他网目调复制参数。该 PostScript 测控条仅预定义了从 0%（白色）到 100%（黑色）各级灰色的亮度值。各级灰色的亮度值分别以网点百分比预定义为 0%、3%、5%、10%、20%、30%、40%、50%、60%、70%、80%、90%、95%、97% 和 100%。在输出时，测控条预定义的不同亮度如何用楔形加网来实现需要由特定的 PostScript RIP 来确定。例如，有的曝光记录设备（热升华打印机或 CRT 显示器）虽然分辨力相对较低，但它们的亮度调整能力却很强，则这样的系统是可以用来实现楔形加网输出的。

在输出时，RIP 开始搜索并找到开发商设定的栅格化类型、加网角度和加网线数等一套默认参数，并根据这些参数输出测控条。

6. 棋盘块

共包含三个色块，其内部包含的“图案”呈棋盘格子状，如图 3-29 所示。这些色块由黑、白正方形组成。它们的边长是基本单位的 1 倍、2 倍和 3 倍，色块顶部的数字提供了这一信息。这里的基本单位是指输出设备的最小可描述尺寸。由于采用了棋盘格子图案，加网角度必须是 45°。

由于这三个色块在设计时网点面积百分比均为 50%，所以在正常的情况下看起来应该是同样的灰色，如果有任何的故障发生导致网点扩大，则会产生网点与网点之间重叠，易于造成 1×1 的区域形成满版或填塞。虽然三个棋盘块应该表现为相同的灰色，但如果 1×1 棋盘块比 2×2 棋盘块略暗些不能认为输出效果不好。如果对照排机的输出参数进行了恰当的调整，则 2×2 棋盘块与 4×4 棋盘块间不致存在太大的亮度差别。若照排机参数进行了优化调整，冲洗过程是稳定的，则三个棋盘块应该显示出接近的灰色。

7. 彩色控制块

彩色控制块共包含 18 个色块，排列为三行六列，其中有 16 个色块是彩色的，如图 3-30所示。组成这 18 个色块的油墨颜色的基本构造包含了 CMYK 四个色版，每个色版有 100%、80%、40% 的网点，也包含了二次叠印色：红（M+Y）、绿（C+Y）、蓝（M+C）和三色灰及两个 CIE 定义的标准色。

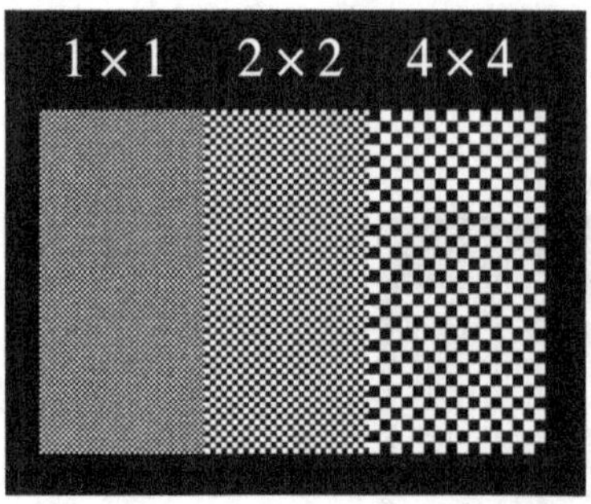

图 3-29 棋盘块

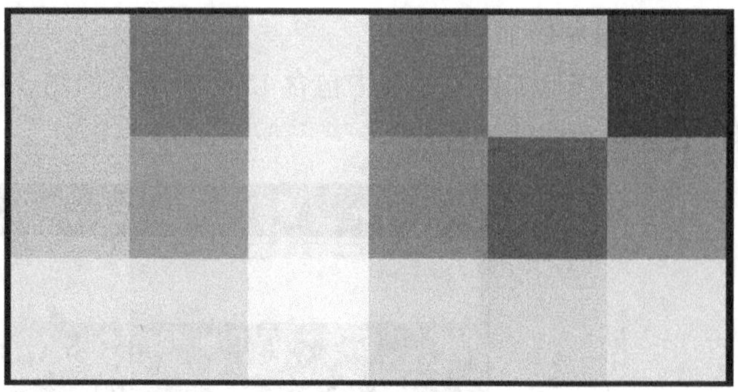

图 3-30 彩色控制块

第五节　打样质量控制

打样是印刷工艺过程中用于检验设计、制版质量的一个重要工序，其作用是生产出满足质量要求的样张，为校审人员和制版、印刷工序提供依据和标准。

打样的作用主要有以下三点。

（1）检验印前制作质量，为印前工序提供特性参数。通过打样样张检查图文的版式规格、图文内容、定位套印等是否正确，检验版面颜色、层次、灰平衡、均匀性是否满足质量要求；同时为印前制作工序提供色彩值、灰平衡值、网点扩大值等特性参数。

（2）模拟印刷，为客户和编辑校对提供审校样张。客户和编辑校对人员通过样张进行审校和预测印刷品的质量效果，确认正式印刷的质量标准，并验收签样付印。

（3）进行试生产，为印刷工序提供标准样张。印刷工序依据样张进行材料和机器调节，以样张为标准进行印刷生产和检验印刷品质量。

按照打样方式和工作原理的不同，打样主要可分为机械打样（如平台打样）、光化学打样（如色粉打样、静电打样）、数码打样（如喷墨打样）、屏幕软打样等，其中，机械打样和数码打样是两种最为常用的打样方式。

一、机械打样质量控制

机械打样也称作模拟打样。一般是在和印刷条件基本相同的情况下（如纸张、油墨、印刷方式等），把用原版晒制好的印版，安装在机械打样机上进行印刷，得到样张，然后对照原稿或版式设计图样进行校对，直到阶调、色彩、文字、版面规格尺寸无误为止，最后由客户签字，即可付印。

1．机械打样过程质量控制

机械打样机的基本组成主要由机架、打样平台、橡皮滚筒、输墨装置、输水装置、传动操作系统等组成，其结构如图 3－31 所示。

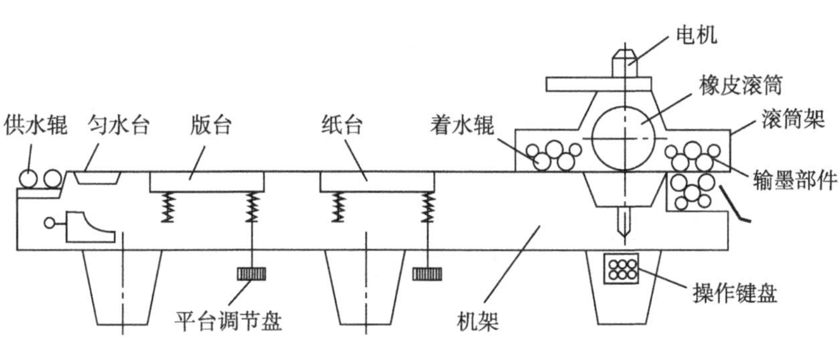

图 3－31　平台式打样机结构示意图

在机械打样过程中，影响打样质量的因素很多，包括纸张、油墨、打样机、滚筒包衬、打样色序、印刷压力、水墨平衡、叠印时间、温湿度等。机械打样过程质量控制，主要是控制这些影响因素，以保证打样质量。

（1）纸张的选用

纸张是样张图文的载体，其性能直接影响样张的质量效果，其中，光滑度和白度是纸张性能的两个重要指标。

①在相同的条件下，用不同平滑度的纸张打样，平滑度差的纸张其吸墨性较强，打样样张上油墨结膜粗糙，吸光散光较强，呈色的饱和度小、光泽度差；相反，平滑度高的纸张，其打样样张呈色的饱和度高，光泽度好。

②纸张白度是制约样张颜色鲜艳度及呈色色域大小的主要因素。在相同条件下，白度高的纸张其反光能力强，密度和偏色量都很小，打样样张的色域大，颜色鲜艳、画面反差大、层次丰富；相反，白度低的纸张，其打样样张的呈色色域就小，颜色暗淡、画面反差小。

由此可见，选用平滑度、白度高的纸张进行打样的质量最好。

（2）油墨的选用

样张图像是由油墨来表现的，其再现性与油墨的质量性能有着直接的关系。为了实现样张颜色的最佳再现，打样时要采用质量性能好的油墨以外，还要注意采用同一牌号、同一系列品种的油墨，不要互相掺和使用，以达到最佳的性能匹配和色相的统一。

（3）打样色序的安排

打样色序是影响打样质量的一个重要因素，不同的打样色序，具有不同的呈色效果和打样质量。因此，为了获得良好的复制效果，打样色序安排必须遵循以下原则。

①根据三原色油墨的明度安排色序。明度是表示油墨性能的一项重要指标，三原色油墨的明度反映在三原色油墨的分光特性曲线上，反射率越高，油墨的亮度越高。所以，三原色油墨的明度是黄 > 青 ≈ 品红 > 黑。明度高的油墨，颜色鲜艳，放在最后一色印刷，能使整个画面鲜艳明亮。而明度低的油墨，应该最先印刷。

②根据三原色油墨的透明度和遮盖力安排色序。油墨的透明度和遮盖力取决于颜料和连结料的折光率之差。遮盖性较强的油墨对叠色后的色彩影响较大，作为后印色叠印就不易显出正确的色彩，达不到好的混色效果。所以，透明性差的油墨先印，透明性强的后印。

③根据网点面积的大小安排色序。一般情况，网点面积小的先印，网点面积大的后印。

④根据原稿特点安排色序。每幅原稿都有不同的特点，有的属暖调，有的属冷调。在色序安排上，以暖调为主的先印黑、青，后印品红、黄；以冷调为主的先印品红，后印青。

2．样张质量检查与检测

样张质量包括样张外观质量和规范数据质量两方面的内容。其中，样张外观质量主要是指样张平整度、洁净度以及图文内容等非技术因素给人的整体视觉效果；样张规范数据质量主要指规范打样作业、控制调节打样质量的数据指标，包括实地密度值、网点增大值、相对反差、小网点再现值、套印准确度、网点变形及重影等重要指标。

（1）样张外观质量检查

样张是提供给客户签样和作为印刷标准的，因此，其外观质量必须满足以下几点要求。

①纸张、油墨的选用符合工艺单要求。

②规格尺寸及图文排列满足版式及印后加工，如折页、模切等的要求。

③样张版面整洁干净，没有浮脏、墨杠、重影、色斑和水印墨迹等现象。

④图文清晰，无网点变形及重影等现象。

（2）样张规范数据质量检测

在打样过程中，必须随时对样张实地密度、网点增大值、相对反差、套印准确度等质量指标进行检测，并对打样进行调节控制，使其达到稳定状态，样张满足质量标准要求。

①实地密度的检测。打样实地密度的检测，是打样规范化、数据化管理的核心。因为实地密度大小的变化，对整个样张色调的影响极大。实地密度过小，表明墨层较薄，网点增大较小，但色彩饱和度低，色彩既不鲜艳又无光泽；实地密度过大，表明墨层厚，墨色强度高，但相应的墨色稳定性较差，网点增大较多，层次模糊。因此，控制实地密度的大小，对于稳定和提高打样质量具有重要意义。

检测实地密度的基本工具是反射密度计。通过反射密度计测量样张上的实地色标，可得出实地密度值。实地密度的标准范围如表 3－7 所示。

表 3－7　打样样张实地密度范围

色别	铜版纸	胶版纸
黄（Y）	0.85～1.10	0.80～1.10
品红（M）	1.25～1.55	1.15～1.45
青（C）	1.30～1.60	1.25～1.55
黑（BK）	1.40～1.80	1.20～1.60
叠加色	>1.50	>1.30

如果实地密度的实测值超出了其标准范围，应对打样的相关因素进行调节并重新打样。若实地密度值偏大，其主要原因是墨层较厚，给墨量较多或压力较大，可针对其原因做相关调节；反之，若实地密度值偏小，其主要原因是墨层较薄，给墨量较少或压力较小，应根据此相关因素进行打样调节，直到获得符合标准范围的实地密度值。

此外，在测定实地密度时，还要注意以下两点：

a. 多点测定，以提高测定结果的准确性。一般可测定样张实地色标左、中、右三点，当实地色标左、中、右密度一致，误差在 ±0.05，说明样张实地密度稳定性较好；否则，说明实地密度控制不当，应重新调节打样。

b. 测定应在打样后 30s 之内进行。一般情况下，油墨在润湿状态下的密度值大于干燥后的密度值，这种现象称为油墨的干退效应。因此，如果测定时间间隔过长，会因油墨干燥程度的不同而产生不同的测量结果。实际测量时，使用装有偏振光滤色片的密度计进行密度测量，可消除油墨干退效应的影响。

②中调网点增大值的检测。打样过程中不仅要严格控制实地密度，还要检测控制网点增大值，其大小和形状直接影响着图像颜色、层次和清晰度的复制再现。

检测网点增大值的基本方法有目测法和仪器法两种。其中，目测法是借助信号条进行定性判断或读取网点增大值的，用于检测网点增大值的信号条主要有布鲁纳尔测试条细网段和 GATF 字码信号条的网点增大段；仪器法是通过密度计测量测试条中的实地、平网或粗细部位的密度值。

正常打样时，要求暗调网点不糊，亮调小网点不丢，中间调 50% 处网点增大值范围如表 3－8 所示。

表 3－8　打样样张中间调 50% 处网点增大值范围

色别	铜版纸	胶版纸
黄（Y）	8% ~20%	10% ~25%
品红（M）	8% ~20%	10% ~25%
青（C）	8% ~20%	10% ~25%
黑（K）	8% ~25%	10% ~25%

网点增大值检测后，应根据以上打样要求判断其是否合适。如果网点增大值不当，可根据其影响因素（如打样压力、供墨量、供水量和油墨的黏稠度）进行调节。通常情况下，若网点增大值过大，主要原因有以下几点。

a. 橡皮布与印版之间的压力过大。

b. 供墨量偏大。

c. 供水量偏小。

d. 油墨的黏稠度小（流动性大）。

e. 橡皮布选用不当，可考虑选用气垫橡皮布。

另外要注意，与印刷网点增大相比，打样网点增大较小，这样就经常造成打样与印刷之间的矛盾。因此，打样网点增大率规范应与印刷适性相匹配，应合理地缩小两者之间的差距。一般来讲，印刷在最佳状态基础上，中调网点增大值规范在 20% 以下，而把打样中调网点增大值规范在 13% ~15%，效果甚好，能较好地解决两者之间的矛盾。因此，应改变过去要求打样网点增大越小越好的认识和做法。

③小网点再现值的检测。小网点是表现画面质感、立体感和光泽度的关键，其再现

性能是样张亮调部位层次再现效果的体现。此外，小网点再现性能是打样条件及技术水平的综合体现，因为小网点再现值越小，对纸张、油墨、印版、设备性能、压力控制、水墨平衡的要求越高。因此，在确定打样小网点再现值时，应充分考虑打样条件及技术状况。

检测小网点再现程度的方法主要采用目测法，即通过放大镜对测控条上小网点检测标部位进行检查。打样条件好时，要求1%的小网点能完好再现。一般对于不同的纸张时，对小网点再现值要求如表3－9所示。

表3－9　打样样张小网点再现值要求

版材	铜版纸	胶版纸
PS版	1%～3%	2%～4%

打样过程中，若造成小网点丢失，主要原因有以下几点。

a. 油墨颗粒粗或黏度大。

b. 纸张平滑度低。

c. 润版液供给量大。

d. 橡皮布传墨性能差。

④相对反差的检测。相对反差即K值，是衡量实地密度是否印足、暗调层次是否清晰，判断网点增大程度及控制图像阶调对比度的一个重要指标。

实践证明，50%部位网点的面积增大最为明显，而75%部位网点的密度变化最为明显，因此，控制好75%部位网点的密度变化，对于稳定和提高阶调再现性能具有关键作用。常取75%部位的网点作为相对反差K值的控制点，其定义式为：

$$K = (D_V - D_R) / D_V$$

式中　K——相对反差；

D_V——实地密度值；

D_R——75%处网点密度值。

相对反差的检测方法是：通过密度计分别测量出实地色块和75%网点块的密度值，然后经过定义公式计算得出相对反差值。

一般条件下，实测相对反差K值应控制在表3－10所列的数值范围内。

表3－10　打样样张的相对反差K值范围

色别	铜版纸	胶版纸
黄（Y）	0.25～0.35	0.20～0.30
品红（M）	0.35～0.45	0.30～0.40
青（C）	0.35～0.45	0.30～0.40
黑（K）	0.35～0.50	0.30～0.45

在以上标准范围内，若实测相对反差 K 值较大，表明打样样张网点增大较小，图像阶调层次的对比度较好。但是，当实测 K 值超出标准范围时，表明打样时网点部位着墨不良，主要原因有油墨黏稠度过大或供水量过大。相反，当实测 K 值较小时，表明打样时网点增大现象较为严重，主要原因有供墨量过大或油墨较稀、流动性大、打样压力大等。

⑤套印准确度的检测。套印准确主要是指各色图文完全重合，轮廓清楚，无露边露色等现象，是保证图文正常转移、清晰成像的基本要求。

根据常用的单色机或双色机打样机型，正常打样时，套印误差要求如表 3－11 所示。

表 3－11　机械打样套印误差要求

机型	四开	对开	全张
单色机	< 0.10mm	< 0.15mm	< 0.20mm
双色机	< 0.05mm	< 0.10mm	< 0.15mm

实际打样时，若套印误差超出其标准范围，将严重影响图像的清晰度。一般来讲，造成套印不准的主要因素有以下几点。

a. 纸张伸缩。因此，打样用纸一定要多晾些时间，纸张应放在打样操作间相同的条件下自然吊晾 2～3 天，待取下后再放 1～2 天后使用。

b. 室内温、湿度忽高忽低。因此，打样时应重视室内温、湿度的控制。

c. 水分过大。因此，打样时要使水辊和版台的水分适量，不要过大。

d. 操作马虎。操作者套印时一定要认真，一丝不苟。

通过以上外观质量检查及规范数据质量检测，可以很好地实现对打样样张的质量控制。

二、数码打样质量控制

数码打样技术是近年来印前领域热门技术之一。所谓数码打样，是指把彩色桌面系统制作的页面（或印张）数据，不经过任何形式的模拟手段，直接经彩色打印机（喷墨、激光或其他方式）输出样张，以检查印前工序的页面图文质量，为印刷工序提供参照样张，并为用户提供可以签字付印的依据。

与传统机械打样相比，数码打样主要具有以下优点。

（1）设备投资少，占地面小，环境要求低。

（2）节省人力资源，降低成本费用，对操作人员经验依赖小。

（3）速度快，质量稳定，重复性强，成本低。

（4）适应性广，特别适合于直接制版、凹印和柔印等不能打样或不易打样的工艺。既能模拟各种印刷方式的效果，又能与 CTP（计算机直接制版）及数字印刷机的数字设备结合，真正实现自动化的工作流程。

1．数码打样原理

数码打样就是由数码打样输出设备和数码打样软件组成的应用系统。其中，数码打样输出设备一般是指任何能够以数字方式输出的大幅面喷墨打印机；数码打样软件是指采用色彩管理及控制技术将数码打样色域同印刷色域高保真地达到一致的色彩管理软件，是数码打样系统的核心和关键。

数码打样的步骤如下。

（1）在正常印刷条件下印刷标准色标，作为数码打样匹配的目标。印刷后，再测量其颜色值，生成反映印刷特性的特性文件 ICC Profile 并保存。

（2）针对数码打样设备进行线性化处理，包括印刷方式的选择、油墨总量的设定、最大黑版量、分色类型等的设定，最后得到反映打印机特性的线性化曲线。

（3）在打印机线性化的基础上，打印与上面相同的标准色标，再测量其颜色值，这样生成反映打印机特性和打印机纸张的 ICC Profile 并保存。

（4）进行色空间转换，调用反映印刷适性的 ICC Profile 和反映打印机特性的 ICC Profile，利用色彩管理软件的 CMM 模块实现色空间的转换，这都是色彩管理软件内部实现的。

（5）最后打印标准色标，测量颜色值，再与开始印刷的结果进行比较，计算色差，如果在允许的范围，则说明可行了，即可以直接进行数码打样；如果色差较大，则需要进行重新线性化，直到得到满意的结果。

数码打样实施的关键是色彩管理。色彩管理即颜色空间转换管理，它是利用色彩管理系统对彩色复制全过程中不同设备的色空间进行控制与匹配，从而保证色彩在不同的设备上进行处理或输出，都能够得到相同的复制与再现效果。

为了描述不同设备的色彩特性，色彩管理主要用到 ICC Profile。ICC Profile 是以 ICC（International Color Consortium——国际色彩联盟）为标准产生的色彩特性描述文件，它用以描述设备的色彩特性。

色彩管理的实质是色彩管理系统根据不同的 ICC Profile 文件，对颜色复制过程中各个设备之间的颜色差异进行自动补偿与匹配，从而实现不同设备之间最佳的色彩模拟效果，保证工作流程中彩色打印机的色域空间能准确地转换到印刷的色域空间。

数码打样进行色彩管理时，一般要经过三个基本步骤：设备校正（Calibration）、特征化（Characterization）和转换（Conversion），这三个步骤以其英文首字母简称为“3C”。

2．数码打样设备校正与特征化

数码打样实施过程中，各种设备的工作性能不稳定，会不断地变化，如显示器的荧光粉不稳定会导致显示器显示颜色的变化，喷墨打印机的出墨量不稳定会导致打印颜色的变化，印刷机的印刷压力不稳定会导致印刷颜色的变化等。因此，数码打样前，应先对各有关设备进行校正，使其达到规定的标准状态与稳定状态，以保证色彩信息传递再现的稳定性、可靠性与连续性。然后，所有经过校正的设备通过色彩测量仪器如分光光度计读取设备色彩信息，并将结果记录在“特征文件”中，这一过程称为特征化。

（1）显示器校正与特征化

一般来讲，显示器在出厂时已经校正过，但随着时间的推移、使用环境的变化等原因需经常对显示器进行校正，以保证显示色彩的稳定性。

显示器校正的方法很多，可利用软件进行显示器校正，也可以利用硬件进行显示器校正。其中，软件的方法可使用 Adobe Gamma，而硬件的方法则比较专业和准确。如使用 X－Rite 的屏幕校正仪（Monitor Calibrator）作为硬件，它可以配合很多软件来使用。比如 Agfa 的 ColorTune、Heidelberg 的 Viewopen 等，还可以使用 X－Rite 的自带软件。整个操作过程很简单。

①连接屏幕校正仪 X－Rite DTP94（Monaco OPTIX），启动其自带软件 Monaco OPTIX 2.0。打开该程序，单击“创建显示器配置文件”命令，校准显示器并配置显示器，如图 3－32 所示。

②进入选择测量设备操作，此时软件自动产生中性灰背景，将环境影响减到最小。硬件配置根据测量的实际情况选择显示器、检测设备类型，如图 3－33 所示。选好后，单击右箭头继续。

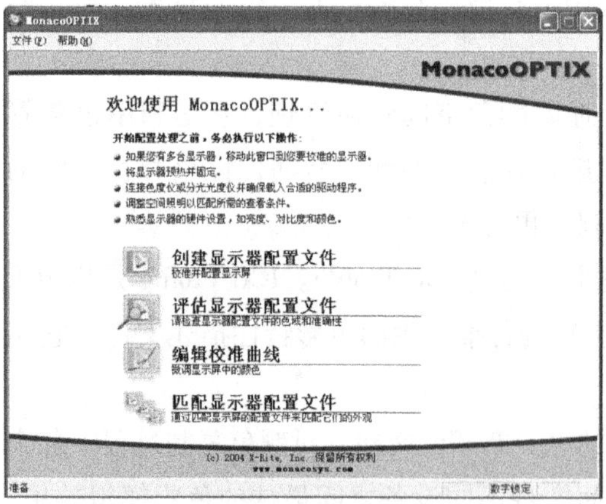

图 3－32　创建显示器配置文件

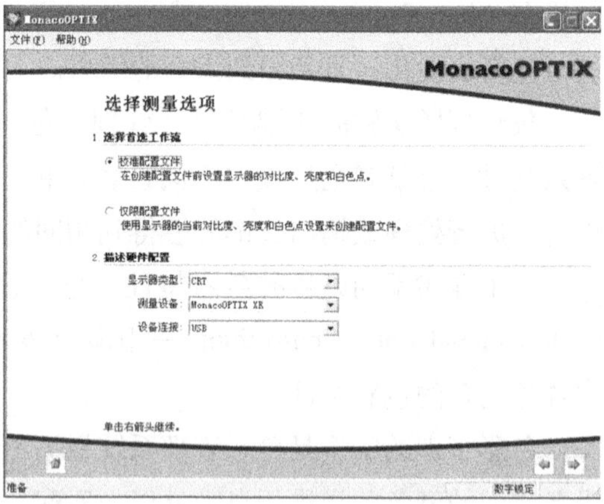

图 3－33　选择测量选项

③校准测量设备。将测量设备 X－Rite DTP94 放在扁平不透明表面上（如桌面），单击“校准”命令，如图 3－34 所示，软件自动校准设备。

④自动校准完成后，进入“选择配置文件参数”窗口。

a. 选择配置文件白点和伽马值，一般色温（即白点）为 6500K，伽马值则根据被校准显示器所用操作系统具体选择，一般标准值为 PC 机 2.2，苹果机 1.8。

b. 单击“调整白点”按钮后，进入“调整白点”窗口，如图 3－35 所示。

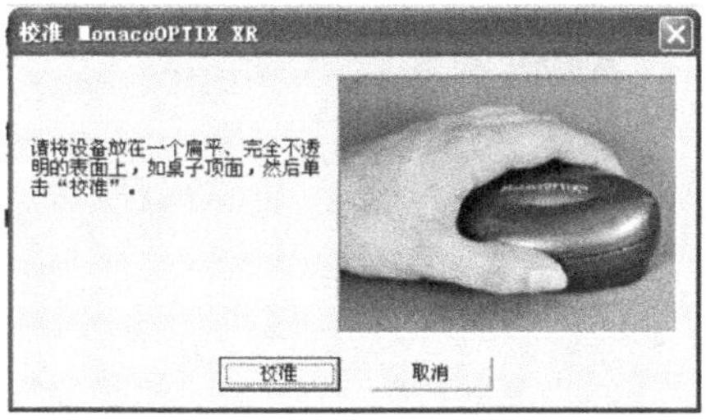

图 3－34　校准测量设备

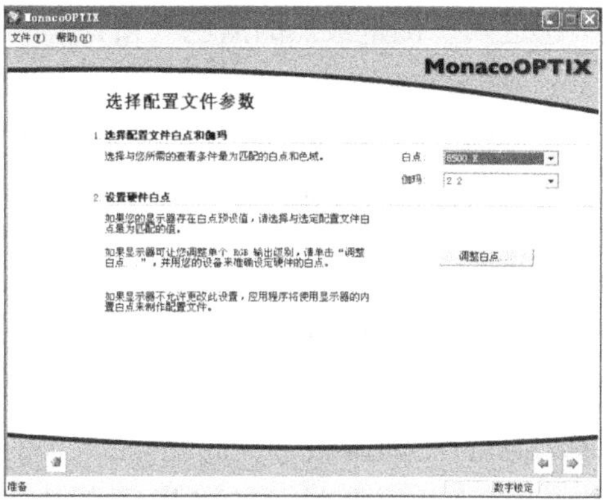

图 3－35　调整白点

⑤设置硬件白点

a. 根据窗口上的提示将测量设备仪 X－Rite DTP94（Monaco OPTIX），定位于如图 3－36所示图像之上。

b. 固定好测量设备后，单击“测量”开始测量 RGB 通道和白点。

c. 调整 RGB 通道控件，直到每个颜色的指示器居中。

d. 单击“完成”停止测量，在单击“确定”，完成白点调整操作，返回到“选择配置文件参数”窗口。再单击右箭头进入下一步。

⑥进入“测量最亮黑色”

a. 调整对比度至其最高设置（100%）。

b. 调整亮度至其最高设置（100%）。

c. 将设备置于如图 3－37 所示图像上。

d. 单击“测量”，测量完成后，单击右箭头进入下一步。

注意：如果显示器无亮度设置，单击“忽略”。

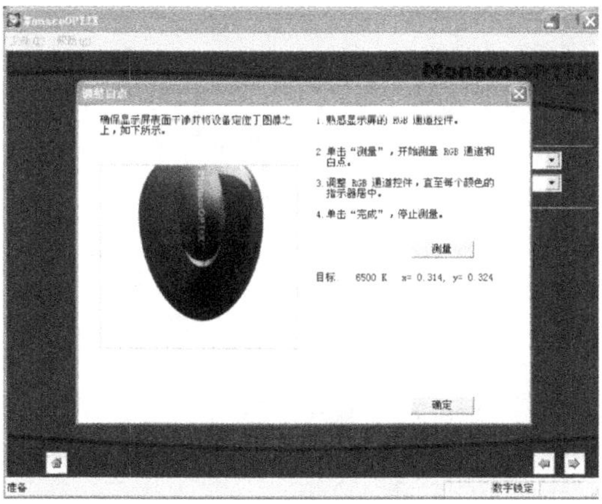

图 3－36　设置硬件白点

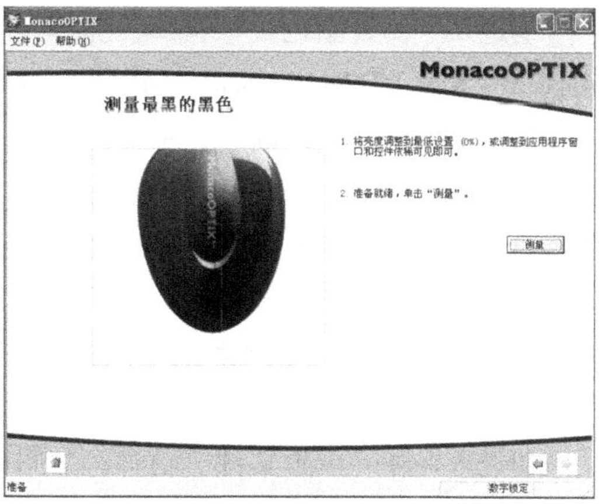

图 3－37　测量最亮黑色

⑦进入“测量最黑的黑色”窗口

a. 将亮度调到最低0%。

b. 单击“测量”，如图3－38所示，测量完成后进入下一步。

⑧进入“设置亮度”窗口后

a. 单击“测量”，开始读取亮度。

b. 调整显示器的亮度，直到指示器落入“良好”范围。

c. 对于几次测量，如果指示器都保持在“良好”范围内，如图3－39所示，单击“完成”。单击右箭头进入下一步。

图3－38 测量最黑的黑色

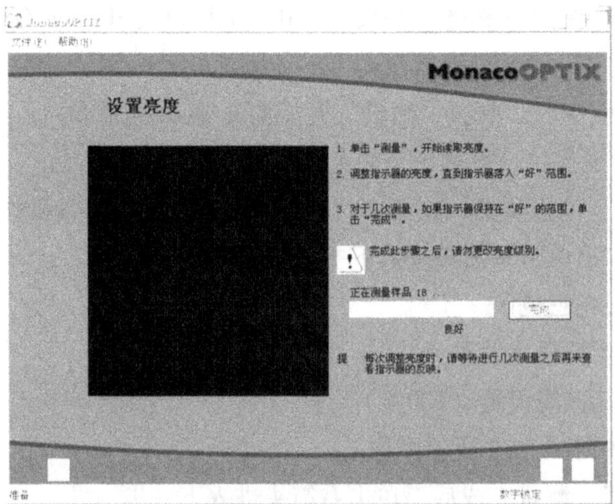

图3－39 设置亮度

⑨进入“测量颜色块”窗口，屏幕校正仪X－Rite DTP94（Monaco OPTIX）自动读取一系列色块，以确定显示器的色域和色彩响应。单击“测量”，开始读取色块数据。在测量过程中，可以随时单击“取消”，中止测量，如图3－40所示。测量结束后，可以移去测量设备，单击右箭头进入下一步。

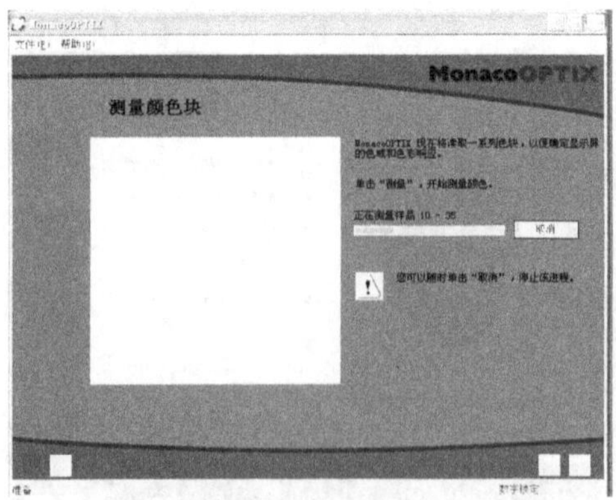

图3－40 测量颜色块

⑩进入保存“配置文件”窗口，如图3－41所示，这时可以将测量设备从显示器屏幕上取下。单击“保存配置文件”按钮，保存自动生成的配置文件。

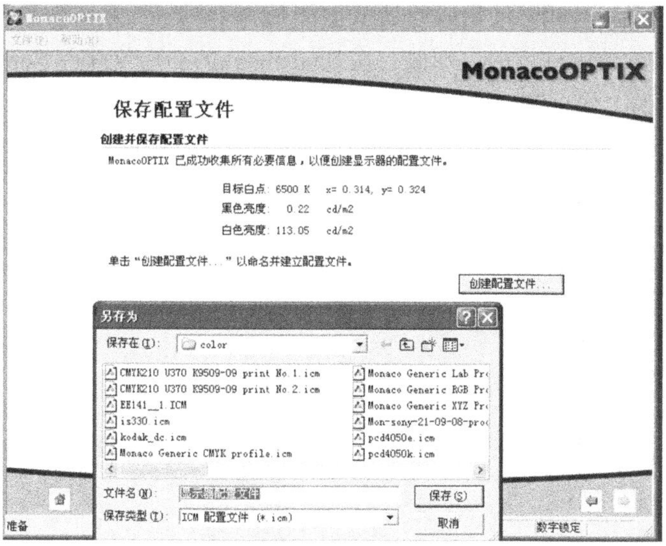

图 3－41 保存配置文件

（2）扫描仪校正与特征化

扫描仪对逼真再现图像的颜色层次起着至关重要的作用。因此，对扫描仪进行色彩管理也是极为重要的。

①扫描仪校正。扫描仪的 ICC Profile 的生成之前，应该让设备处于正常的工作状态。为此，首先要做好扫描仪基本校准工作是白平衡。

由于扫描仪的扫描光源、滤色片、光电倍增管或光电耦合管及扫描光学系统光谱特性的差异，扫描头采集原稿所得的颜色数值不能正确地代表原稿的颜色组成，原稿的中性灰处经扫描仪输入后，C、M、Y、US 四个通道的数值不相等，从而造成对原稿颜色识别错误，扫出的图像偏色，对原稿无密度变化的地方产生了清晰度强调（USM），因此有必要用白平衡来消除机器误差对扫描带来的不良影响。其方法是：在扫描之前将扫描头对准纯白色，将 C、M、Y 和 US 四个通道的基本电信号调节至相等，这项工作称为白平衡。

白平衡的执行就是用标准的白平衡板为原稿，进行校准操作。对于平台扫描仪而言，一般都有附带的标准板，是厂家内置固定好的，一般不用更换。但对滚筒扫描仪而言，它是由操作员自己选择纸张和定期进行更换的。用新闻纸太黑，而铜版纸又太白，所以一般选用 $80g/m^2$ 左右的胶版纸，如进口书的内页比较理想。时间一长，纸张容易氧化变黄，所以还应定期更换。

②建立扫描仪的 ICC 特性文件。生成扫描仪 Profile 的软件很多，如海德堡公司的 Scanopen、GretegMacbeth 公司的 Profilemaker 等。通过测量 IT8 色标可生成扫描仪的 Profile 文件。一般选用 Kodak 公司的 IT8.7/1 透射色标或 IT8.7/2 反射色标，它由 240 个标准色块和 24 级灰梯尺组成。

专业扫描仪的 ICC Profile 的生成的通常做法是用 IT8 标准色块为基本颜色对象进行，具体实施是在扫描软件中进行的。例如，在 Heidelberg 的扫描仪软件 NewColor7000 中进行 ICC Profile 的生成的工作步骤是：

a. NewColor7000 中打开 Scanopen ICC，如图 3－42（a）所示，到达图 3－42（b）所示的界面。

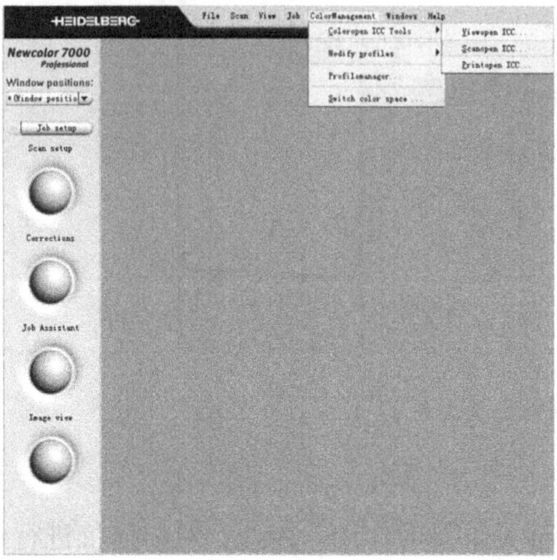

（a）New Color7000界面

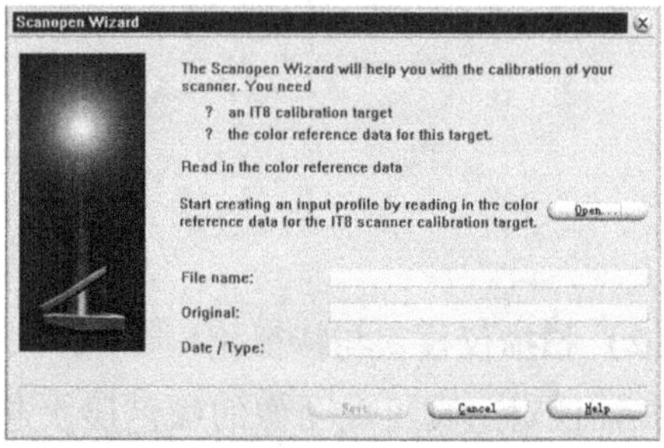

（b）获取扫描仪测试样品参考数据

图 3－42

b. 获取扫描仪的 IT8 反射或透射测试样品的参考数据。具体方法是在图 3－42（b）中打开“open”，就可看到图 3－43（a）的界面。在这里选择 IT8 反射或透射测试样品的名称，结果如图 3－43（b）所示。这里一定要注意的是，用的什么 IT8 反射或透射测试样品，就要选择之，不能替代。

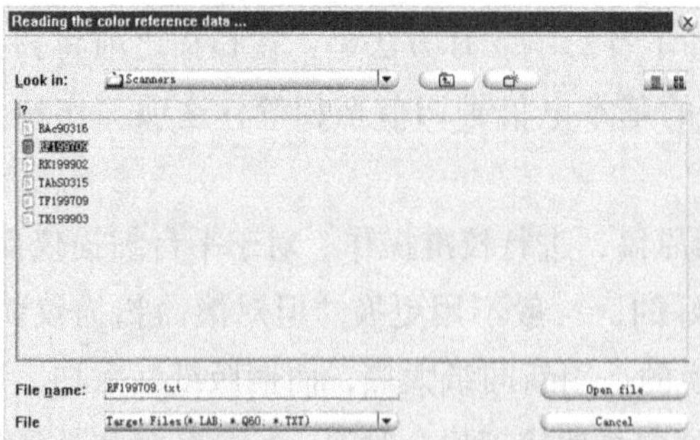

（a）选择IT8反射或透射测试样品

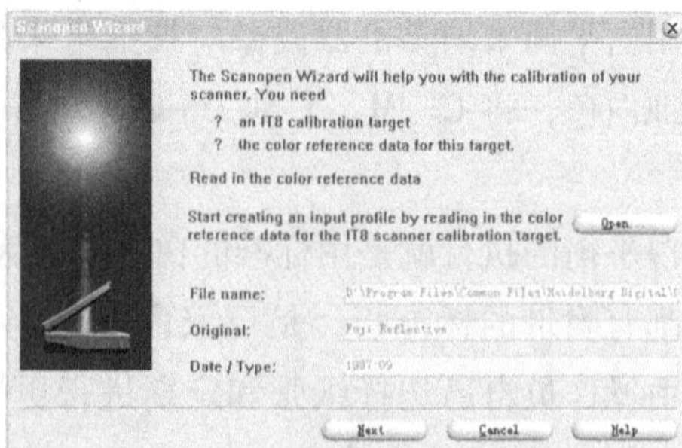

（b）选择结果

图 3－43

c. 把 IT8 反射或透射测试样品放在原稿滚筒或原稿板上，按校准扫描模式（Correct Scan Mode）扫描，如图 3－44 所示。

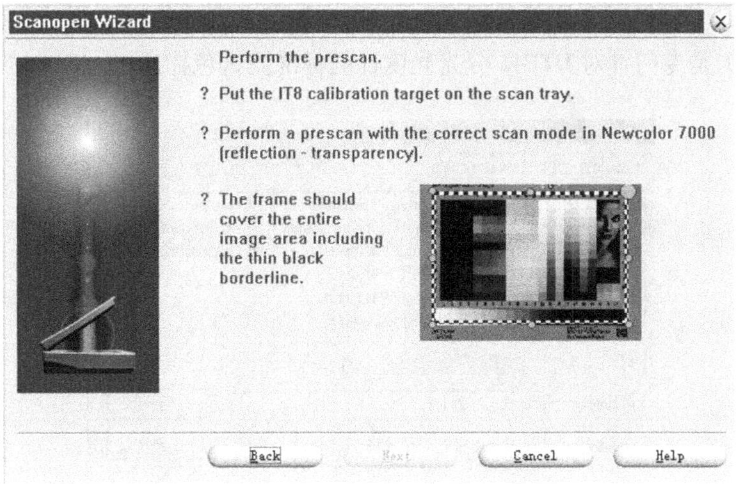

图 3-44 扫描 IT8 反射或透射测试样品

d. 扫描仪将 IT8 反射或透射测试样品扫描完后，驱动软件就会对照第三步获取的数据进行分析，获取扫描仪的 ICC Profile 文件。

（3）打印机校正与特征化

打印机校正就是对打印机进行颜色校正和线性化调节，使打印机处于最佳工作状态。建立打印机的特征文件是对打印机的颜色再现范围进行描述，生成打印机所用纸张、墨水的特征文件。打印机校正与特征化的一般步骤是：首先，对打印机进行颜色校正和线性化调节，使打印机处于最佳工作状态；然后，用打印机输出标准色标图像样张；再利用分光光度计测量输出的标准色标图像样张上各个色块的颜色数据（$L^*a^*b^*$），并将测得的各个色块的颜色数据输入到建立 ICC Profile 文件的软件中；最后建立打印机的 ICC Profile 文件并对文件进行一些必要的调整后保存。

①打印机校正。事实上，喷墨打印机在打印时并不是线性工作的。如果在非线性化状态下打印测试表，并用分光光度计进行测量，在喷墨量在 0% ~50% 的区域色密度值变化非常明显，但是，超过 50% 以后的区域，色密度值变化的非常小，测量结果非常相近。这样，制作 ICC Profile 的测试色块并不能区别更高区域的色度值。相反，如果事先对打印机进行基本线性化，忽略输出密度变化小的范围，剩下的喷墨范围所表现的色度值是平均分配，也就是线性化的。打印出来的色块条的范围似乎是从 0% ~100% 之间平均分配。一个经过线性化校正过的打印机得到 ICC Profile 比没有线性化会得到更理想的测量结果。

进行打印机线性化的软件很多，这里以广泛使用的软件 Best Colorproof 为例进行打印机线性化，基本步骤如下。

a. 选择与 GretagMacbeth SpectroScan 分光光度计对应的线性化测试色块文件 Baselin_ Spectrosan. tif。如图 3-45 所示。

注意：Baselin_ Spectrosan. tif 是一个以 TIFF 文件存在于 Best Colorproof 软件中的标准

测试色标，它是专门针对于测量仪器 SpectroScan 分光光度计的标准测试色标。另外，如 Baselin_ DTP41 是专门针对 DTP41 分光光度计的标准测试色标。

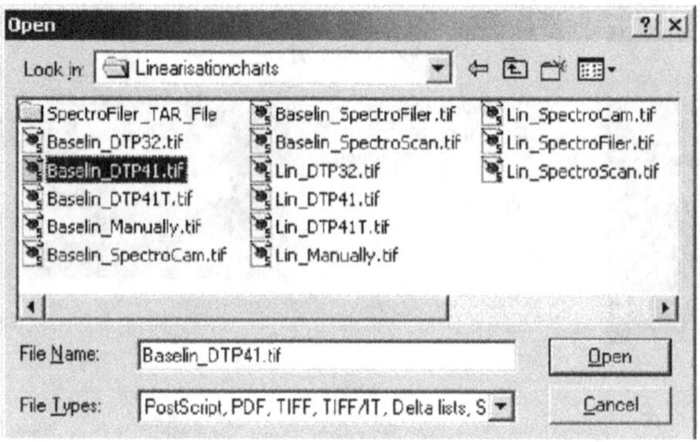

图 3－45　选择分光光度计对应的线性化测试色块文件

b. 打开色彩管理数据设置对话框，为基本线性化创建一个新的色彩管理设置，并为该设置命名，如图 3－46 所示，点击 OK，回到色彩管理设置的对话框，将自动激活新的设置。

c. 在图 3－46 中，创建选择线性化所采用的分辨率及墨水类型。一般选用默认的 720dpi × 720dpi 的输出分辨率；墨水选择染料墨水 Dye。

d. 图 3－46 中，在纸张设置栏，选择创建基本线性，将激活 ICC 色彩管理。

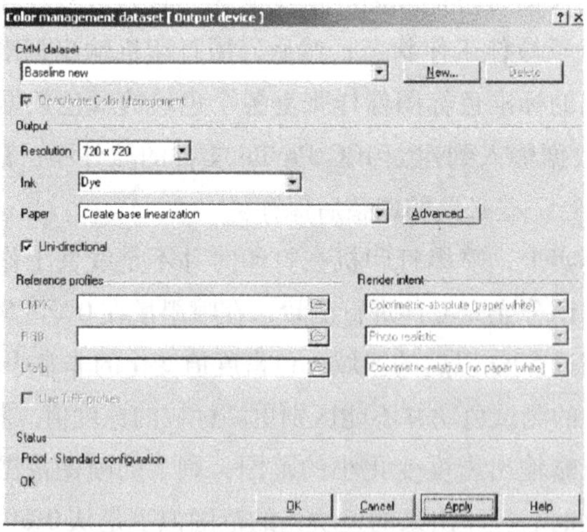

图 3－46　色彩管理数据设置对话框

e. 点击创建新的基本线性化或重新线性化按钮，打开线性化对话框，如图3－47所示。选择创建线性化，在新窗口中输入当前所要创建的线性化的文件名。

f. 此时，会提示进行校正当前测量仪器和测量线性化的色块文件。

根据 SpectroScan 分光光度计提供的校正色标进行校正。

g. 当校正完成之后，打印线性化的色块文件。

h. 选择所用的测量仪器，并测量打印出来的色块文件，如图 3－48 所示。

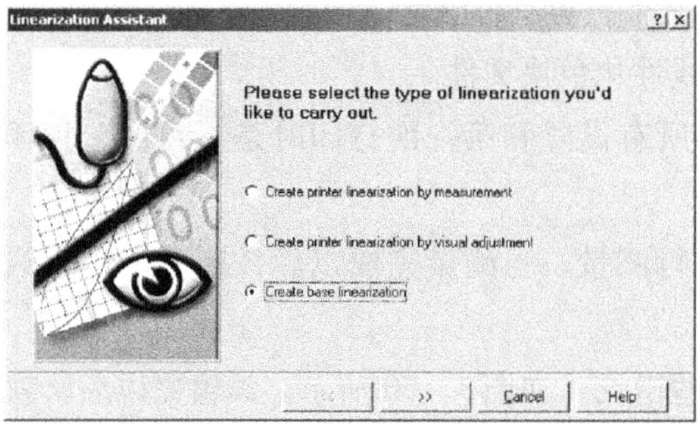

图 3－47　线性化对话框

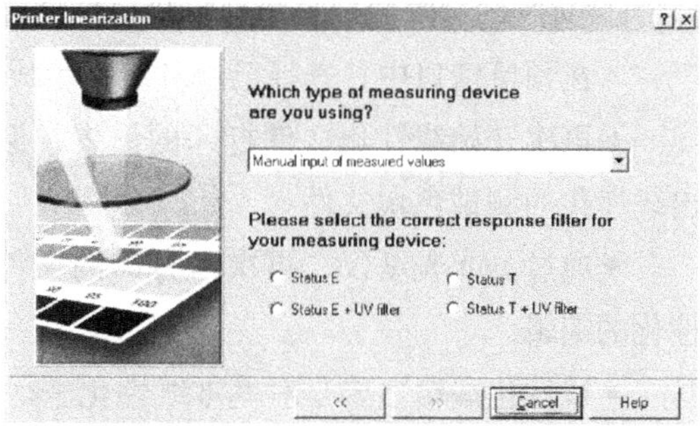

图 3－48　测量打印出来的色块文件

在该实验中，所选用是 Gretag 公司 Gretag SpectroScan 分光光度计，它是一种全自动化的测量仪器，它能在开始测量之前，自动完成定位和参考白的校正。通过对黄、品红、青、黑四色块条的密度值的测量以后，就可以据测量结果对打印机的墨量进行限制，达到线性输出的目的。

i. 墨量限制。以测量值为基础进行“裁剪”。如前所述，较大墨量得到色块，密度并不一定会有明显增加，这些区域在线性化时就应该“裁剪”掉。如测得的一组连续色块的密度值为 1.32，1.46，1.55，1.64，1.70，1.71，1.69，选取第五个值（1.70）作为墨量限定的最大值。因为，当密度值增加到 1.70 时，1.70 到 1.71 几乎没有变化，在 1.69 时，密度值反而是下降的趋势。因此，密度值 1.70 就可以当作是打印机输出开始非线性输出的一个标记，超值的输出就应该去掉。在实验中发现，品红和青几乎具有相同的密度分布特点。

• 选择一种要限制的墨水，如图 3－49 所示。

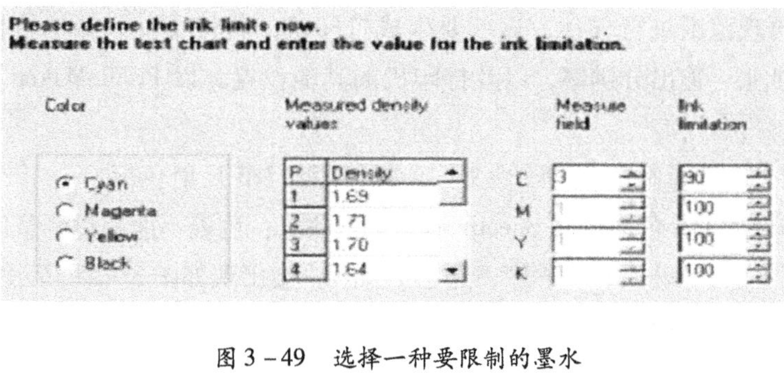

图 3－49　选择一种要限制的墨水

• 在测量的密度值范围内，P 栏显示是测量点的列表，旁边显示的为各个测量点的密度值。根据上述选择最佳颜色密度时的测量点。

• 在 Measure Field 栏，输入要“剪”掉的密度范围的测量点的数量，在旁边将自动生成打印机工作时的墨量限制的百分值。

• 选择所有四色，分别限制输出墨量。当完成所有四色的墨量限制以后，就能打印出相关颜色的密度曲线的线性图。

j. 通过墨量限制后，重新输出新的线性化文件，再次行测量。

● 在预览窗口中，选择已经计算后生成的线性化色块文件。

● 再次开始线性化文件打印的设置，保持所有设置和第一次打印时是一致的，打印出线性化的测试色块文件。

● 通过分光光度仪，再次对打印的文件进行测量。当测量完成以后，接下来进行线性化的编辑。

● 线性化编辑主要是对基本线性化进行一些微调，如图 3－50 所示。编辑完以后，就可以得到最后的线性化文件了。它将会出现在打印设置的，线性文件选择的列表里了。

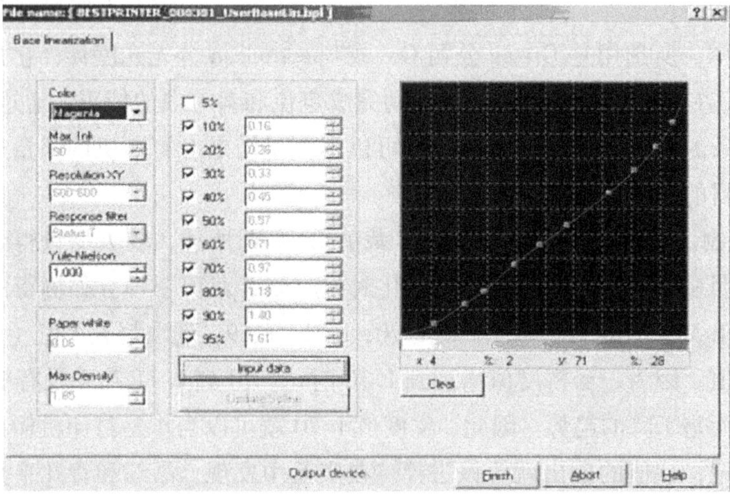

图 3－50　线性化编辑

②建立打印机的 ICC 特性文件。在完成数码打印机的基本线性化和线性化以后，需要对打印机的再现范围进行描述，这就要生成打印机的特性文件。输出特性文件主要用于描述承印物纸张、输出分辨率，以及打印机的其他设置。以 ProfileMaker 为例，具体步骤如下。

a. 在打印机中选择制作上的线性文件，打印 IT8. 7/3 反射色标。

b. 将打印好的 IT8 色标放在 SpectroScan 上。注意：色表不能超过测量区域。

c. 运行其中的 ProfileMaker 程序，选中 Printer，会出现如图 3－51 所示的界面。

d. 在 Reference 里选择 IT8. 7/3 CMYK Ref. txt 文件。

e. 在 Sample 中选择已经和电脑连接好的 SpectroScan。

f. 连接上后，会弹出如图 3－52 所示的对话框。按一下 Start，就要在 SpectroScan 上定位，需要定三个点，左上角、左下角、右下角，定位好后，仪器会自动测量。

g. 保存后，会自动回到 ProfileMaker 的界面。

h. 单击 Separation，会进入到分色设置对话框中，如图 3－53 所示，在这里，可以对将要生成的 ICC 进行分色方面的设置。可以进行 GCR、UCR、最大墨量、黑最大墨量、黑起点、黑点平衡、Black width 的设置。最后，单击 Balance 按钮，这样软件可以根据数据进行计算，得出新的灰平衡曲线。

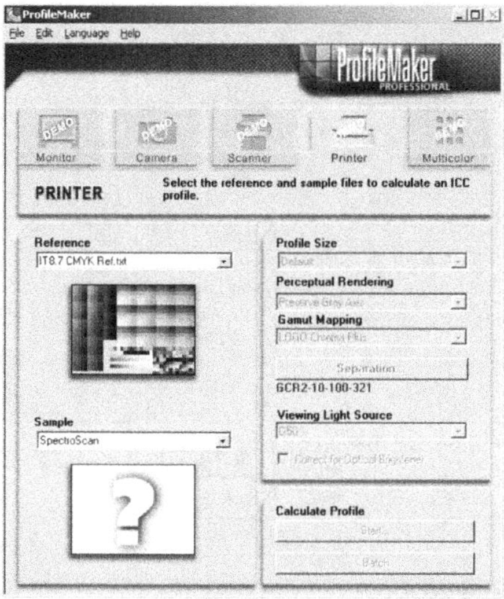

图 3－51

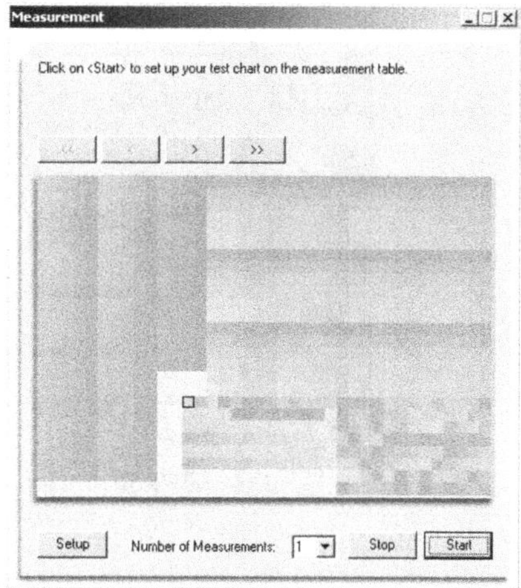

图 3－52

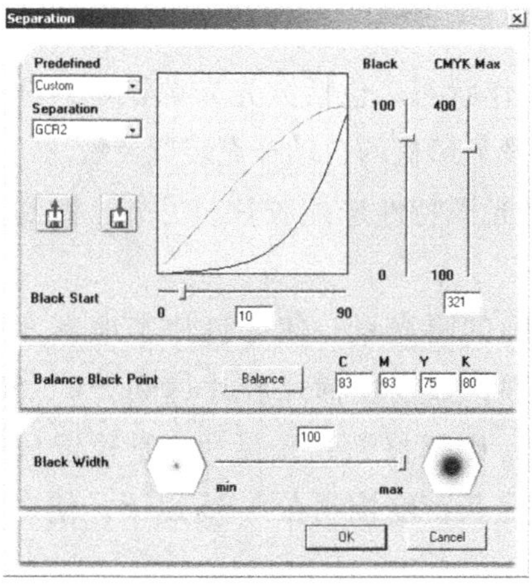

图 3－53　分色设置

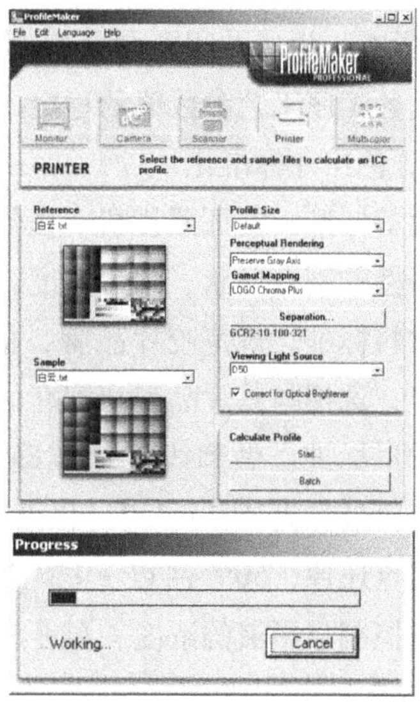

图 3－54　生成 ICC

i. 按一下 Start，开始生成 ICC，如图 3－54 所示。

j. 保存文件后，即可生成打印机所用纸张、墨水的 ICC 文件，如图 3－55 所示。

（4）印刷标准化与特征化

①印刷标准化。严格来讲，对印刷进行标准化控制是色彩管理的基础，但在实际色彩管理中，这一点特别容易被忽视。对印刷进行校准并实现印刷标准化不是简单地控制印张密度、网点增大值、相对反差 K 值等，而是对整个过程（包括出片、晒版、印刷）

做规范化、标准化操作，在此基础上形成最佳印刷状态。这样，产生的 ICC Profile 文件才能准确地反映机器设备表现颜色的能力。

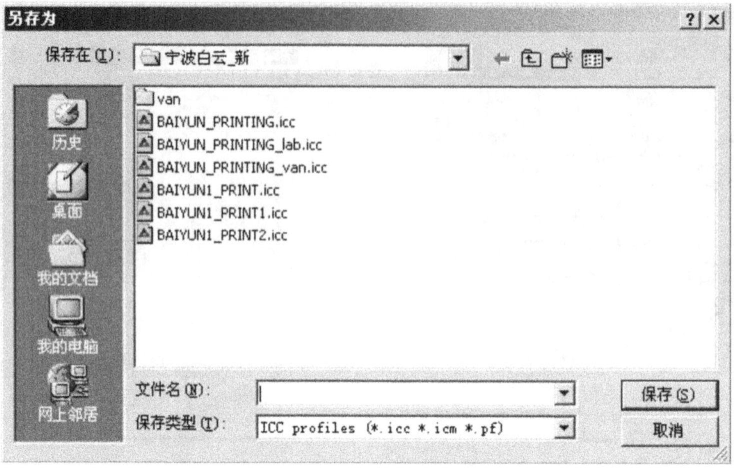

图 3－55　保存 ICC 文件

为了准确反映印刷机的颜色表现能力，必须保证印刷各工序的工艺参数值稳定不变，即实现各工序的标准化。若某一状态或某一工序操作不规范，就会对已经制作的 ICC Profile 产生影响，生成的印刷 ICC Profile 就失去作用，甚至出现阶调损失和色偏。

印刷各工序工艺参数值的稳定主要包括以下几个方面。

a. 分色出片标准化

● 设备标准。保证照排机、显影机处在最佳工作状态，包括激光光源稳定，选择符合印刷适性的网点形状、网目角度、网目线数，以及显影机的自动补充装置灵敏。

● 材料标准。规范胶片品牌，根据照排机激光光源特性选配胶片。另外，做到显影条件稳定，选用与胶片品牌相配套的药水。

● 质量标准。做到线性化准确，一是控制正确的曝光量，使分色片实地密度达到 3.8～4.5，最佳为 4.0～4.2，以及精确的网点传递，如线性梯尺胶片达到 2%、50%、98% 的网点还原，50% 网点 ±1%，如不符合标准，则调整激光光量。二是稳定显影条件，严格控制显影液的浓度、温度和补充量，保证底灰密度控制在 0.05 以下，使白片基越透明越好。

b. 晒版标准化

● 设备标准。保证晒版机、PS 版显影机处在最佳工作状态，包括晒版机的光源稳定、照度均匀、显影机的自动补充装置灵敏。

● 材料标准。要规范 PS 版的品牌，不要几种品牌及再生版掺和使用。另外，规范与 PS 版相配套的显影液，做到严格控制显影液浓度，配比准确，并能定期更换剂量补充新液。

● 质量标准。做到晒版质量标准，一要确定最佳曝光时间，利用晒版 UGRA 控制条对曝光量进行控制，达到梯尺 4 梯（0.6D）晒出，分辨力 6μm 出现、8μm 阴阳线完整，阶调控制段 2% 小点晒齐。二要确定最佳显影速度，正确的曝光要有正确的显影来配合，应用 UGRA 控制条对显影速度进行控制，显影后的空心点比较清晰，与其相对应的小网点比较牢固，证明显影液浓度合适。三要做到更换一种品牌的 PS 版，做一次标准化测试，保证晒出的版图文部分亲油斥水性好，空白部分亲水斥油性好。

c. 印刷标准化

• 设备标准。通过印刷机校正，保证印刷机处在最佳工作状态，包括标准车间温温度、适当的印刷压力、最佳性能的橡皮布、稳定的水墨平衡等。

• 材料标准。一是规范同一品牌、同一系列的油墨，不要相互掺和使用。若四色油墨随便杂配，从而最终生成的印刷机 ICC 特征文件将不能正确反映印刷机的颜色表现范围。二是规范纸类，原则上应规范打样与印刷用同一种纸类，如果印刷只用一种油墨而用铜版纸、亚粉纸、书版纸 3 种纸类，则要建立三种不同纸类的印刷机 ICC 特征文件。

• 质量标准。一是规范四色油墨实地密度值，这是整个印前作业色彩管理的核心，因为实地密度值大小的变化，对整个样张色调的影响极大。二是规范相对反差值（K 值），这是衡量打样（印刷）实地密度是否足够，网点增大是否符合标准范围的一项重要指标，一般印刷 K 值在 0.35 ~0.45 之间为优。

②建立印刷机的 ICC 特性文件。建立反映印刷适性的印刷机 ICC Profile 文件就是建立标准印刷的颜色数据库。其一般步骤为：正常制作一套标准色标 IT8 图像印版；选择几种常用的印刷纸张，在标准印刷状态下分别印刷色标图像 IT8；利用分光光度计分别测量出所印刷的标准色标图像上各个色块的颜色数据（$L^*a^*b^*$ 值）；在建立 Profile 文件的软件（如 Profile Maker）中输入测得的各个色块的颜色数据；建立和保存反映所用印刷纸张及印刷条件的 ICC Profile 文件。

3. 数码打样质量控制

在探讨数码打样的质量控制前，我们需要解决人们这样一种认识误区，即数码打样的结果需要和传统打样的结果划等号（包括色相和网点结构），同样，对数码打样的质量控制，也需要从阶调范围、灰平衡、层次再现、清晰度和色彩这五个方面出发。事实上，反映阶调范围的网点传递及再现并不是数码打样所要反映的主要问题，对印刷色彩的模拟才是数码打样的主要目的，因此，数码打样质量好坏的主要标准是对印刷色彩模拟的准确程度。

（1）打样前的色彩控制及标准化

①颜色环境的标准化。颜色环境的标准化包括观察环境的标准化和环境光源的标准化两个方面，这是实施打样色彩控制的首要条件。

对于观察环境的标准化，要求观察者周围的颜色（即环境色）和观察印刷品背景的颜色（即背景色）为中性灰色，即孟塞尔明度值的中性灰色。否则，环境色或背景色颜色杂乱，影响观察者对颜色的判断。

对于环境光源的标准化，要求标准光源具有较高的色温和较高的显色指数。目前全球公认的观察反射样品的光源是D_{50}或D_{65}，它们在可见光谱范围内（360～750nm）具有与红、绿、蓝能量相等的特性，此外它们的显色指数均都在90以上。

②色彩管理规范化。在对数码打样机进行色彩管理时，我们需要注意以下几点。

a. 数码打样前，必须要对数码打样机进行线性化调试。这样，才能使它始终处于最佳工作状态。

b. 对于彩色喷墨打样机来说，一定要用原装墨水，否则会影响数码打样的再现色域。这是由于不同打印墨水的呈色特性不同。

c. 色域除了与墨水有关之外，还与所选用的打印纸张有关。因此，除了根据需要选择高光纸或半高光纸和亚光纸外，最重要的一点是，所使用的纸张经彩色打印机打印出的色域比印刷机使用CMYK四色油墨再现的色域大，这就使数码打样模拟传统打样成为可能，这是数码打样的基础。

（2）数码打样色彩再现性的控制

对数码打样色彩再现性的控制，主要是通过分光光度计对匹配印刷色标后的数码打样样张与印刷样张的色度测量值进行比较，比较两者之间的色差，并将允许色差的色彩数量控制在规定的范围内。

其具体方法是：使用分光光度计，对样张表面色进行测量，得到CIEXYZ表色系统中的三刺激值X、Y、Z值，或CIE$L^*a^*b^*$表色系统中的色度坐标a^*、b^*和明度值L^*。再现色与标准稿的色差采用CIE1976 $L^*a^*b^*$色差计算公式：

$$\Delta E = [(\Delta L)^2 + (\Delta a)^2 + (\Delta b)^2]^{1/2}$$

色差与视觉感受的关系是：

当$\Delta E \leqslant 1$时，几乎感觉不到色差。

当$1 < \Delta E \leqslant 2$时，对色差感觉很小。

当$2 < \Delta E \leqslant 3.5$时，对色差的感觉中等。

当$3.5 < \Delta E \leqslant 6$时，对色差的感觉明显。

当$\Delta E > 6$时，对色差的感觉强烈。

根据以上关系，数码打样样张与印刷样张的色差值$\Delta E \leqslant 3$时，对色差的感觉很小。为了达到要求，有时仅仅做一次色空间的转换是达不到色彩的准确转换的，仍需用专业的色彩管理软件和工具对ICC文件做进一步的修正，使其色彩达到指标，即通过多次匹配来使色差ΔE最小。

基于以上色度值的控制方法，我们可以建立一个色彩复制再现的绝对比较标准，以绝对数值来衡量两者色彩的差别程度，可给综合控制印刷色彩再现提供参考依据。这种方法能对数码打样的色彩再现性进行较好的控制，以满足打样与印刷之间的色彩匹配。

复习思考题三

1. 印前扫描输入中参数设置包括哪些内容?
2. 怎样利用直方图在印前中调整图像?
3. 什么是灰平衡? 灰平衡在颜色校正中的作用有哪些?
4. 校正偏色主要包括哪些类型?
5. 印前图像处理质量控制中分色设置包括哪些内容?
6. 印前输出分色片前对文件的检查包括哪些内容?
7. 激光照排输出中为什么要做线性化?
8. 对输出的分色片怎样进行质量检查?
9. 晒版中对于版材的质量检查包括哪些内容?
10. 简述 PS 版晒版质量控制。
11. 对打样样张进行质量检查包括哪些内容?
12. 简述数码打样过程及质量控制。

第四章　印刷工艺质量控制

【内容提要】 本章主要介绍印刷工序中质量控制的步骤、方法，影响印刷质量的主要参数及测试方法，印刷质量测控条的原理及使用、印刷测试版的原理与使用，印刷中常见的印刷质量故障的分析及解决方案。

【基本要求】 通过本章的学习，使学生掌握在印刷工序中进行质量控制的步骤、方法以及控制的主要元素，包括网点增大、实地密度、印刷相对反差、印刷色序、叠印率。掌握印刷质量测控条的基本原理及使用方法。了解各种不同印刷方式的质量控制特点。

印刷阶段是完成印刷品色彩阶调等再现的直接实现过程，印刷车间的印刷人员的主要任务就是利用印刷车间的条件完成油墨向承印物的转移，获得良好的印刷品。一方面，客户对印刷品的质量提出比较高的要求与期望，另一方面，印刷人员要在很短的时间内生产出满足客户要求的印刷品。而在印刷过程中，参与印刷品实现的因素有很多，包括印刷材料（承印物、油墨）、印刷设备、印刷环境、印刷工艺以及印刷人员的技术等方方面面，这些都是影响印刷品质量的直接因素。印刷人员需要对这些因素综合表现出来的各种各样的现象，例如网点增大、水墨平衡、套印不准、偏色等进行准确的观察与判断，做出合理的工艺调节，例如水量、墨量、压力、速度变化等，最终才能达到满意的结果。因此，必须找出影响印刷品质量的重要特性参数，得到印刷的特性描述文件（Profile），使用合适的工具和方法快速准确地检测印刷品质量，完成印刷操作的调节。

第一节　印刷作业的规范

对于印刷客户来讲，保证稳定的印刷品质量以及准时交货是非常重要的事情。而能够在合理的时间内以最低的废品率尽快地完成印刷则是印刷人员的追求目标。因此，印刷人员就必须考虑对印刷作业的优化，最大限度地降低生产的可变性，生产出质量稳定的印刷品，获得满足客户要求的印刷品。

要使印刷品保持稳定的印刷质量，必须做好三方面的工作，即印刷前的检测和准备工作、印刷过程中的检测和印刷品的检测与统计工作，这三个方面的工作缺一不可。

图 4－1 所示为印刷质量变量树图。

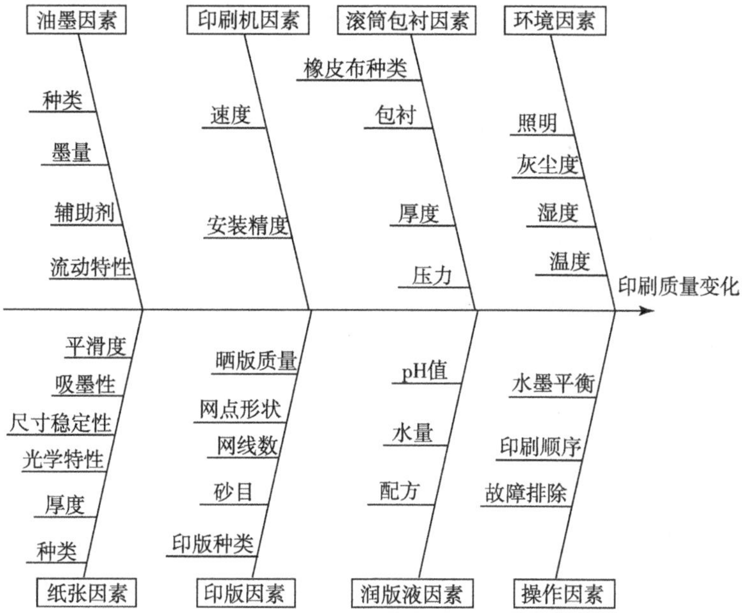

图 4－1　印刷质量变量树图

一、印刷前的检测和工艺安排

印刷前的准备工作做得是否充分，是产品质量稳定的重要前提与条件。从某种意义上说，它比印刷后对产品质量的检测更为重要。因为这不仅能使产品质量稳定，而且能节约大量的人力和物力，提高经济效益。这种对产品质量的事前控制，是质量控制方法中最为提倡的。其主要内容包括以下几点。

1. 印刷前，必须对所用印版进行仔细的检查。不符合标准的印版必须重新制作。

2. 对所用承印物（纸张）和油墨的检测，起码是严格的检查。特别是纸张的含水量、纸张的表面强度等性质要符合印刷作业的要求，纸张的白度、平滑度和光泽度要符合复制质量的要求。油墨的流变特性要符合作业的要求，油墨的颜色特性要符合复制质量的要求。

3. 对其他使用耗材的检测。例如，对胶印中使用的润版液的性能要心中有数，并根据印刷的各种条件确定润版液的浓度、pH 值、电导率以及水的硬度。

4. 合理地调整滚筒包衬，并根据印刷条件确定压力，使印刷机处于最佳的印刷状态。

5. 根据印刷的各种条件，确定合理的印刷色序。

6. 对印刷机主要部件进行检查，特别是输纸器、定位部件、咬纸牙、收纸部件等。根据印版和包衬厚度的变化调整墨辊与水辊的压力，使印刷机调整到最佳的印刷状态。

7. 做好印刷前的一切准备工作，例如清洗剂、各种辅助剂等，并对印刷机的油眼进行加油。

8. 根据印刷条件，在质量控制台上进行墨量和水量的预先调节。

二、印刷过程中的检测和调节

在印刷的过程中，通过对印刷品的检测，调节印刷中实际需要墨量以及套准精度等，从而保证印刷品的质量。印刷过程中的检测包含两个方面的内容：一是对印刷品表观质量的检测；二是对印刷品复制质量的检测。

1. 表观质量的检测内容

（1）套印是否准确。

（2）图像是否完整。

（3）印刷品表面是否有脏污。

（4）印刷实地是否均匀、有无掉粉、掉毛现象。

（5）印刷品表面是否有重影、条杠。

（6）印张是否有背面蹭脏或透印等现象。

上述这些质量指标，是印刷品起码的质量要求，一般是通过观察进行检查的。

2. 复制质量的检测内容

（1）网点是否完整。

（2）颜色的鲜艳程度。

（3）是否有偏色。

（4）图像的层次和质感。

（5）画面的反差。

（6）画面的清晰度等。

上述这些质量内容一般是通过使用测试工具进行定量的检测和控制。

对于一个真正的客观评价来说，客观测量的变量和恰当的测量方法是绝对必要的。印刷图像质量受诸多工艺参数的影响，这许多工艺参数往往不是独立变量而是相互影响的。例如，当增加墨层厚度的时候，网点的调值总要跟着增大，套色百分比也要受到影响。这种情况决定了印刷质量控制的复杂性。而目前的印刷主要是以网点的传递而成像，因此，从图 4-2 所示的网点传递功能图中，可以概略地分析出数据化管理的要旨。

图 4-2 中包含了数据管理的基本因素，概括了主要内容和要求，完全适用于印刷和打样工序的定量控制。图中对于色彩与阶调的正确再现来说，有以下几个最基本的数据：

反射密度值（包括实地密度和各色版网点密度）、网点增大值、印刷相对反差（K 值）、印刷叠印率、灰平衡。

尽管这些属性是被单独列出，但是它们并非完全独立的，而是相互影响的。这几个基本数据的核心成分是印刷的灰平衡。而控制好制版和印刷过程中的灰平衡，则是复制工艺的关键。

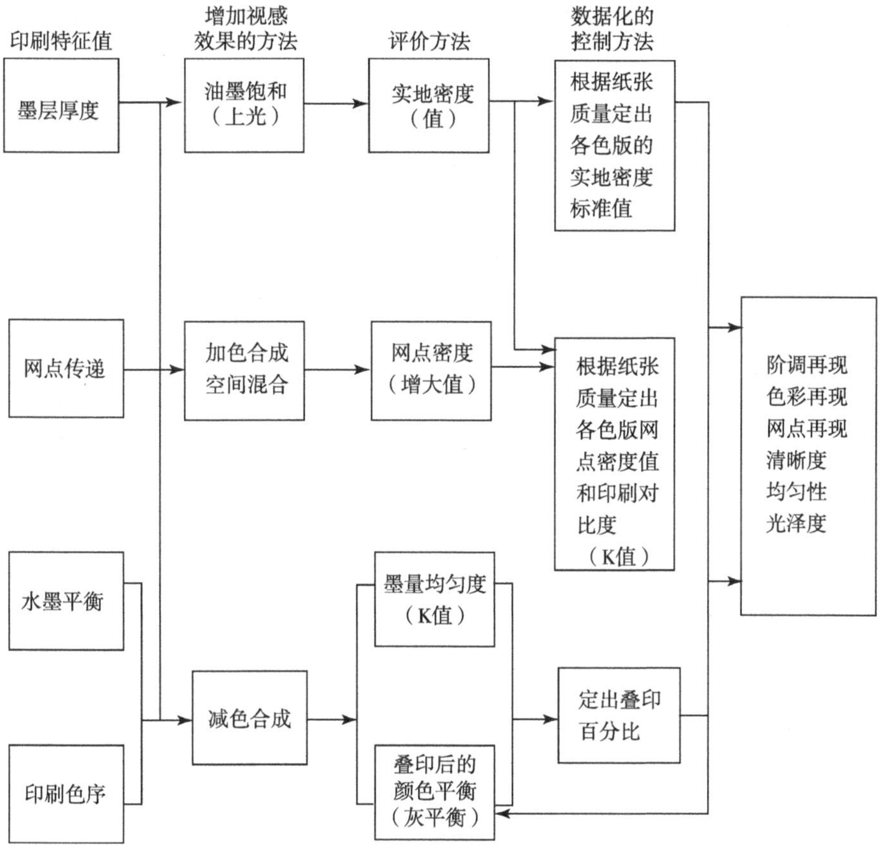

图 4－2　网点传递印刷功能图

在印刷准备阶段，领机应该对整个印张进行检测，测量得到上述数据，以保证整个印刷质量的稳定。

第二节　印刷色序与叠印率

一、印刷色序

1. 印刷色序的定义

印刷品的色彩是由具有不同色相的油墨叠印而成的，叠印油墨的次序称为印刷色序。印刷色序的排列有很多种，四色印刷就有 4×6＝24 种，因此印刷中选择合适的印刷色序对印刷质量来说非常重要。

2. 印刷中色序的确定原则

印刷品上的色彩主要是油墨印刷在承印物，例如纸张上，由于光的反射与吸收而呈现的，因此在安排色序时要全面考虑油墨、纸张等承印物的特性，同时由于印刷原稿、印刷内容的不同也会有不同的印刷色序，这些也要考虑进去。下面简单概括一下在四色印刷中常见的确定色序的基本原则。

（1）从墨层厚度方面，安排墨层厚度厚的油墨后印，墨层厚度薄的先印。

印刷中各色油墨达到最大密度时对应的墨层厚度是不同的，黄墨最大，品红墨第二，青墨次之，黑墨最薄。按墨层厚度从薄到厚的顺序进行印刷，可以使油墨实现相对大的转移量。而且如果后色墨层厚度小于前色的话，在油墨转移过程中，分裂的地方会更接近前色，甚至在前色墨膜之间。

（2）从油墨黏着性方面，要求黏着性小的油墨后印。

如果后色的黏着性大于前色的话，这样会大大降低油墨的转移量，而且会造成油墨的逆印，即前色的油墨被后色黏走。一般四色油墨的黏着性关系是：黑 > 青 = 品红 > 黄。

通过前面的分析可以发现，不论是从油墨的墨层厚度还是从油墨黏着性方面考虑，采用黑→青→品红→黄印刷色序是比较合理的。但由于品红和青墨的性质很接近，所以印刷中这二者的顺序要根据原稿情况来调整。

（3）根据原稿内容和特点安排色序。

印刷品在确定图文版式的时候，一般都确定好了版面色彩的基调，即主色调，这就也决定了印刷时支配性的主要颜色。印刷中的色调从大体上分暖色调和冷色调两种，以红、橙、黄为主色调的称为暖色调，以青、绿、蓝为主色调的称为冷色调。例如人物稿，人的肤色都带有粉红色，这样在印刷中就需把品红色安排在青色后面印；而以风景为主的画面，蓝天、草地、绿树等一般都是以冷色调为主，所以应先印品红，后印青色。总的原则是强调哪种颜色就把它放在后面印刷。

（4）根据印刷色是实地还是网点部位来安排色序。对于大块的实地要后印，这样可以避免纸张交接过程中产生蹭脏等故障。另外，保证实地平整，墨色鲜艳厚实。

（5）根据油墨的明度，明度高的油墨后印。因为明度高的油墨色彩鲜艳，后印的话能提高整个画面的明亮程度，而明度低的油墨主要用于画面的轮廓强调，所以应先印。四色油墨的明度大小关系是：黄 > 青 > 品红 > 黑。

（6）以文字和黑实地为主的印刷品，一般采用青→品红→黄→黑的印刷色序，这样可以突出黑色，但需要注意的是不能在黄色实地上印刷黑实地及图案，这样会导致逆印，因为黄墨比黑墨黏着性小许多。

二、叠印率

1. 叠印率定义

印刷中的色彩主要是通过油墨的叠印得到的，尤其在暗调和实地部位。在彩色印刷工艺中，后一色油墨附着在前一色油墨膜层上，称为油墨的叠印，也可称为油墨的承载转移。彩色印刷品一般是通过面积大小不同的黄、品红、青、黑油墨印刷的网点重叠或并列而呈现颜色的。因此，印刷品色彩再现效果与油墨印刷色序及叠印墨量有密切的关系。

叠印率作为度量油墨叠印程度的物理量，用来表示后色油墨黏附到前一个印刷表面的能力，其数值越高叠印效果越好。

目前，常用的印刷质量测控条及密度计，几乎全都安排有叠印率的检测项目，印刷人员也常以叠印率来评价印刷质量，以及安排油墨印刷色序。

2. 叠印率的测定

关于油墨叠印率的检测，目前常用的主要有两种方法，即重量法和密度法。其中，最为常用的是密度法。

（1）重量法

重量法是在一定的印刷条件下，通过检测单位面积上第二色油墨自身重量和与之叠印在第一色油墨上以后的重量之比计算叠印率的，可用下式表达：

$$f_{b(2/1)} = (y_{2,1}/y_2) \times 100\% \tag{4.1}$$

式中　$f_{b(2/1)}$——重量法检测的第二色油墨在第一色墨层上的叠印率；

$y_{2,1}$——第二色油墨在单位面积的第一色墨层上的重量；

y_2——第二色油墨印刷在单位面积的纸张上的重量。

对于上述式 4.1 中的 $y_{2,1}$、y_2，有两种检测方式：一种是直接称量印刷前后印版的重量而得到，比较精确，但是对于幅面和重量都比较大的印版检测起来有困难；另一种是以印刷适性仪模拟实际条件进行印刷，用精密天平称量印刷前后印刷盘的重量得到，较为精确。但往往受到环境因素的影响，有时，由于第一色墨层的吸墨性比纸张的吸墨性强，使计算出的叠印率往往接近 100%。这种测墨量的方法只能在印刷实验室的试验仪器上测定，要求称出所转移的油墨重量，而这需要试验仪器和可剥离的印版。因此这种方法不能被印刷实践接受。

（2）密度法测量

密度法检测油墨叠印率的公式是由 Preucil 在 1958 年第一个提出的，他称此为“表观叠印率”（apparent trapping），并且指明该计算结果并非实际的油墨转移量。用测定彩色密度的方法考察油墨叠印，印刷者只要借助一台密度计便可测量。

通过检测各色油墨的单色密度值和叠印后的密度值来计算油墨叠印率，可用下式表达：

$$f_{D(2/1)} = (D_{2,1}/D_2) \times 100\% \tag{4.2}$$

式中　$f_{D(2/1)}$——密度法检测的第二色油墨在第一色墨层上的叠印率；

D_2——印刷在纸张上的第二色油墨的密度；

$D_{2,1}$——叠印在第一色墨层上的第二色油墨的密度，通过测量两色油墨叠印后的总密度 D_{1+2} 与第一色油墨印刷在纸张上的密度 D_1 之差得到的，即 $D_{2,1} = D_{1+2} - D_1$。

因此，公式4.2可改写为：

$$f_{D(2/1)} = (D_{1+2} - D_1) / D_2 \times 100\% \tag{4.3}$$

以上各密度值均以第二色油墨的补色滤色片测得，且去掉了白纸的密度值。

以在青墨上印刷黄墨为例，将密度计的滤色片选择在蓝色（黄色的补色），然后分别测量叠印色绿色、青墨和黄墨的密度，假设测量值分别为1.63，0.41，1.43，则：

$$叠印率 = (1.63 - 0.32) / 1.41 = 93\%$$

这说明如果黄墨印刷在白纸上是100%的话，那么黄墨印刷在青墨上只印刷了93%。

百分之百的叠印率意味着后印的油墨就像印在纸上一样印在先印的油墨层上。从理论上说，油墨叠印的值可能在0%～100%之间，但实际印刷中不可能实现，叠印率越低说明叠印色色偏越大。

双色叠印时，油墨叠印的密度测定是以与彩色密度保持理想加色状态为基础的，但这只能是近似的。此外，油墨层的光泽也经常有差异，这也会不同程度地影响彩色密度。在彩色密度较低时密度计的读数精度也有一定局限性。

由于种种原因，双色叠印时不能实现彩色密度的加法规则。因此用密度计测定的油墨叠印值不可能是绝对值，以至于不同厂商的油墨产品以及印在不同纸张上的油墨，原则上不可进行比较。只有在同一批印件中，也就是说在给定的油墨—纸张—印刷系统的条件下观察并完善油墨叠印，其密度测定对印刷者才是有益的。

用密度计测定油墨叠印局限于由两个彩色油墨重叠产生的第一级混合色。黑色油墨由于其在全部光谱范围内有较强的光吸收，必须排除在外。与用黑墨进行重叠印刷一样，用第三个彩色油墨重叠印刷形成第二级混合色是无法测定的。

在采取正式印刷所接受的色序时，即黑、青、品红、黄时，可用密度计测定三种油墨叠印值：品红与青（M/C）、黄与青（Y/C）、黄与品红（Y/M）。测定各油墨叠印值需要三个彩色密度，即两个单色密度和一个双色重叠印刷密度。

两个彩色油墨的叠印与着墨和网点调值增大一样，也是一个重要的有光学作用的参数，它共同决定印刷图像质量，特别是色彩还原。不过印刷者必须认识这个事实，密度计测定的油墨叠印与彩色密度本身一样，很少直接反映印刷品的色彩质量。因为色彩或更确切地说颜色是一种视觉感受，它是以物理/生理/心理学的规律为基础的，用纯物理性的测量方法是不足以测定这种规律性的。

由于这些事实的存在，印刷者必须先得到一张经目视鉴定的参照印张，以后借此用比较法控制正式印刷。该参照样张上用来控制着墨、网点调值增大和油墨叠印的控制条提供相应的额定值，以后用密度计按约定的公差范围进行测定。只有在这些前提下用密度测量控制印刷质量，作为对视觉控制的补充，才是有意义的。

3. 影响叠印率的因素

使用Preucil公式计算出的叠印率，并非是附着在第一色墨层上第二色油墨的绝对墨量值。同时，该叠印率还取决于色序。尽管叠印时转移的墨量可能一样，但由于各色油墨的透明度存在差异，更由于选择的颜色通道不同，计算出的叠印率也会是不同的。从密度检测的特点来看，印刷用油墨的透明度、油墨干燥后的光泽度、油墨的流变特性（主要是黏性、黏度及温度变化）、印刷过程中的水墨平衡等问题，都将影响公式（4.3）中参数的检测精度。

印刷中影响叠印率的因素主要有油墨特性、纸张特性以及叠印时间间隔等，分析好这些影响因素对于印刷中叠印率的控制起重要作用。

（1）油墨的黏度

在印刷中如果第二色油墨的黏度高于第一色，那么在叠印过程中就易发生逆印现象，叠印效果及差；如果两色油墨的黏度相差很小，也会使叠印率下降。所以只有保证后印油墨的黏度低于前色油墨，才能使油墨有很好的转移量，获得较佳的套色叠印效果。

（2）油墨的干燥性

为了保证良好的叠印效果，最好将油墨的干燥时间控制在油墨刚刚固着的时间内，保证恰当的叠印油墨干燥时间过快或过慢，都会使叠印率降低，例如油墨中加入过多的干燥剂，使墨层表面迅速干燥，形成光滑的膜层，使吸附性下降，自然也会导致油墨叠印率降低。

（3）纸张的吸收性

如果纸张的吸收性过大，当油墨印刷在纸张上时，墨层中的连结料很快地被纸张吸收，使墨层中颜料浓度增大。当叠印第二色后，靠近底层油墨处的颜料浓度也增大，这样使墨层就容易在此处分裂，使得叠印效果降低。

（4）纸张的酸碱性

纸张的酸碱性影响着印刷中油墨的固着和干燥。纸张酸性越强，越会抑制油墨的干燥；反之，纸张的碱性强则有利于油墨的固着与干燥。这样纸张的酸碱性对叠印效果具有间接的影响作用。有关实践表明，在湿压湿的叠印中，纸张碱性越强的纸张，其叠印效果越好；在湿压干的叠印中，影响不是很明显。

（5）叠印时间间隔

随着叠印时间间隔的增加，叠印率提高，但如果时间过长的话，则又有下降的趋势。因为在印刷叠印过程中，后印油墨转移到先印墨膜上时，先互相粘连，接着墨层分裂转移，其分裂的位置决定了油墨的叠印率。当叠印时间短时，先印油墨尚未干燥，这时进行套印，后印油墨往往靠近前印油墨处分裂，导致叠印率很低。而当先印油墨干燥后再进行叠印，使后印油墨在靠近墨膜中心的位置分裂，使叠印率增大。但叠印时间间隔也不能过大，叠印时间间隔最好应选择在先印油墨刚刚固着干燥的时间内进行。

第三节　网点增大

一、网点的测量与传递特性

1. 网点的计算

在印刷中，通过电子加网的手段将连续调原稿图像信息转换成网点图像信息，即网目调图像，印刷过程中，多色印版套印后，以大小不同的网点表现出画面的浓淡色调。

当加网线数确定之后，一个100%的网点大小就固定了。例如印刷加网线数为60L/cm，则在$1cm^2$内，就会有60×60个网点，因此60L/cm的100%的网点，其面积为$1/(60\times60)\times100\% = 0.028\ mm^2$，则其边长$L = 0.028^{1/2}\ mm = 0.167mm$。

据此，可以推算出其他百分比网点的面积和边长。表4-1所示为60L/cm印刷条件下，不同网点百分比的方网点以及圆网点的面积。

表4-1　网点的计算

网点值＼百分比	10%	20%	30%	40%	50%	60%	70%	80%	90%	100%
网点面积	0.0028	0.0056	0.0083	0.0111	0.0139	0.0167	0.0194	0.0222	0.0250	0.0278
方点边长	0.0527	0.0745	0.0713	0.1054	0.1179	0.1291	0.1394	0.1491	0.1581	0.1667
圆点直径	0.0597	0.0844	0.1028	0.1189	0.1330	0.1458	0.1572	0.1681	0.1784	0.1881

注：表中网线数为60L/cm，计算单位为mm。

网点面积通常使用密度计进行测量，最为精密的是网点测试仪。

2. 网点增大的定义

网点是印刷的基本单元。由于网点本身很小，经过制版、印刷直至转移到纸上，网点始终处于传递变化之中。而网点传递变化的主要特征是网点增大。网点增大（也称网点扩大），是制版和印刷过程中产生的一种网点尺寸增加的现象，它使得印刷品实际产生的网点面积比人们所期望的网点面积大。

网点增大值通常用如下公式计算：

$$Z_D = F_D - F_F \tag{4.4}$$

式中，Z_D表示网点增大值；F_D表示印刷品某部位的网点面积；F_F表示原版相应部位的网点面积。F_D可由Murray-Davies公式计算：

$$F_D = (1-10^{-D_t}) / (1-10^{-D_s}) \tag{4.5}$$

式中　D_s——某墨色的实地密度；

D_t——某墨色的网点积分密度值。

网点增大值可以用印刷特性曲线表示，由于印刷本身的特殊性，网点增大的幅度是不同的，为了考察两者网点增大的幅度，而把原版的网点面积和印刷品的网点增大面积的关系做出印刷特性曲线，以评价网点增大的情况。如图 4－3 所示。

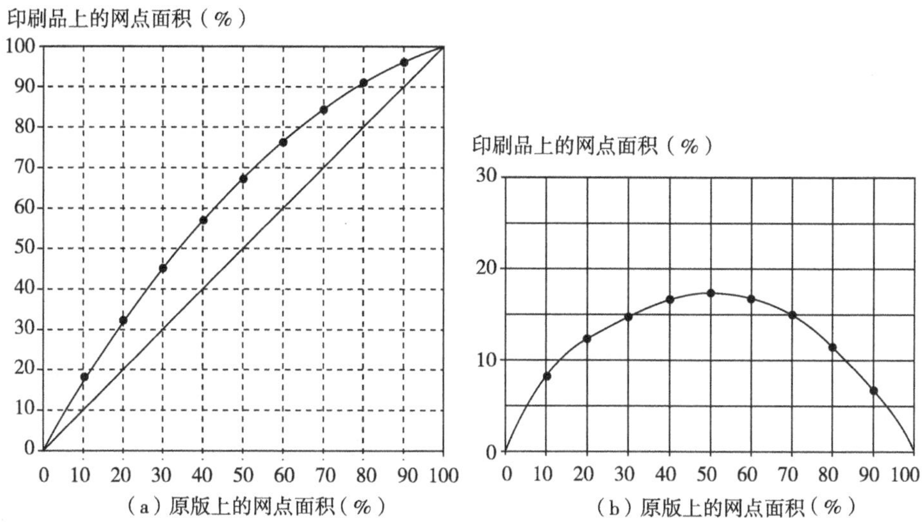

图 4－3 网点增大的印刷曲线

如果印刷品上的网点能够保持原大再现原版的网点，则这条曲线就是图 4－3 中的 45°直线，但是无论打样或印刷工序，都不可避免地存在网点增大的倾向，因此不可能成为直线，而形成图 4－3 中的弧线再现。该弧线的形状由各网点本身的增大量所决定。由几何学可知，两点可以决定一条直线，但不能确定一条固定的曲线，若确定一条固定的曲线，必须借助第三个点。也就是说，若确定一条固定的印刷特性曲线，就要同时控制亮调、中间调和暗调这三个点的网点增大量。这就是为什么在印刷或打样中要进行三点控制的原因。例如，布鲁纳尔测控条是控制 25%、50% 和 75%；海德堡 CPC 测控条是控制 20%、40%、80%；而瑞士 GRATAG 测控条（CCS）是控制 15%、45% 与 73%。

网点增大值也可以用 FOGRA（德国印刷研究所）推荐的方法计算。测定出印刷品上某部位或测控条上的 D_s 和 D_t 值，在图 4－4 所示的标尺上分别找出所测的 D_s 和 D_t 值，两点用直线连接起来，在印刷品网点百分尺上交于一点，此点的数值 F_D 与原版相对应部位的 F_F 的差值，即为网点增大值。图 4－4 中的 F_D 为 52%。

在印刷黑白或彩色网目调图像时，网点增大会改变画面反差并引起图像细节与清晰度的损失。在多色印刷中，网点增大会导致反差丢失、深暗的图像、网点糊死并引起急剧的色彩变化。印刷中发生网点增大对印刷质量会产生一定的影响。首先影响图像阶调的再现。网点增大影响整个画面的层次，特别是暗调部分，网点增大会使网点糊死。其次还影响图像色彩的还原，网点增大对色彩的影响比其他任何变量都大。此外网点增大还会改变画面反差，引起图像清晰度和细节的损失。掌握、控制和补偿网点增大的方法是很重要的。如果处在控制之下，网点增大本身不一定是坏事，因为网点增大是印刷中的固有现象。

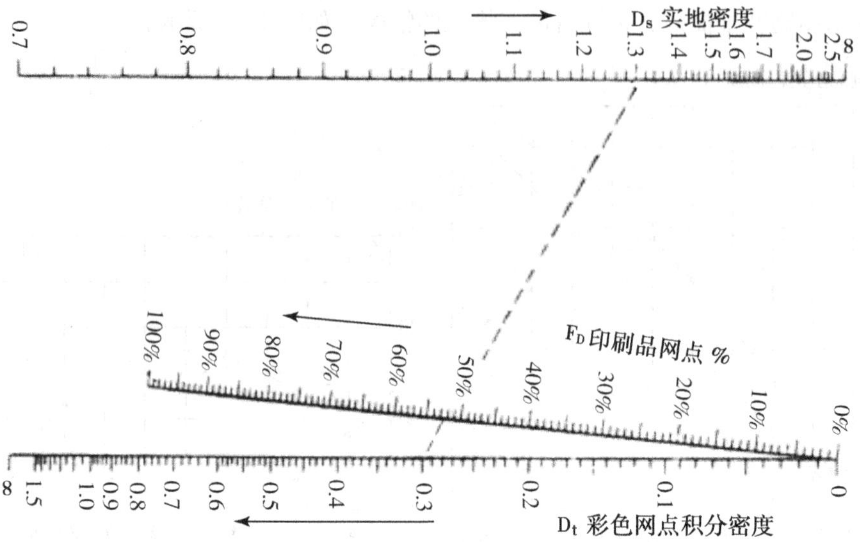

图 4－4　FOGRA 网点增大值计算法

二、网点增大的种类

网点增大分为两种：几何增大和光学增大。几何增大是在力的作用下网点尺寸产生扩张的现象。在制作分色片中、在晒版中都会产生网点增大，在印刷中，如果油墨、纸张的特性及其他印刷条件发生变化也会引起网点增大。在印刷中，几何网点增大在网点的周边上发生。由于印刷故障造成的网点增大也可能是不规则的，如重影和滑版造成的网点增大就是这样。

滑版是油墨在一个方向铺展引起的网点增大，网点可能变成橄榄球状或带尾巴的管星形状。如果只是某一个色发生网点变形，就会引起色彩变化，如果所有的色都发生网点变形，就会引起色彩变暗并显得浑浊。

重影是一种明显的故障。重影发生时，网点表现为互相不完全重合的双像。印刷供墨量太大（约超过 50%）时就会发生重影现象。重影会使某种油墨明显变暗，叠印色彩和图像反差也发生改变。

只要纸上有油墨存在，光学网点增大就会发生，如图 4－5 所示。当入射光进入纸张表面之后，一些光被纸张吸收掉，一些光透过纸张粒子，一些光在网点下面被吸收掉，还有一些光在每个网点的周边区域被吸收掉，网点周边区域存在着复杂的光学现象，如图 4－6 所示。网点周长变化时，网点的光学增大量也发生变化。也就是说，网点覆盖率和网线数目改变时，光学网点增大量也发生变化。

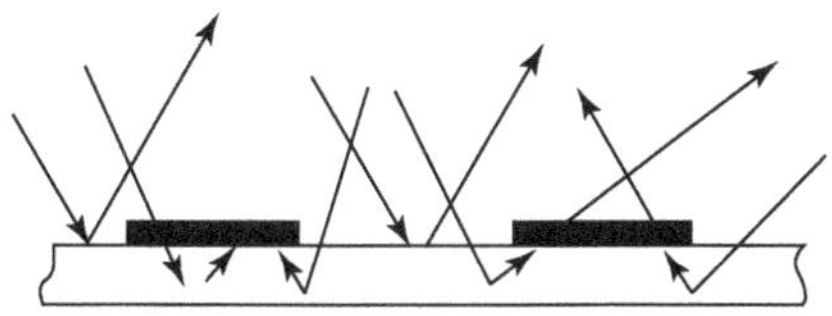

图 4－5　光学网点增大的产生

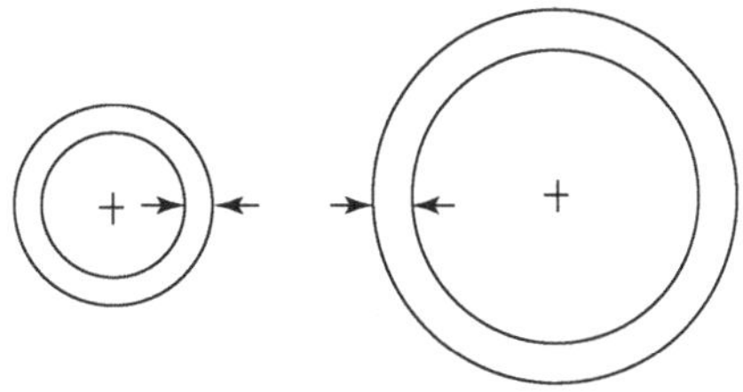

图 4－6　网点周边区域

三、网点增大的影响因素

网点增大是印刷中不可避免的现象，印刷中多方面的因素都将影响着网点增大，例如晒版工艺、印刷压力、墨层厚度、纸张、油墨、加网线数等，只有对这些影响因素进行有效的分析与控制，才能将网点增大控制在有效的范围内，保证印刷质量。以下将分别介绍这些因素对网点增大的影响及对应的解决方法。

1. 制版工艺对网点增大的影响

（1）加网线数对网点增大的影响

在对图像进行加网时，加网线数是表示每厘米或每英寸长的线段上所具有的网线数量。用不同加网线数印刷出来的同一幅图像，相同面积内的网点面积是一定的，只是网点大小不同。但用不同加网线数表现同一幅图像时，会有不同的效果。通常加网线数越高，网点就越小，能够表现的图像层次就越丰富。当然加网线数越高，单位面积内网点数目也越多，网点总周长也越长，那么网点增大也越严重。加网线数对网点增大的影响如图 4－7 所示。

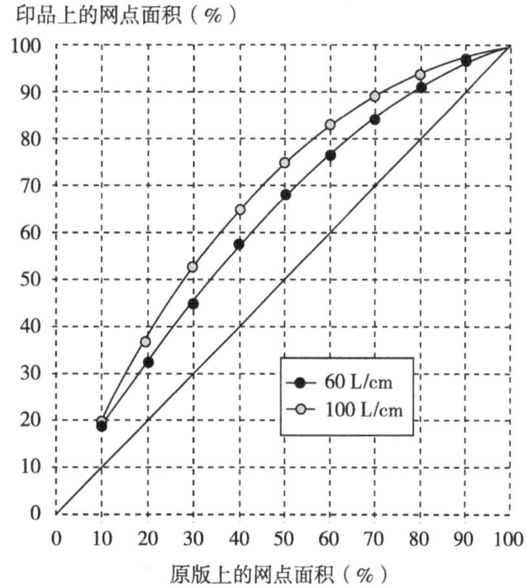

图 4－7　加网线数对网点增大的影响

（2）网点形状对网点增大的影响

网点形状是指单个网点的几何形状，有正方形、圆形、方圆形、菱形、椭圆形等，不同的网点形状除了具有各自的表现特征外，在图像复制过程中还有不同的变化规律，会产生不同的复制效果，并影响复制结果，当然网点增大情况也不一样。在高光部分，圆形网点可以较好地保持网点形状；在暗部，正方形网点可较好地保持层次；在中间调，菱形、椭圆形网点可以避免因网点搭接而产生的阶调跳跃现象。网点形状对网点增大的影响如图 4－8 所示。

当选用正方形网点复制图像时，只有在网点百分比为 50% 时才能真正显示出它的形状，当超过 50% 或小于 50% 时，由于网点形成过程中受到光学的和化学的影响，在其角点

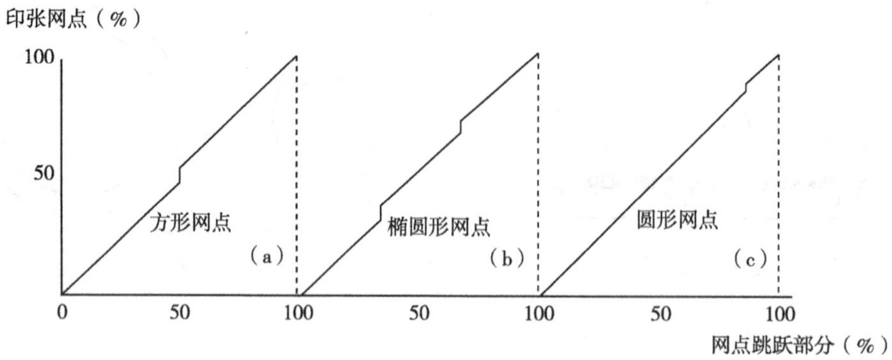

图 4－8　网点形状对网点增大的影响

处会发生一定变形，结果是方中带圆甚至成为圆形，当然用计算机直接制版会好些。在印刷过程中，由于油墨受到压力的作用和油墨黏度等因素的影响会引起网点面积增大。正方形网点的面积百分比达到50%后，网点与网点的四角相连，印刷时连角部分容易引起油墨的堵塞和粘连，从而导致在此处网点增大最大。

当采用圆形网点时，由于圆形网点的周长是最短的，相对其他形状的网点而言，圆形网点的增大较小。图像中的高光和中间调处网点均互不相连，仅在暗调处网点才互相接触，因此中间调以下的网点增大值很小，可以较好地保留中间调的层次。当圆形网点的面积百分比达到70%时网点与网点开始相连，一旦网点与网点相连后，其增大将会很高，从而导致印刷时因暗调区域网点油墨量过大而容易在周边堆积，最终使图像暗调部分失去应有的层次。

菱形网点又称钻石形网点，通常菱形网点的两根对角线是不相等的。因此，除高光区域的小网点呈独立状态，暗调处菱形的四个角均连接外，图像中大部分中间调层次的网点都是长轴间互相连接，在短轴处不相连。一般当网点面积百分比大约为25%时发生菱形网点长轴的交接，接下来是短轴的交接，它发生在75%网点面积百分比处。由于网点增大是不可避免的，因此菱形网点会在25%和75%两处产生阶调跳跃，由于菱形网点的交接仅在两个顶角发生，这样产生的阶调跳跃要比正方形网点四个角均相连时缓和得多。由此可见，用菱形网点复制图像时印刷阶调曲线较为平缓，在30%～70%的中间调范围内表现得特别好。采用椭圆形网点时，与对角线不等的菱形网点类似，区别是四个角不是尖的，而是圆的，因此不会像菱形网点那样在25%网点面积百分比处交接。此外，在75%网点面积百分比处也没有明显的阶调跳变现象。

（3）晒版过程对网点增大的影响

在晒版过程中，对于网点增大的影响主要在曝光和显影两个步骤中。

①曝光。在PS版曝光过程中，由于光渗等原因会造成印版上的网点实际上比分色片上的网点是呈缩小的趋势，一般这个缩小量应该控制在3%～5%以内。不过这个数字并不是没有变化的，由于晒版设备的真空度，晒版玻璃的透明度，晒版时间的控制，版材本身的质量都有很多不同的情况，所以要经常使用晒版控制条来测试晒版中的网点变化

情况，然后将数据反馈给印前的图像处理单元。

② 显影。有规律的测试显影药的浓度，通过测试的结果来决定显影的时间。如果当显影药疲劳后，仍然采用不变的显影时间，那么会出现网点边缘没有显净，造成网点增大。

在晒版过程中，有规律地定期检测晒版机的工作情况和显影条件是必要的。这个过程采用晒版专用的测试条就可以了，并及时的把得到的结果反馈到印前，以便提前进行反应，保证晒版的标准化管理。

2. 印刷对网点增大的影响

(1) 印刷压力对网点增大的影响

印刷复制过程中离不开印刷压力，但有压力就会有网点增大。印刷网点在转印过程中，在受到压力的作用下向四周铺展，于是导致网点面积的增大。一般情况下，网点增大值会随印刷压力的增大而增大，而网点面积增大过多时，会造成网点并级，图像模糊不清，并且加剧印版的磨损，难以达到印刷效果。而当印刷压力偏小时，各印刷面之间不能充分接触，从印版转印到纸张上的墨量偏少，导致印品的墨色浅淡，细线条、高光部分的小网点丢失等。因此，选择合适的印刷压力是非常重要的。对于表面光滑度高的纸张（如涂料纸），应控制其印刷压力（压缩量）在 0.10 ~ 0.15μm 之间；而对于表面光滑度低的纸张（如胶版纸），应控制在 0.2μm 左右。在实际生产中，要根据机器性能和所用原材料的具体情况，在确保油墨良好转移的前提下，尽量采用最小印刷压力，避免网点面积增大过多。印刷压力与网点增大的关系如图 4 -9 所示。

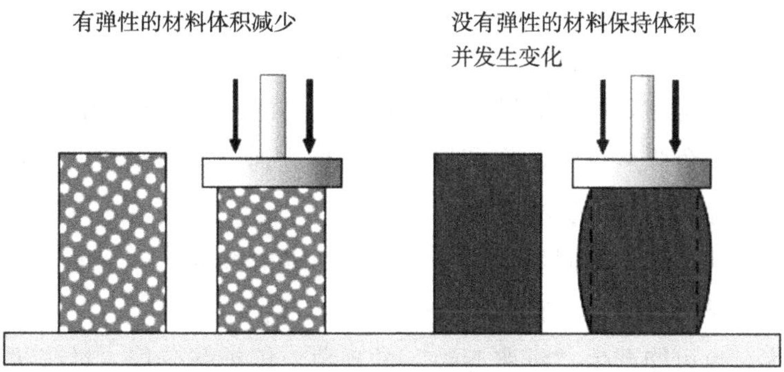

图 4 -9　印刷压力与网点增大的关系

(2) 墨层厚度对网点增大的影响

油墨从印版转移到纸张上会有一定的厚度，即墨层厚度。在印刷压力的作用下，油墨会向网点的四周铺展，网点增大的程度随供墨量的多少而不同。当供墨量少时，转移到纸张上的油墨首先要填充纸张的凹坑和毛细孔，没有多余的油墨向网点四周铺展。但随着供墨量的增加，多余的油墨就会向网点四周铺展，网点增大明显。若供墨量过大，就会造成糊版，所以印刷中要控制好供墨量。

由于印刷中对于墨层厚度的测量不是很方便，所以选用实地密度来间接控制墨层厚度。实地密度随墨层厚度的增加而增大，但当墨层厚度增加到一定值时，密度达到最大值，如果这时还增加墨量，密度值将不变，但网点增大值却明显增加。因此，可通过控制实地密度值，来控制墨层厚度和网点增大值，从而控制图像的阶调和色彩。

（3）纸张的印刷适性对网点增大的影响

纸张的印刷适性对网点增大有着很大的影响，主要有纸张的吸收性、平滑度、强度等。

①纸张吸收性越强，网点增大百分比越高。纸张的吸收性在一定程度上决定了油墨渗入纸张内部的速度及渗入量的大小。当油墨在具有吸收性的纸张表面固着时，就会发生渗透和扩散现象。因此，纸张的吸墨速度对印刷中的网点增大起着很重要的作用。

②纸张的平滑度与网点增大的关系是：纸平整度越高，网点增大越小；平整度越低，网点增大就越严重。相同的墨量印刷在高平滑度的纸张上会产生最佳的实地密度，当纸张质量下降时，实地密度会下降，同时会产生一定的网点增大。

通常使用的涂料纸和非涂料纸中，由于涂料纸的吸收性比非涂料纸小，涂料纸的平滑度也比非涂料纸高，所以用涂料纸印刷时网点增大要小些。

③纸张的强度也是影响网点增大的一个重要因素。在印刷完成后，纸张从橡皮滚筒表面剥离下时受到很大的剥离张力，这样，纸张在这一过程中会产生一定的变形，导致纸张表面所印的网点也会产生变形。因此，强度大的纸张在印刷过程中抗变形的能力会大些，网点增大较小。

（4）油墨对网点增大的影响

油墨中的许多因素，如颜料、黏性、油墨的流动性等都可对网点增大产生影响。

①油墨的强度，也即着色力对网点增大起着重要的作用。油墨的色强度部分取决于油墨中的颜料。当用色强度低的油墨印刷时，要想达到一定的饱和度，需用较厚的墨层来印刷，但墨层越厚越容易发生网点增大。

②油墨的黏性，即油墨的附着性能，在控制网点增大也是一个重要的方面。油墨黏性越高，网点增大越小。然而，在油墨黏性大于纸张表面强度时，油墨高黏性可能导致网点变形比较大，也可能产生“纸张起毛”的现象，即纸张分层、纸张拔毛或纸张表面纤维断裂。

③油墨的黏度、屈服值、触变性及流动度的总和，就是油墨的流动性。印刷时要求油墨具有良好的流动性，使在匀墨、传墨等方面满足各自所用的印刷方法和印刷机械的要求，但是流动性过大的油墨容易导致网点增大。当然，温度和水也会影响油墨的黏度，温度低，油墨的黏度就高，网点增大程度也低；温度高，油墨黏度就低，而网点增大程度就高。大家都知道，在印刷过程中，油墨的黏度会随着温度的变化而变化。另外给水量也可影响油墨的黏性和网点增大。通常，油墨吸收了水分乳化后就会降低其黏度和黏性，网点增大也随之受到影响。乳化程度越大，影响也会越大。所以保持好合适的水墨

平衡对于控制印刷质量来说是至关重要的。

不同油墨在铜版纸上印刷正常实地密度时的网点增大情况如图 4－10 所示。

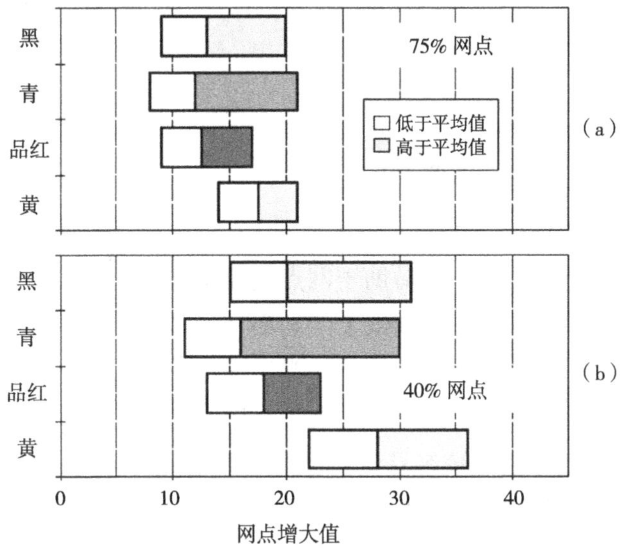

图 4－10　不同油墨在铜版纸上印刷正常实地密度时的网点增大

(5) 其他影响因素

印刷中由于橡皮布具有弹性变形，这使得印版和橡皮布之间、橡皮布和承印物之间会发生相对滑移，也会导致网点增大。因此，在调整印刷压力和滚筒中心距时，应尽量保证滚筒的表面线速度基本一致，以避免发生相对滑移。同时，由于橡皮布的绷紧度不够或可压缩性不好也会产生网点增大，新橡皮布第一次上机印刷五六千张后，应再绷紧橡皮布一次，印刷一两万张后，还要再绷紧橡皮布一次，以减小网点增大。图 4－11 所示为不同橡皮布对网点增大的影响。

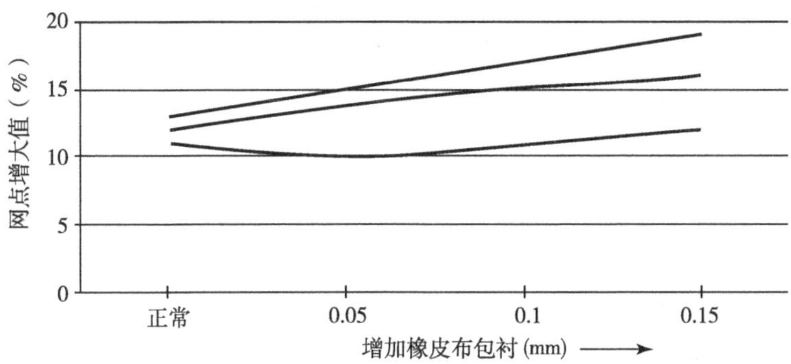

图 4－11　不同橡皮布对网点增大的影响

第四节　油墨量的控制

一、根据实地密度控制油墨量

1. 实地密度与油墨量的关系

网点印刷图像的色调再现，是借助于网点覆盖率的变化体现出来的，但就印刷工艺变量而言，印刷压力的变化和转移到纸上的油墨量是诸多变量中影响网点密度和网点覆盖率变化的首要因素。印刷压力和供墨量（墨层厚度）都影响网点增大和网点变形，但对图像外观影响的表现形式不同。一般情况下，印刷压力的微小变化在整个印刷图像上都会产生明显反应，视觉上比较容易觉察，而油墨量的变化主要影响暗调反差的变化，中调次之，对高光部位的影响不明显，视觉上不易觉察。所以在印刷过程中，必须对供墨量（墨层厚度）加以控制，这已成为印刷机调整和自动控制的主要传统项目。

油墨量一般通过测量印刷后的实地密度进行控制。均匀且无空白地印刷出来的表面颜色密度称为实地密度。墨层厚度和实地密度之间存在着密切的关系。墨层的吸收特性取决于色相、墨层厚度、油墨中颜料的特性和浓度。因为印刷所用的三原色油墨的色相是标准化的，颜料的浓度已由它的结构特性所确定，所以只有墨层的厚度是受操作者影响的变量。图 4－12 所示墨层厚度和实地密度的关系，基本上可以归纳为：

低油墨量→薄的墨层厚度→颜色淡→吸收光量少→反射率高→低密度值

高油墨量→厚的墨层厚度→颜色深→吸收光量多→反射率低→高密度值。

但从某一个墨层厚度开始，即使继续增加墨层厚度，油墨密度也不再提高，而总是反射一定量的光，因此，一个无穷大的密度值是不存在的。

图 4－12 所示为胶印中四色油墨的墨层厚度和对应的实地密度的关系。图中两根垂直虚线之间的墨层厚度，即 0.7 ~ 1.1μm 是胶印常用的墨层厚度。该图还表明密度曲线不是直线，当墨层厚度很高时，密度开始变平，但对胶印来说不再是适宜的。

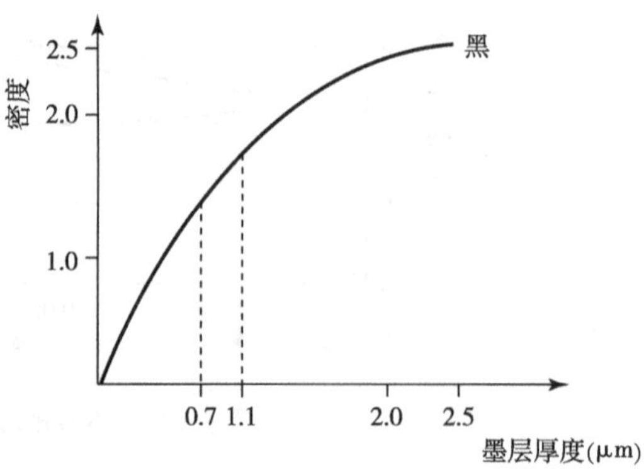

图 4－12　墨层厚度与实地密度的关系

利用实地密度控制墨量时，常用在纸张的叼口或拖梢部位印刷实地色块作为测标，每隔 10cm 左右循环一次。实地密度的标准数据因所用的纸张、油墨及有关印刷条件不同而不同，一般参数数据是：黄墨 0.90 ~ 1.10、品红墨 1.30 ~ 1.60、青墨 1.50 ~ 2.00。

公差范围也因质量要求不同而不同，通常取 ±0.05。打样的实地密度值一般比印刷稍高一些，这是由于打样的网点增大程度比印刷要小。

2. 油墨的干退密度

当用测定印刷密度的方法管理油墨量时，需要注意这个标准数据所适用的条件、测量所用的密度计的类型及测量时的墨层状况。例如用相同的油墨量印刷胶版纸和铜版纸，由于纸张的表面特性不同，在铜版纸上测得的密度值较高。即使是同一张纸，刚印刷出来的样张密度较高，而经过数小时后的样张，随着油墨的干燥平滑度降低，密度值就会下降。这种在墨层干燥后测得的低密度通常称为“干退密度”，由于墨层干燥前后密度值不同，印刷图像呈现的色调值也不同。生产中应当注意这种现象，如作为印刷时的标准样张（打样样张），其上的油墨层已经干燥，反射密度已经降低。如果按照干燥样张的墨色调节印刷样张的墨色，待印张干燥后，就很难与标准样的色调一样。故一般都使印刷样张的墨色稍比标准样张深，但究竟深多少没有定量标准，这就是印刷样与标准样在色调上产生差异的原因之一。解决的办法是采用数据化控制，在打样时，测定刚印下来的各色密度值，在印刷时，参照这些密度值来印刷，就能使两者的墨色接近一致。表 4－2 列出了不同纸张上的黑墨干退密度数据。

表 4－2　干退密度（黑墨）

间隔时间 纸张种类	刚印刷完	三小时后	三天后
铜版纸	1.90	1.60	1.55
胶版纸	1.35	1.21	1.16

二、印刷相对反差

在对印刷图像质量及质量测控技术的研究中，德国印刷研究协会（FOGRA）提出用相对反差（K 值）作为控制实地密度和网点增大的技术参数。印刷相对反差用如下公式描述：

$$K = (D_s - D_t) / D_s = 1 - D_t/D_s \tag{4.6}$$

这个公式反映了印刷实地密度与网点增大之间的内在联系。

在印刷中总希望印刷色彩饱和鲜明，这就必须印足墨量，但是墨量不允许无限制地增加。当油墨量达到 10μm 厚度时，油墨即达到饱和实地密度，再增加墨量，油墨的实地密度增加缓慢或几乎不再增加，而导致网点不断增大。网点的积分密度提高，使图像的视觉反差降低，这样的物理过程可以用上面计算 K 值的公式量化描述。式 4.6 反映了实地密度和网点密度之间在实地密度变化过程中所产生的反差效果。在墨层较薄时，随着实地密度的增加 K 值渐增，图像的相对反差逐渐增大，当实地密度达到某一数值后，K 值就开始从某一峰值向下跌落，图像开始变得浓重、层次减少、反差降低。所以，实地密度的标准应以印刷图像反差良好，网点增大适宜为度。从数据规律看，应以相对反差（K 值）最大时的实地密度值作为最佳实地密度。

K 值通常通过测量控制条上 75% 的网点块和实地块的密度值后，代入公式计算。在有些控制系统中，不用 75% 网点块而用 80% 的网点块进行测量计算。

为了简化计算，胶印中可以采用相对反差计算尺，如图 4－13 所示。首先用密度计在选定的测量部位测定实地的密度值 D_s 和 75% ~80% 的网点密度值 D_t，然后在计算尺的平行刻度和对角斜线刻度上找到实地密度值 D_s 和网点密度值 D_t，将表上可旋转的指针移到这两个密度值的垂直和平行线的切点上，就可以在刻度 K 上读取所求的反差数值。例如：测得实地密度 $D_s=1.5$，网点密度 $D_t=0.9$，两条线相切即得 0.4。

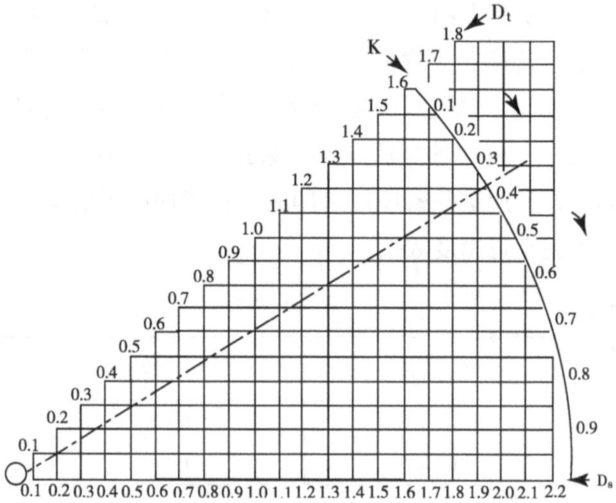

图 4－13　相对反差（K 值）计算尺

相对反差的概念和计算公式都很简单，但在质量检测和数据化管理中却是一个重要的参数，这是因为：

（1）当 K 值最大时，说明此时具有最佳实地密度，阶调转移也处于最佳状态。

在印刷过程中，不同的实地密度就有其对应的 K 值。当墨量过大时，实地密度不适当的增大，网点会增大过量，K 值下降，这时，油墨本身的饱和度较好，但层次和清晰度受到损害。如果墨量过小，实地密度不饱和，K 值同样下降，这时，网点的增大率虽小，清晰度也不错，但油墨墨色欠饱和，整个图像显得没有精神，影响质量。在生产中，应首先测定 K 值，然后制订车间应控制的实地密度值，这才是具体印刷条件下符合数据化生产需要的实地密度值。

图 4－14 是相对反差与油墨厚度的关系曲线。墨层厚度为 δ_0 时，供墨量合适，K 值最大；当墨层厚度 $\delta<\delta_0$ 时，网点虽然不增大，但墨量不足，网点不饱满，实地不够实，K 值小；当墨层厚度 $\delta>\delta_0$ 时，墨量过大，网点增大十分严重，K 值下降。

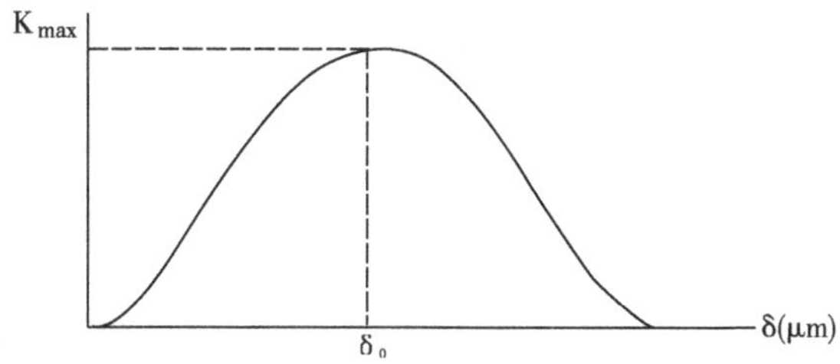

图 4－14　相对反差与油墨墨层厚度的关系曲线

在稳定的印刷压力和良好的印刷作业条件下，K 值最大时，网点增大值最小，此时印张上的墨层厚度达到最佳值。

图 4－15 所示为 K、D、δ 循环图。

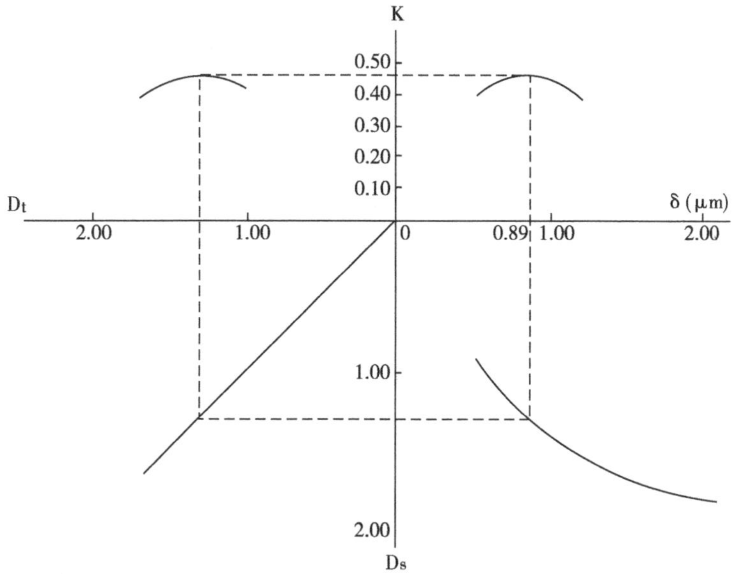

图 4－15　K、D、δ 循环图

（2）最高 K 值时的实地密度值才可以作为分色时建立灰平衡和阶调分配时定标的依据。

印刷时的最高 K 值及有关色偏、带灰和色效率的测定数据反馈给分色工序作为制订中性灰平衡及三原色版网点分配时的信息依据。但最高 K 值时的三原色油墨实地密度值，可能并不是该三原色油墨最高效率（即最佳显色性）时的实地密度，前者是油墨在网点转移下的动态适性，后者是油墨自身的静态色度特性。对于这种矛盾的情况，如果照顾最大的实地色效率而舍弃印刷最高 K 值下的实地密度值，将会造成一些不良后果：其一，印刷的色密度反差和色相纯度的还原范围不够合理；其二，依照该实地密度制订的三原色版的中性项平衡会在印刷网点转移中遭到破坏；其三，由于网点增大率不是处于最合理的状态，因而导致以网点组成的边缘层次清晰度的下降；其四，三原色版网点转移时的 K 值下降会导致暗调层次的损失。因此，在最高 K 值下的实地密度值，不仅反映了网点最合理的增大率和最佳转移，同时亦反映了该油墨在具体印刷转移条件下的最合理的显色效率。

（3）经测定确定的K值和实地密度值是数据化管理和质量控制的主要数据标准。在一定的印刷转移条件下，经测定制订出合理的K值和实地密度数据作为控制印刷图像质量的依据。一旦出现印样达到实地密度而K值降低时，那可能是由于原墨稀释过量、印刷压力过大、印版晒得过深等原因造成的；而如果在打样或印刷时的实地密度和K值正确、色调还原却发生问题，那就可能需要修改原版的分色调节。

三、印刷机墨层厚度的确定

印刷墨量的多少直接影响印刷反差和网点增大，决定正确墨层厚度的重要一步就是在满足彩色饱和度的前提下决定恰当的网点增大量。三原色油墨的墨层厚度影响色彩平衡，决定什么是最佳墨层厚度是一个复杂的过程。

品红油墨通常有相当大的网点增大，正是品红油墨密度决定了全部三个油墨的输墨量。印刷实践中，应先调节品红油墨，使它以大约80%的密度水平印刷（用普通宽带密度计测量时），青墨通常调节到类似品红密度，所有三原色油墨密度都是通过补色滤色片测得的。

在单色印刷机上印刷的情况与四色有所不同，可先印青墨，然后印黄墨，通过调节黄墨得到理想的绿。品红在第三色印刷，用视觉检查色彩平衡并调节品红油墨的实地密度去控制红色和肉色色调，青→黄→品红印刷色序能以最大的概率给出最好的色彩控制。

双色印刷机通常在第一次走纸中印刷黄墨和黑墨，第二次走纸印刷青墨和品红墨，这种色序能够得到最好的控制，可以观察图像的视觉效应并加以调节，就能满足质量要求。

在多色印刷中，品红油墨的墨层厚度对色相的影响比其他两色油墨的影响大，实地油墨对暗调的影响比亮调大得多，这说明分色片上具有正确亮调网点覆盖率的重要性。在印刷机上不能对分色片上不正确的亮调网点覆盖率进行补偿。

实现色彩平衡时的正确墨量，可以通过检查印刷的三色网点的灰平衡块进行鉴别。为了在实地油墨密度平衡时能够得到中性灰，可以按以前所述的方法将一个灰梯尺分色加网，印刷时，用它进行灰平衡控制和判断输墨的稳定性。还可以在这三色构成的灰梯尺旁边印一个黑墨印刷的灰梯尺，在5000K照明下直接用视觉进行比较。但判断灰色时，不能相信眼睛，这是容易出错的。

对于印刷机和每种纸张来说，只要墨层厚度和三色平衡得到优化，就可以把这时的油墨密度作为基准值使用。但为了使印刷与打样匹配或为了对不那么理想的分色片进行补偿，也许得对这些理想的密度值加以调整。

第五节　柔性版印刷质量控制要素

原稿设计、印前处理工艺、感光树脂版质量、印版衬垫和油墨的印刷适性以及柔性版印刷机械等是影响柔性版印刷过程和印品质量的关键。

一、对原稿设计的要求

柔性版具有弹性，可以在较宽的幅面上印刷，而所需的印刷压力较小，当印刷压力变化时，印刷图文会表现出比较大的变形。因此，设计人员在设计构思过程中必须充分了解、考虑柔性版制版、印刷的生产特点，印刷厂家的设备、材料及操作等实际情况，满足客户对产品设计的要求。扬长避短，以达到最佳的印刷效果。设计中要特别注意以下几个方面。

1. 尽可能选择第一代原稿，即彩色反转片或反射稿。

2. 透射稿密度范围要大于2.4，反射稿密度范围要大于1.6。

3. 网目调原稿要尽量避免设计和选择大面积的高光和中间调模糊不清的原稿或图片。

4. 尽量避免大面积实地多色叠印，推荐使用专色的线条、色块设计。

5. 尽量减少大面积渐变层次的图案设计。

6. 尽量避免版面上设计较大的圆形图案。

7. 尽量避免沿印刷滚筒的水平方向设计宽而长的条杠或实地，因为这样会引起机器的振动。理想的设计是斜线、曲线、波线及其他不规则曲线。

8. 避免烦琐复杂的构图和过小过多的块面及过细过杂的套印线条。

9. 大面积实地不要和小字、网点等放在一块版上，若不能避免，则要将同一色分成两块版。

10. 要考虑所用机器类型，最多能印几色。

11. 要考虑印刷图案细微限度，如表4－3所示。

表4－3　图案细微限度

图案	细微限度
孤立线	4μm
孤立点	5μm
阳图字型	2点（2×0.35146mm）
网点范围	2%～95%
网线范围	60L/cm（150L/in）

二、对印版及其安装的要求

1．采用具有精确性和可复制性的感光树脂印版。

2．考虑到印刷后印品表面的粗糙度，印版表面必须有均衡的润湿性能。

3．所有印版应具有精确的凸起深度、均匀的网穴角度和棱角分明的网点，并要注意加强印版质量和工艺参数的检测。

4．印版的肖氏硬度和原材料的成分必须一致。

三、对印刷油墨的要求

1．采用色标上已定的色彩，用基本色和混合色的印刷来达到所需的印刷结果。

2．应具有承印材料相适应的油墨黏度和表面张力，这主要关系到承印材料的表面性能和承印材料的本身性能。

3．应具有足够高的油墨固体色素含量，传墨过程中墨量即使少一点，也不至于影响到色彩的强度。

4．选择合适的油墨溶剂，绝不能使感光树脂印版有扩张现象，并要保证油墨的强度和不退色性。

5．油墨的干燥速度必须与印刷速度相适应，理想的干燥速度应该在印刷后出现色彩分布均匀的网点和边缘清晰的网点。

四、对印刷机的要求

1．印刷传动中的压印滚筒、印版滚筒和网纹辊应具有较高的径向跳动精度。

2．电控式传纸系统可以调节和保证理想的纸带张力和所需的印刷长度。

3．电脑控制各印刷机组的油墨装置，并能精确地控制印刷压力。

4．为了保证油墨的黏度，所有印刷机组的油墨装置都应配备黏度自控设备。

5．采用封闭式网纹辊刮刀系统，可以使带有精确、均匀传墨量的网纹辊在印刷过程中提供所需油墨量，并应与承印材料和印版网点相协调。

6．恒温压印滚筒是保证套准精确的前提，在印刷软包装材料时，必须配备恒温装置，只有这样才能保证印刷精细网点时的套准精度。

第六节　印刷质量测控条

评定印刷品质量的客观标准主要包括阶调再现和色彩再现，但由于印刷图像都不相同，所以直接测量印张图像上的某一评定项目来控制印刷质量是不可能的。为此，选择几个主要的质量测定项目，设计一些标准的图像，再把它们以一定方式组合在一起，就构成了印刷质量测控条。

印刷质量控制条是由已知特定面积、不同几何形状的图形组成，用以判断、检验和控制晒版、打样和印刷时图文转移情况，是一种能够主观和客观反映印刷品质量、进行数据化、标准化生产的重要工具。

印刷质量控制条表达了网点在各个印刷传递过程中的变值，正确反映了网点的传递情况，同时又兼顾了物理测量和视觉评估两方面的需要，所以这使得它在印刷工艺的控制方法中起到了非常重要的作用。

一、印刷质量测控条的分类

目前，各国使用的测控条种类繁多，从测控条的使用上，可以更细致地分为如下几类不同的概念。

1. 信号条（Signal strip）

主要用于视觉评价，功能比较单一，只能表达印刷品外观质量信息。例如 GATF 字码信号条、彩色信号条。此类信号条是最早使用的一类印刷质量规范管理工具，是实施印刷质量数据化、规范化控制的一种方法，可以用来评价印刷品的色彩和阶调再现，为印刷质量控制和管理提供客观标准。归纳其特点如下：

（1）只需一般放大镜或者通过人眼观察质量问题，无须专门的仪器设备。

（2）使用方便，容易掌握，结构简单，成本低。

（3）只能定性地提供质量情况，无法提供精确的质量指标数据。

2. 测试条（Test strip）

测试条是以密度计检测评价为主的多功能标记单元构成的，有以视觉鉴别和密度计测试相结合，并借助图表、曲线进行数值计算的测试工具。例如著名的布鲁纳尔测试条、GRATAG CCS 彩色测试条等。此类测试条适用于高档产品印刷质量的控制、测定和评价。

3. 控制条（Control strip）

控制条即把信号条和测试条的视觉评价与测试评价组合在一起的多功能控制工具，如布鲁纳尔第三代控制条。

4. 梯尺（Scale）

梯尺是以密度递变排列，具有等差密度或等级网点的工具。控制晒版、印刷质量的梯尺有连续密度和网点百分比梯尺两种，如测试条中分辨网点传递的网点梯尺。

5. 检标

检标是控制印刷质量的一种工具，有单独使用的，如 GATF 星标，还有与测试条组合使用的各种检标，如 VGRA 圆形重影检标，GATF 灰色平衡标等。

二、印刷质量测控条的构成

1. 印刷质量测控条的结构和功能

各种印刷质量测控条虽有不同的结构和功能，但基本组成是近似的，如表4－4所示。

表4－4　印刷质量测控条基本组成及对应功能

测控条上的组成部分	测控功能
实地块	检测实地密度，控制墨层厚度
叠印的实地块	检测叠印率
极高光部分的网目调段	检测可再现的最低网目调阶调值
暗调部分的网目调段	检测可再现的最高网目调阶调值
粗、细网区对比	检测网点增大值
75%（或80%）网目调区及一个相临实地区	检测相对反差
网目调段至少有3个不同的阶调范围及一个相临的实地区	检测阶调再现
不同方向排列的线条段或圆形线条段	检测网点变形（滑移、重影等）

根据国家标准 GB/T 18720—2002 的规定，印刷质量测控条适用于以下几个方面。

（1）网目调印刷和无网印刷。

（2）单色和多色印刷。

（3）平版印刷的印版制作、打样、印刷和图像检验。

凹版印刷、凸版印刷（含柔性版印刷）以及孔版印刷可参照使用。

2. 印刷质量测控条的基本原理

尽管各种测控条组成形式不同，但设计原理基本一致。归纳起来有以下几个特点。

（1）利用粗细网点对印刷条件的变化的敏感性差异，判断网点传递中的变化。即利用细网点对网点增大要比粗网点敏感来判断网点增大的情况。粗网点比细网点的面积大，但是粗网点边缘长度总和又比细网点边缘长度总和小，因此印刷时变化也小，正常时规定一个标准，当网点增大时，细网点变化大，给出信号，超出标准时，要给予调整。例如 GATF 字码信号条就是利用该原理设计，通过数字来检验印刷时所产生的网点增大与缩小。

（2）由等宽的竖线、横线和等宽的折线组成检验印刷运转方向的问题。当印刷机或打样机运转异常时，或橡皮滚筒和纸张发生不同速时，给出信号。如果横向出现滑动，则竖线扩大变粗或重影；如果竖向出现滑动，横线扩大变粗或重影，造成等宽线不等，密度增加，给出信号，正常情况下应该是均匀一致的。

（3）印刷质量控制条中包含亮、中、暗调，用以提供对图像再现各个不同阶调的评测。从理论上可以证明，网点增大在50%的方网点时是最大的；而75%的网点对网点增大的变化最灵敏，视觉反应也最敏感。因此，许多测控条选择75%～80%的部位作为控制暗调网点增大。

三、印刷质量测控条的使用

1. 放置位置

印刷质量测控条是由许多具有不同功能的测试块组成的，放置在印版上，通过目测和仪器测量的方法来检测出实地密度值、网点增大、色彩再现等标准规定的指标。而且还能检测出色偏、灰度、灰平衡等标准未规定的指标。总之，测控条的目的就是测控晒版、打样、印刷中图文信息单元转移的质量情况，使印刷质量控制实现数据化、规范化，来满足高印刷质量的要求。

在使用单张纸印刷机过程中，通常把印刷质量测控条放置在印张的拖梢边，这主要是由于拖梢边的印刷质量最能反映印刷故障等不良因素的影响程度。靠近成品幅面但又不在成品的幅面以内，离拖梢边的纸边最好有 2 ~ 3mm，以免纸毛、纸粉落在测控条上，降低测控效果。测控条的放置一般与滚筒轴向平行，这样便于测控图像着墨的均匀性。而在轮转印刷中,滚筒周围的供墨比较一致,不存在像单张纸印刷机上那样大的非印刷间隙,因此,测控条的位置就不那么重要了。但是要避开那些直接折叠或用于装订的位置。

2. 质量要求

（1）应该使用原版的印刷质量测控条。由于测控条在印刷过程中是作为参照物使用的，因此对其本身的准确度要求很高。绝对不能使用翻拷的测控条，因为这样的测控条已经不够准确，使用中不能准确地反映真实情况，达不到控制和检验产品质量的目的。

（2）测控条应保持清洁，不能粘上脏物或药液，防止折伤和划痕。使用一段时间后应及时更换。

（3）保持测控条的晒版、印刷与原版的使用条件一致。尽量使用与印版宽度相近的长条，同原版一同曝光、冲洗、印刷，不能单独处理。只有保持晒版与印刷的一致性，测控条才能发挥作用。

四、常用的印刷质量测控条

1. GATF 数码信号条

GATF 数码信号条可以不用密度计，凭肉眼就能对网点面积变化与密度进行检验，该信号条由网点增大控制部分、网点变形控制两部分组成，它的原理就是利用细网点的网点增大比粗网点敏感来判断网点增大值，在该信号条上，可以通过数字来检验印刷时网点增大和缩小。

图 4 - 16（a）是 GATF 印刷测控条的各部分组成示意图，下面对其基本内容进行说明。

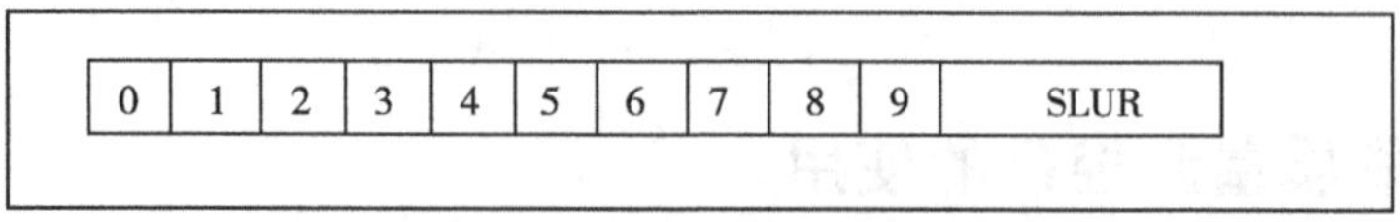

（a）GATF数码信号条的结构简图

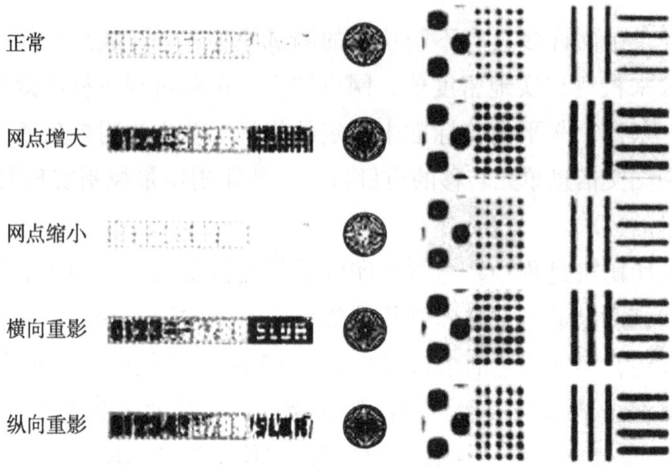

（b）GATF数码信号条

图 4－16　GATF 信号条

（1）网点增大控制部分

GATF 印刷测控条网点增大控制部分是指图 4－16 中数字“0” ～ “9” 及其底衬构成的数字条。其底衬由 65 线/英寸的粗网点构成。数字部分“0” ～ “9” 由 200 线/英寸的细网点构成，每个数字的网点面积覆盖率不同。这里“2”数字的网点面积覆盖率与底衬网点面积覆盖率相同，即“2”数字的密度与底衬密度相同。从“0”～“2”及“2”～“7”数字的网点面积覆盖率逐级递减 3%～5%；“7”～“9”数字的网点面积覆盖率逐级递减 5%。

在晒版、打样或印刷过程中，网线越细，越容易受到微小变化因素的影响，即网点增大越大。相反，网线越粗，对微小变化的反应越小，即网点增大越小。这里认为由 65 线/英寸组成的粗网底衬，在复制条件出现微小变化时，它几乎没有反应或反应很小，即认为网点不增大。而由 200 线/英寸组成的“0”～“9”数字构成的不同网点层次，对晒版、打样或印刷中的微小变化反应很敏感，一旦有微小变化，数字部分网点面积就很容易扩大或减少。这样，可以根据数字变深或变浅来判断晒版、打样或印刷过程中的网点增大情况。

在正常时，“2”数字的网点面积覆盖率应与底衬的相同，若出现了“4”数字与底衬网点面积覆盖率相同，那么说明此时网点就增大了 6%～10%；若出现了“6”数字与底衬网点面积覆盖率相同，那么说明此时网点就增大了 12%～20%；若“1”数字与底衬网点面积覆盖率相同，那么此时的网点就缩小了 3%～5%。

（2）网点变形控制部分

该部分由粗细相同、密度相等的横、竖线组成，以竖线为底衬，横线组成“SLUR”

字母，如图4-16（a）右边部分所示，“SLUR”是网点变形的意思。

在印刷过程中，当印刷机的径向和轴向处于稳定状态时，则“SLUR”与底衬的密度相同，人眼感觉不到两者的差异，看不见“SLUR”字母。但当印刷机出现不稳定状态时，就会看见“SLUR”字母。例如当发生轴向（即横向）重影变形时，竖线构成的底衬密度会大于水平横线构成的“SLUR”字母密度，人眼会感觉到“SLUR”变浅；而发生周向（纵向）重影变形时，竖线构成的底衬密度会小于水平横线构成的“SLUR”字母密度，人眼会感觉到“SLUR”变深。这样，就能很快地区别打样或印刷时有无方向性的网点扩大和因变形而引起的网点扩大。

2. GATF星标

GATF星标的构成如图4-17所示。在直径10mm的圆内，对称分布了36根黑色楔形线和36根白色楔形线，夹角均为5°。星标的中心是直径为1mm的小白圆点，在胶片上该圆点是透明的。

图4-17　GATF星标

通过目测星标中心的白点和楔形线的变化，便可检查印刷过程中网点增大、变形和重影等情况。按照星标排列的结构，楔形成等量扩大或缩小情形能够非常敏感地反映出来，特别是在楔尖部位集中的圆心中反映出来。

（1）当中心部位的白点和线条都很清晰，说明网点没有变形、重影，供墨量合适，如图4-18(a)所示。

（2）当楔形线缩小，中心部位白点增大，表明网点缩小，有掉版情况或供墨量不足，如图4-18(b)所示。

（3）当楔形线增大，中心部位白点模糊，出现大黑圈，说明网点增大严重，压力或供墨量过多，如图4-18(c)所示。

（4）当印刷机出现轴向变形时，中心的黑点就会纵向扩大为椭圆形，如图4-18(d)所示。

（5）当印刷机出现径向变形时，中心的黑点就会横向扩大，如图4-18(e)所示。

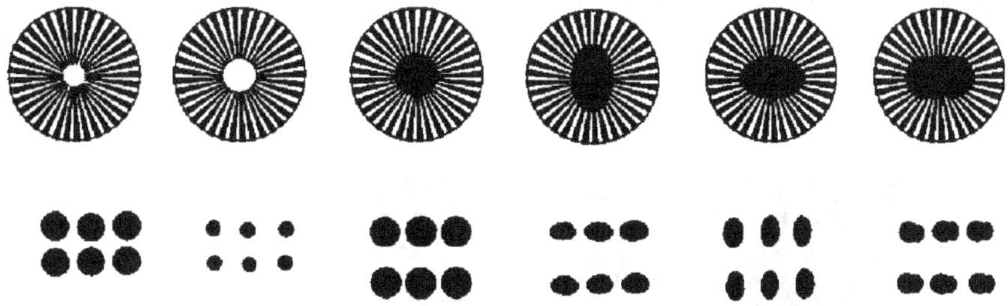

(a) 正常　(b) 减小　(c) 增大　(d) 横向变形　(e) 纵向变形　(f) 重影

图4-18　GATF星标变形情况

（6）当网点出现重影时，星标的中央部分消失，剩下的轮廓呈现“8”字形。“8”字形横向扩大时，重影是纵向出现的，如图 4－18(f) 所示；反之，“8”字形纵向扩大时，重影是横向出现的。

采用星标进行印刷质量控制，是把印刷变化的状态通过星标放大显示的，可以很快地检测出印刷中出现的问题。印刷中常把星标和测控条配合使用，印刷在印张拖梢的空白处，这样来精确地控制印刷品的质量。

3. FOGRA PMS 测控条

FOGRA PMS 测控条是德国印刷技术学会（FOGRA）设计的，它由实地、网点块、叠印块及控制印版和胶片曝光用的微线块组成。

控制条规格为 8mm × 530mm，在长度方向上无规律地重复安排各种各样的元素，它所包括的元素有实地块、实地叠印块、为了控制网点增大的网点块（网点百分比为 2%、3%、4%、5%、40% 和 80%）、网点变形块、灰平衡块和为了控制印版曝光的微线块（6～30μm）。PMS 控制条以长 2～5m 成卷供应，用户根据需要按不同长度裁切。

（1）实地色块。四个实地色块之间相隔大约为 5cm，控制整个印刷宽度墨量的一致性。主要用于检测着墨量、图像反差、网点变化色块等。

（2）叠印色块。主要检测多色叠印时，先印刷的油墨接受后印刷的油墨的情况以及叠印效果，并由此判断色序安排情况。

（3）网目调色块。主要检测网点增大情况。

（4）重影与变形色块。检测网点变形发生的方向，由此可间接检测印刷压力和橡皮布是否松弛，墨量与水量是否合适。

（5）微线条控制块。由细微线条组成的控制块，排列不同宽度的精细线条，可用于目测。主要检测胶片与印版的密合接触情况，确定印版的曝光量。

（6）灰平衡色块。检测色彩还原情况。

4. 瑞士的布鲁纳尔（Brunner）控制条

第一代布鲁纳尔控制条出现在 1968 年，它以三段式为主，包括实地段、50% 粗网区、微线标三部分。后来又在三段式基础上增加了 75% 粗网区和 75% 细网区，构成了五段式布鲁纳尔控制条，即第二代布鲁纳尔控制条，如图 4－22 所示。布鲁纳尔控制条灵敏度较高，利用它既能用密度计测量计算网点增大值，又能在没有密度计的条件下用放大镜目测印刷中的变化。

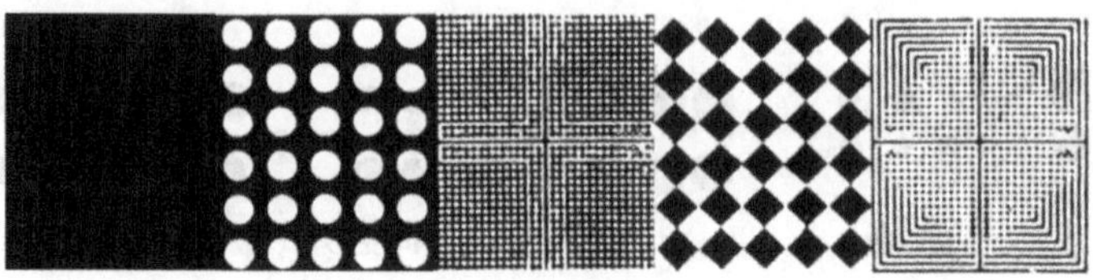

图 4－19　五段式布鲁纳尔控制条

下面介绍五段式布鲁纳尔控制条各部分内容及作用。

1. 第一段为实地块。用于检测实地密度值，来控制墨层厚度。

2. 第二段、第三段为网点增大控制段。第二段是25线/英寸的75%的粗网区，第三段是150线/英寸的75%的细网区。粗网区和细网区在网点总面积相等的情况下，加网线数比是1:6，即细网区所有网点边长的总和是粗网区的6倍，因此在同样的条件下细网区网点增大量就大。可按下式求出网点增大值：

$$网点增大值（75\%部分）=（D_{细}-D_{粗}）/D_{实} \tag{4.7}$$

式中 $D_{细}$——75%细网区密度值；

$D_{粗}$——75%粗网区密度值；

$D_{实}$——实地密度值。

通过75%粗网区还能用于计算印刷中的相对反差值K，计算公式如下：

$$K=（D_{实}-D_{粗}）/D_{实} \tag{4.8}$$

K值越大，说明实地密度与75%处的密度差别大，暗调拉得开，网点增大值也小。所以，控制K值实际上既控制了75%处的密度值，又在一定程度上控制了网点增大值。

3. 第四段为25线/英寸的50%的粗网区，由方网点组成。观察方点间在印版上的搭角情况，可以判断晒版曝光量是过度还是不足。当曝光过度时，会使图文部分也透光，密度减小，网点丢失；而曝光不足时，空白部分会分解不彻底，易上脏。同时观察方点间在印刷品上的搭角情况还可以判断墨量的大小，墨量大时，方网点会搭角；墨量小时，方网点会分开。

测出50%细网区和50%粗网区的密度值，按下式可计算出中间调（50%处）的网点增大值。

$$网点增大值（50\%部分）=（D_{细}-D_{粗}）/D_{实} \tag{4.9}$$

式中 $D_{细}$——50%细网区密度值；

$D_{粗}$——50%粗网区密度值；

$D_{实}$——实地密度值。

这种计算方法简便可行，但不太精确，因为计算时我们当作粗网点没有增大，实际上粗网点也有增大，因此实际的网点增大值比计算值要略大些。

4. 第五段为细网点微线段。如图4-20所示，中心十字线把方块分割成四个大小一样的小方块，每个小方块内网点数目种类一致且相对称，现取一个小方块，对其内部构成及作用进行说明，如图4-21所示。

（1）外角均由6L/mm的等宽折线组成，作为检查印刷时网点有无变形、重影的标记。若网点横向滑动，则竖线变粗；网点纵向滑动，则横线变粗。

（2）靠近图4-21底部第一排有13个网点，最左边网点是实点，后面网点面积依次是99.5%，99%，98%，97%，96%，95%，94%，92%，90%，88%，85%，80%，这些都是阴图网点；接着在上面一排是网点面积在0.5%~20%（从左到右依次为0.5%，

1%，2%，3%，4%，5%，6%，8%，10%，12%，15%，20%）之间的阳图网点，阴阳网点是互补的，如图 4－22 所示。根据阴阳网点可以判断印版的曝光量，鉴别网点转移情况，尤其用来判断高调处极细小网点和暗调处极细小白点的还原情况。

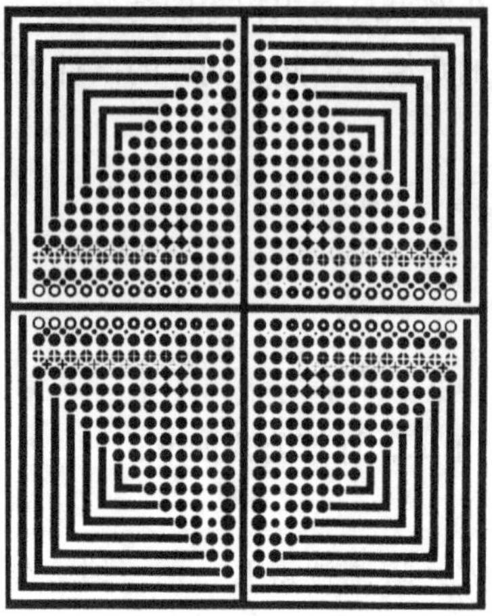

图 4－20　布鲁纳尔控制条的精细控制块

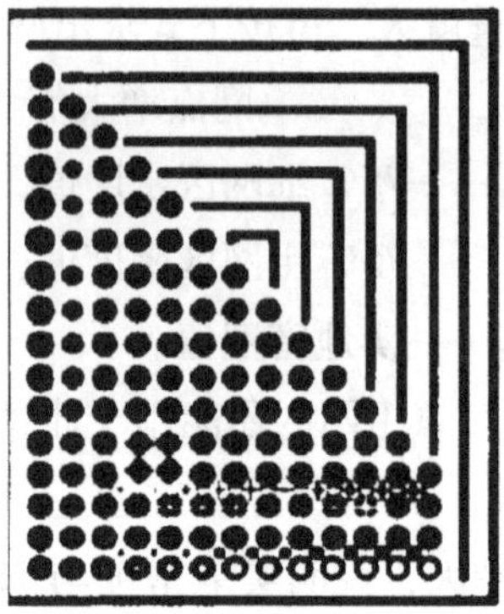

图 4－21　细网点微线段

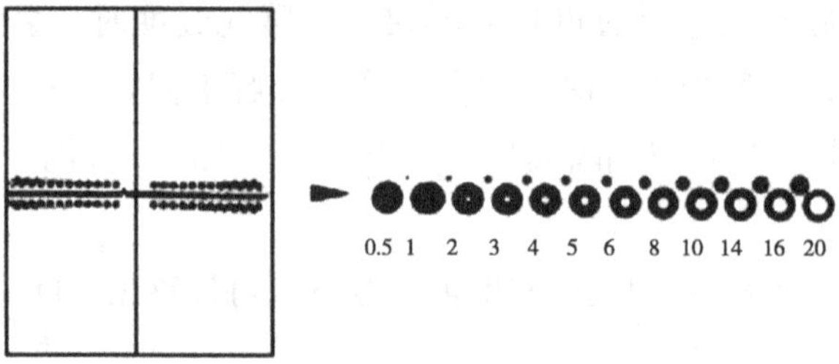

图 4－22　极细小的阴阳网点

（3）阳图和阴图十字各 10 个，如图 4－23 所示。各组阴、阳十字线之和恰为 50% 的圆网点之面积，用于检查网点增大及网点变形情况。当网点横向增大时，十字线的阳竖线变粗，阴竖线糊死；网点纵向扩大时，十字线的阳横线变粗，阴横线糊死。

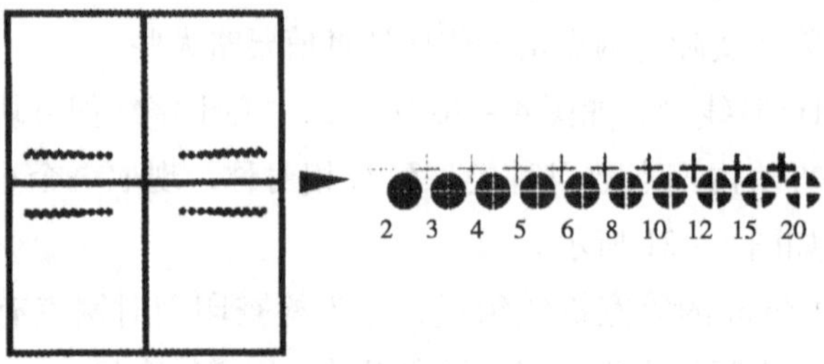

图 4－23　阴阳小十字

（4）80 个网点覆盖率为 50% 的圆形网点，用于检测圆网点边缘的变化情况，如图 4－24所示。

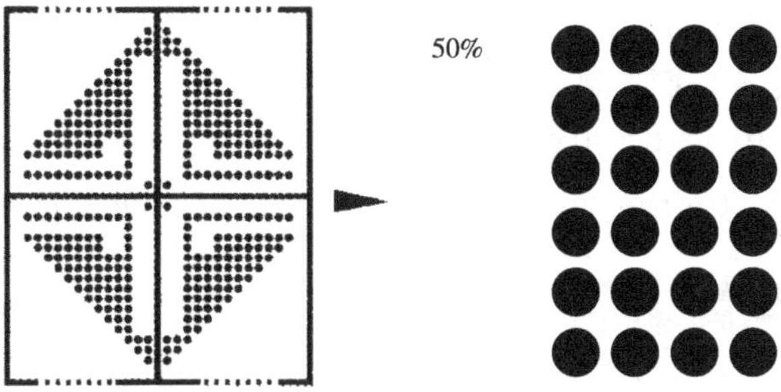

图 4-24　网点覆盖率为 50% 的圆形网点

（5）内侧中心有四个 50% 的方网点，如图 4-25 所示，这是用于控制晒版、打样或印刷时版面深浅变化。当 50% 网点搭角大时，说明印版晒得过深或印刷墨色过量，则图像深，所以网点增大值大；50% 点四角脱开，则图像浅，网点缩小。

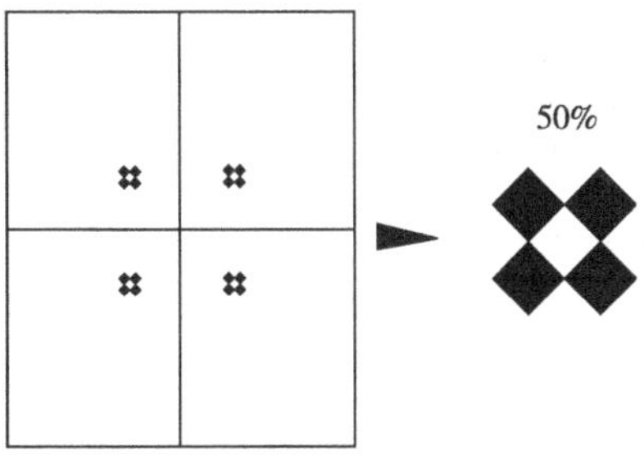

图 4-25　网点覆盖率为 50% 的方形点

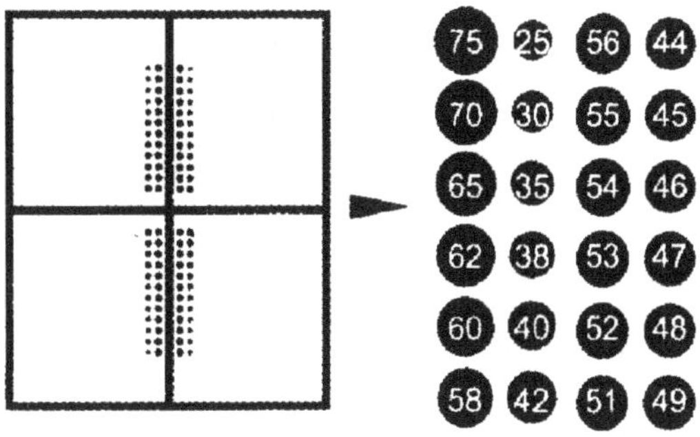

图 4-26　直径渐变且互补的圆形网点

（6）两组直径渐变且互补的圆形网点，共 24 个，从 75% 对 25%，逐级变化到 51% 对 49% 为止，共 12 对，如图 4-26 所示。第一列从下向上逐渐扩大，直至第十二个网点为 75% 的面积；第二列从下向上逐渐缩小，第十二个网点面积为 25%，互相对应的两个网点总面积为 100%。通过放大镜或显微镜观察各个圆形网点的变形情况，检查其边缘接触情况，就能方便地得知网点增大或缩小的趋势，观察不同网点面积的距离和网点并连范围。

（7）边线上排列有不同宽度的阴线，如图 4-27 所示，分别为 4、5.5、6.5、8、11、13、16、20μm，这些粗细不同的垂直线用来检测印版表面的分辨率。

图 4-27　检测印版分辨率的标尺

在实际印刷中，通常将布鲁纳尔第二代控制条和中性灰平衡段、叠印及色标检测段、黑色密度三色还原段及晒版细网点控制段结合起来，构成多功能印刷测控条来应用。

5．数字印刷质量测控条

UGRA/FOGRA 数字印刷控制条由三个模块组成，如图 4－28 所示，模块 1 和模块 2 用于监视印刷复制过程，模块 3 用来监视曝光调整。各测量控制色块的尺寸大约为 6mm × 6mm，并且模块 1 和模块 2 中的这些色块与 FOGRA 用于胶片检验的测控条色块对应。

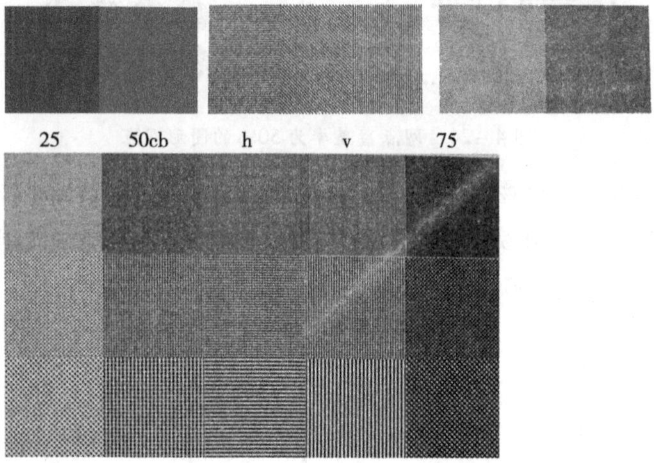

图 4－28　UGRA/FOGRA 数字印刷控制条

（1）模块 1

该模块包含以下 8 个实地色块：青、品红、黄和黑色实地色块各 1 个，青＋品红、青＋黄、品红＋黄 3 个实地色块以及 1 个青＋品红＋黄实地色块，这些控制色块用于控制油墨的可接受性能以及三种叠印效果。

（2）模块 2

该模块包含下面几个部分。

①2 个灰平衡色块。

②青、品红、黄和黑色实地色块各 1 个，其中黑色块的四个角上压印了黄色，用于检查印刷色序，即黄色先于黑色印刷还是黑色先于黄色印刷。

③D 控制块，用来检查采用特定的复制技术、复制设备和承印材料组合在不同方向加网的敏感程度。该区域分为四组：青、品红、黄和黑色各一组，每一组中均包含 3 个色块，均采用线形网点加网，加网角度分别为 0°、45°和 90°。

④青、品红、黄和黑色 4 组 40% 和 80% 控制色块，用于衡量加网技术能否获得需要的记录效果。

（3）模块 3

该模块包括 15 个不同程度的灰色块，均采用黑色油墨印刷。正常情况下，每一列色块的阶调值印刷出来应该是相同的，不同的仅仅是记录分辨率。在行方向上，每一行中间 3 个色块复制到纸张上后也应该具有相同的阶调值，当加网角度方向上有差异时，则它们的阶调值会有差异。

第七节 印刷测试版

印刷质量的控制不仅需要在印刷过程中对作业过程进行检测和控制，还要求整个印刷系统具有较高的稳定性。其中，印刷机的性能是一个重要的环节。印刷机是实现印刷效果的主体，是影响印刷质量的一个关键。因此，对于印刷机性能的测试在整个生产中越来越受到重视。印刷机的整个诊断分析对于确定其机械系统是否要求维护至关重要。印刷机验收测试结果会显示印刷机是否可以印刷出可接收的效果以及印刷商是否签订一台新的或旧的印刷机。印刷机测试还可以帮助发现印刷材料的质量和印刷适性，并且已经成为印刷质量控制和维护系统中的一个标准化程序。此外，印刷测试结果还能够为色彩管理特征文件提供有用的数据。

一、基本组成及功能

印刷测试版（Print Testform）是专门用来进行印刷性能检测的特殊版式设计，是用于印刷质量控制中的一种诊断和测量工具。印刷测试版通常包含一系列色彩控制色块和其他质量控制色块、标准的测试图像以及特性文件测试表。其中，质量控制色块可用于多种目的，功能有所不同，根据其用途，主要分为诊断、过程控制以及标准化三大类。

1. 诊断块

主要用于印刷系统故障检测，例如星标，如图 4－29 所示。

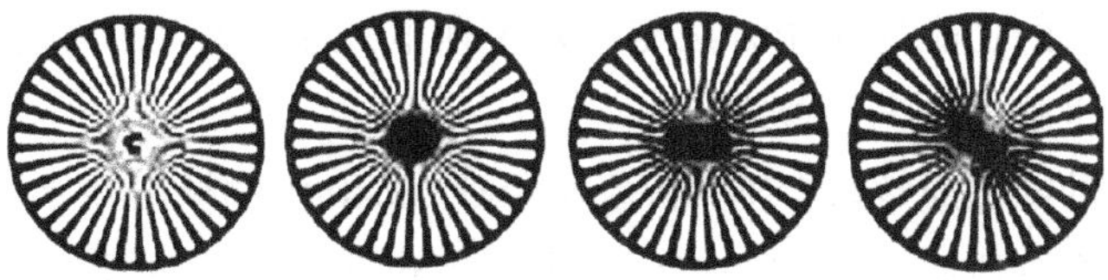

图 4－29 星标（Star Target）

2. 过程控制块

主要用于印刷系统的检测，例如彩色控制条、梯尺等，如图 4－30、图 4－31 所示。

图 4－30 质量控制条 QC Strip

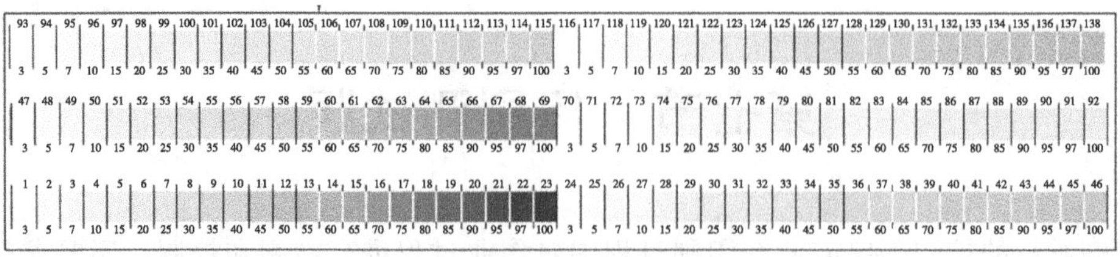

图 4 - 31　阶调梯尺 Tone Scale

3. 标准化色块

主要用于测量印刷系统的属性,例如灰平衡色块、油墨覆盖率色块等,如图 4 - 32 所示。

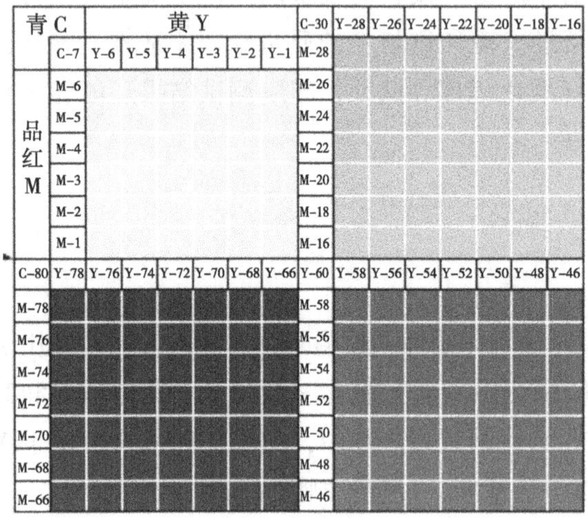

（a）灰平衡表

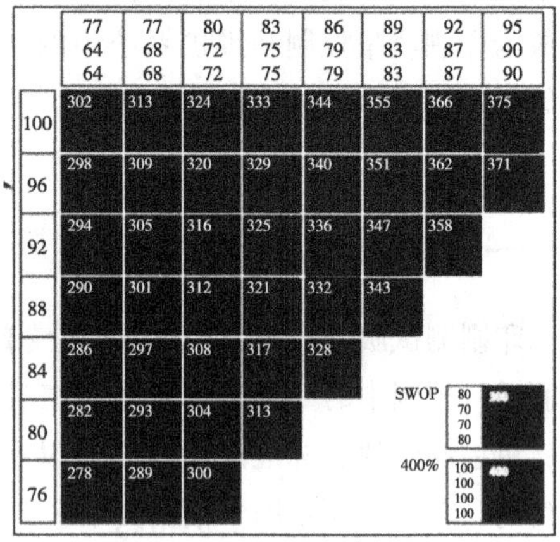

（b）油墨覆盖率色块

图 4 - 32　灰平衡表与油墨覆盖率色块

上述质量控制块的功能与使用方法与第六节印刷质量测控条中的色块的功能和使用原理基本相同，这里就不再一一赘述。

印刷测试版中的图像通常取自于国际标准 ISO 12640 中的标准数字测试图像，用以综合分析印刷系统匹配参照照片标准的情况。由于彩色印刷测试图是为检验印刷系统的颜色复制特性，应考虑到暗调、高光、灰平衡以及分辨力等几方面的要素，如图 4 - 33 所示的 GATF 单张纸印刷测试版（25in × 38in）中所采用的几幅图，包括以下几组画面。

如图 4 - 34 所示的亮调/婚礼（High - key/Wedding）和暗调/红色躺椅（low - key/Red Couch）图像，由于图像本身非常明显地表现了亮调或者暗调的效果，比较容易辨别其复制效果的好坏，经常被选入测试版中。

如图 4 - 35 所示的女性肖像（Femal Portrait）和群体合影（Group portrait）图像，着重体现肤色的再现效果，因为肤色的处理和复制是印刷的一大难点，从肖像脸部前额、面颊、鼻子、下巴之间的细微变化，到腰部、胳臂和手部的色调再现，以及头发和衣服颜色的表现，都能够体现印刷分色以及色彩复制的水平。

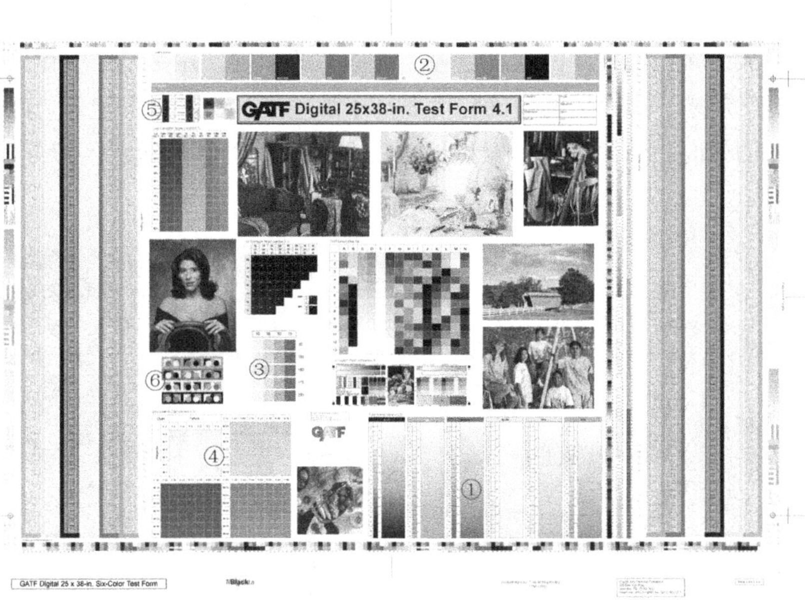

图 4－33　GATF 单张纸印刷测试版（25in × 38in）

（a）亮调/婚礼　　（b）暗调/红色躺椅

图 4－34　亮调与暗调图像

（a）女性肖像　　（b）群体合影

图 4－35　人物肤色图像

记忆色（Memory Colors/Covered Bridge）也是测试版中常用的图像，由于人们曾多次遇到过诸如蓝天、绿色植物、白色篱笆等非常熟悉的颜色，并在记忆中存储下这些视觉记忆，并能回忆起来，其回忆的精确程度要高于那些见过次数少的色彩，因此，当观看包含记忆色的图像时，观察者会下意识地首先评估这些图像以确定色彩再现的准确性。如图 4－36 所示。

图 4－36　记忆色（Memory Colors/Covered Bridge）

图 4－37　中性灰（Gray Neutral）

此外，中性灰（Gray Neutral）图像用以视觉考查色彩再现准确性，一旦图像中出现偏色，在此类图像中就很清楚地表现出来。如图 4－37 所示。

特性文件测试表根据测试仪器和色域标准而定，例如图 4－33 所示的 GATF 单张纸印刷测试版（25in × 38in）中采用 ANSI IT8.7/3 色靶，如图 4－38 所示，为色彩管理工作提供有用的数据。

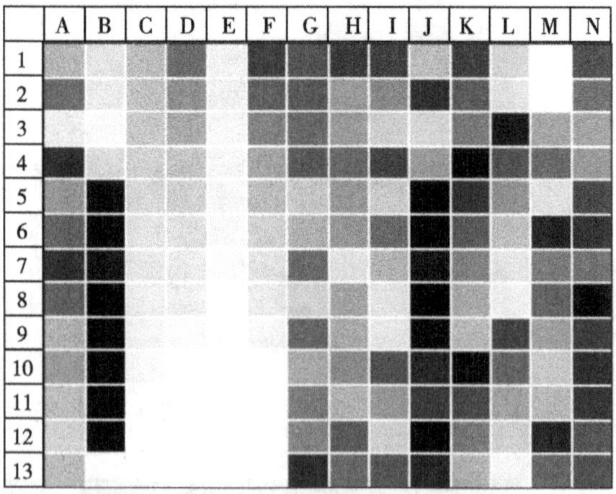

图 4－38　ANSI IT8.7/3 色靶

二、印刷要求

使用印刷测试版进行测试印刷是很严谨的工作，对其印刷条件要严格控制，以保证测试数据的准确性和可信性。

1. 印刷材料

印刷机测试时确定印刷机性能最好的程度，而不是最坏的程度，因此，要先选择最能优化印刷机性能的材料。如果使用低标准的材料测试，则不能有效地反映印刷机的机械故障。在进行印刷测试时所使用的材料要能满足印刷适性的特定要求。

（1）印版。印版的晒制要使用晒版质量控制条，对印版的晒制质量进行控制，确定印版是否达到标准要求。

（2）纸张。印刷测试所使用的纸张应当具有良好的质量，要符合国际标准的要求。例如商业印刷使用的铜版纸、包装印刷使用的白板纸、报纸印刷使用的新闻纸等，都必须符合相应标准的要求。

（3）油墨。使用最能优化印刷机性能的油墨。在合理的墨层厚度条件下，油墨所产生的网点增大和叠印率要在标准规定的范围之内。

（4）橡皮布。胶印中使用的橡皮布要具有良好的缓冲、快速回弹性能。

（5）润湿液。保证所使用的润湿液要与油墨、印版相适应。检查润湿液的 pH 值和电导率，保证在合适的范围内。

2．印刷机的设置和规范

按照印刷机制造厂商和材料供应商的规范对印刷机进行设置和维护，并验证可正确操作。检查和测试的内容通常包括水墨辊的状况、滚筒合压的状况以及压力的设置情况等，这些操作要参照印刷机生产厂商的规范进行操作。

3．印刷

（1）印刷准备。从第一张抽出的印张上检查所有色组的套准情况开始，然后调节输墨系统以达到生产所需要的墨量。调节好水墨平衡。

（2）正式印刷。正式测试印刷期间，印刷机的速度应当在额定速度的 80%～85% 之间。例如，一台单张纸胶印机的额定速度是 15000 印/小时，则测试时的印刷速度至少应该在 12500 印/小时。让印刷机在测试速度运行 500～700 转，以确保水墨平衡，从而使所有的测试印张都达到目标密度。在最少的操作干预下，继续运行，例如单张纸胶印机要再印刷 2000 张。

三、诊断和分析

印刷结束后，进行诊断和分析。测试样张上设计的元素主要用来表现印刷机械系统和印刷的特性，对于色彩再现等质量控制色块的结果分析与印刷测控条中的原理相同，下面就印刷机械系统特性的结果分析做简单说明。

1．梯标（Ladder Targets）

放置在测试样张的两边，从叼口到拖梢。梯标的主要元素是网点面积覆盖率为 50% 的竖直线和水平线，如图 4－39 所示。竖直方向的移动将会引起水平线的扩大，从而导致图像在水平方向变深；同理，水平方向的移动会导致图像在竖直方向变深。梯标可以很灵敏地显示出机械印刷故障，例如严重的网点增大、输纸不好、橡皮布松弛、齿轮磨损条杠、齿轮偏心、滚枕接触不良以及重影和滑移等。使用密度计测量时，在同一位置竖直和水平线的密度差异应该小于 0.07（CMY）和 0.1（BK）。

2．游标（Vernier Targets）

测量评价并确定印刷机组之间印刷长度和纸张稳定性，如图4－40所示。在叼口和拖梢处测量纸张的伸展和印刷长度的加长量，印刷机组间的套准在距离叼口200mm内的位置测量。测量精度误差超过0.02mm通常就可以在游标上显示出视觉的对比。

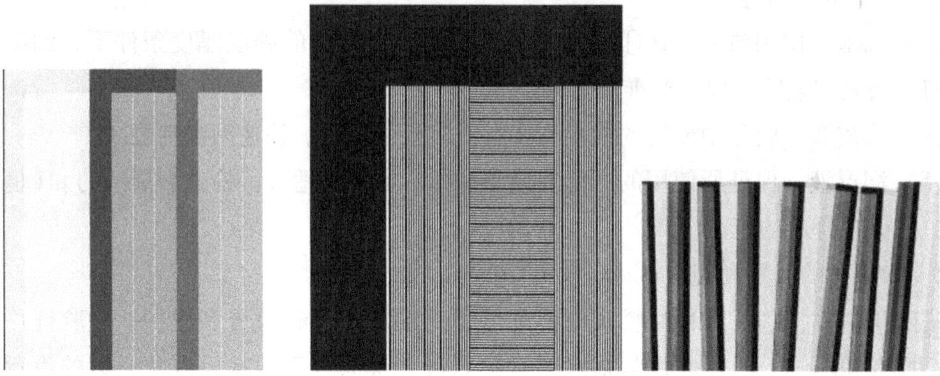

图4－39　梯标（Ladder Targets）

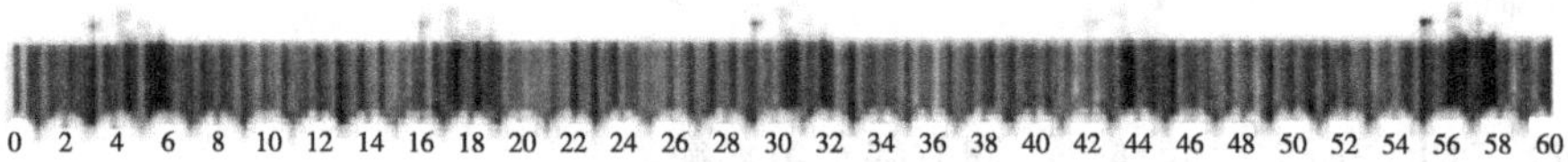

图4－40　游标（Vernier Targets）

第八节　印刷中常见故障分析及处理

印刷中出现的故障是多种多样的，印刷机械、印刷材料、印刷工艺、周围环境等都有可能引起印刷故障。印刷故障的排除是印刷工艺研究的重要内容，也是质量控制中要考虑和解决的问题。本节简单介绍在胶印、凹印以及柔印中常见的故障及解决方法。

一、平版胶印中常见的故障

1．花版

花版是指印刷过程中印版上图文网点逐渐缩小，高调部分小网点丢失，实地部位出现花白的现象，花版降低印版耐印力，影响印刷质量。产生花版的主要原因主要包括如下几方面。

（1）版面水分太大，这是最常见的原因，应适当减少供水量。

（2）润版液酸性过强。印刷时应经常检查润版液pH值，根据生产需要及时调整。例如深色换浅色，就应该提前减少润版液的酸性；相对于文字、实地部分来说，印刷网目调图像时，润版液的pH值要略小一些。

（3）着水辊与印版之间压力太大。印刷中使用的润版液略呈酸性，在清洗版面的同时对印版上的图文部分有一定腐蚀作用，所以当着水辊与印版之间压力过大时，会加剧对图文部分的摩擦，这样使图文部分缩小，产生花版。解决方法是减小着水辊与印版之间的压力。

（4）着墨辊与印版压力太小，供墨量不足。这时印版上的图文部分得不到充足的油墨，所以印版图文部分遭到破坏而产生花版。解决方法是适当增大着墨辊与印版之间压力。

（5）橡皮滚筒与印版之间压力过大。这时既增加了橡皮布的变形，也增大了版面的摩擦，常常使印版亮调部分出现花版，而暗调部分出现糊版。解决方法是减小橡皮滚筒与印版之间的压力，并注意橡皮布是否有局部不平整的现象。

（6）晒版时间过长，使图文部分变浅，产生花版。这时需要通过更换印版才可彻底解决。

（7）油墨适性的影响。油墨颗粒粗，在印版上易起摩擦作用，导致图文部分磨损，产生花版，所以印刷中应选择合适颗粒度的油墨。同时油墨黏性也有影响，黏性过大，会破坏墨层中间断裂的条件，导致墨量不足，产生花版。

（8）纸张掉毛、掉粉现象严重导致花版。纸张上脱落的纸毛、纸粉长期堆积在橡皮布上，降低橡皮布的亲油性，不及时清洗橡皮布的话，会引起亮调花版、暗调糊版的故障。同时橡皮布上堆积的纸毛、纸粉会转移到印版上，在压印过程中加剧印版的磨损，产生花版。

2．糊版

糊版是指版面暗调网点增大变形，并相互交连，导致暗调层次丢失的现象。糊版是印刷状况很糟糕时出现的故障，产生糊版的主要原因主要包括如下几个方面。

（1）墨量过大，导致印版表面墨层太厚，在印刷压力作用下，发生图文网点的铺展，造成糊版。

（2）供水不足及润版液酸性太弱都会引起糊版。供水不足，会影响水墨平衡，造成糊版；而当润版液酸性太弱时，对版面油污的清洗能力不足，印刷油性较重的油墨时容易糊版。

（3）油墨适性的影响。油墨过稀时流动性大，会使网点铺展形成糊版；油墨中干燥油过多时，会使油墨变粗，乳化严重，造成印版上的墨层不能从中间断裂，多数留在印版上形成堆版，并在挤压力作用下，网点向周围铺展严重而导致糊版。

（4）印版滚筒与橡皮滚筒之间压力过大，导致印版磨损，使得印版空白部分的砂目逐渐磨平，亲水不良，易被周围油墨铺展，导致糊版。

（5）橡皮布绷得不紧，这样在印刷过程中产生的挤压变形大，容易造成糊版、重影故障。

（6）印刷压力过大。压力过大一方面加重了印版的磨损，易产生糊版；另一方面也直接加重了图文墨层的铺展，导致糊版。

（7）纸张呈碱性并掉毛、掉粉严重。印刷中碱性纸张脱落的纸毛、纸粉会传到水斗中，中和酸性的润版液，降低润版液酸性，造成糊版。

3．脏污

脏污是印刷中常见故障之一，产生原因主要包括如下几个方面。

（1）晒版曝光过度。这样容易把晒版机玻璃板上的小脏点晒成印版上的网点，使得印版上产生满版脏污。这时应该更换印版来解决脏污故障。

（2）水斗断水。这主要发生在非自动供水的印刷机上。水斗断水现象会使版面出现大面积脏污，这时应该立即用干净的布蘸药水和胶水在版面上全部擦一遍，然后再将脏污清除。

（3）着水辊压力过小。主要是指着水辊与串水辊或与版面的压力过小，这样导致版面上产生脏污。须及时调大着水辊压力。

（4）印版反底。这种故障主要出现在再生版的印刷过程中，由于印版研磨砂目时不够彻底，原来的图文基础未磨干净，在第二次晒版时又被晒出来了，这时需要重新更换印版。

4．浮脏

印刷中由于使用油墨的内聚力偏小，或由于油墨乳化严重导致内聚力变小，使得浮在空白部分水膜上的细小墨点无法被着墨辊收清，从而造成印张空白部分会有不固定的点状或丝状脏点，这种现象称为浮脏。浮脏在印张上的位置往往是不固定的。产生浮脏的主要原因有如下几个方面。

（1）油墨乳化严重。这是导致浮脏的最常见原因。印刷过程中当润版液中药水和阿拉伯树胶液过多或版面水分过大时，墨辊上的油墨乳化就会严重，造成墨辊对油墨的黏附力降低，一些油墨颗粒便会从墨辊散落到印版表面，形成浮脏。这时应该针对故障减少阿拉伯树胶液的用量，减少版面的水分及降低润版液的酸度，如果油墨乳化过于严重，应重新换墨。

（2）油墨过稀。这时应该加入适当燥油来提高油墨的内聚力。

（3）墨辊上供墨量过多。这时会使油墨产生飞溅现象，使印版产生浮脏，一般呈短丝状，产生这种故障的原因主要有以下两方面：一方面是晒版过度，印版色调值太低，为了达到色彩要求操作者不得不增大供墨量，这样导致油墨飞溅，产生浮脏。另一方面是版面水分过大，水分大会使墨色减淡，这时操作者没有减少水分而增大墨量，也会造成浮脏故障。

5．油腻

油腻故障是指印版上空白部分较大面积地着了相对实地墨色较浅的油墨，即使增加供水量也无法去除这种墨痕的现象。产生油腻的主要原因有如下几个方面。

（1）晒版曝光不足或显影不足，造成印版空白部分有残留的亲油感光胶膜，所以印刷时一上墨就会起脏。如果是显影不足造成的，可以再用显影液擦版面，除去残留的感光胶膜。

（2）印版空白部分高能表面的亲水性在保存和使用过程中未得到妥善的保护，亲水性能下降，而亲油性上升，所以在印刷中会黏附油墨而上脏，导致油腻。可用 PS 版洁版膏进行清洗，严重时需要更换印版。

（3）印版空白部分砂目磨损而引起油腻，这时则必须更换印版。

（4）润版液酸性过低，对版面油污起不到清洗作用，这种油腻特点是开始印刷时没有，印刷过程中便出现了。

（5）着墨辊老化，发硬变光，影响弹性和传墨性能，减少了载墨量，并使油墨容易乳化，乳化后的油墨内聚力降低，掉到印版空白部分，因此产生油腻。

（6）油墨过稀，使得油墨黏性降低，减轻了墨辊对油墨的吸附能力，使版面上脏，引起油腻故障。

6. 背面蹭脏

在印刷中前一印张的墨迹未干，后一印张即叠放在其上，前一印张的油墨就有可能转移到后一印张的背面，这种现象称为背面蹭脏。产生背面蹭脏的主要原因有如下几个方面。

（1）油墨干燥不好，造成印张背面蹭脏。这是导致印张背面蹭脏的重要原因。常用的解决办法是在油墨中加入适量的干燥剂及防粘剂。

（2）纸张在印刷中产生的静电，导致印张背面蹭脏。印刷中纸张在受高速传送的状态下，印版、纸张、滚筒、油墨等相互间的剧烈摩擦会产生静电，周围环境因素不合适也会促使静电的产生。静电会使纸张表面吸收空气中的粉尘、杂质，还会使纸张与纸张之间相吸并相互粘连。这样一来，印张在墨迹未干的情况下产生背面蹭脏。对应的解决方法是采用喷粉、调整控制喷粉量及调节车间的生产环境等，以减少背面蹭脏的故障。

（3）印张叠放太高，引起印张背面蹭脏。从机台印完的印张输出到收纸台时，叠放太高往往也会导致印张背面蹭脏（特别在底层部分）。解决方法就是降低印张的叠放高度，减轻纸张之间的重量压力，并加快印品墨层的干燥，防止背面蹭脏。

（4）纸张适性的影响。纸张施胶度不好，纸质疏松，质量不好，导致背面蹭脏；纸张的吸墨性差，干燥时间长，会产生背面蹭脏；另外纸张的 pH 值低也会延缓印张的干燥，形成背面蹭脏。

（5）油墨适性的影响。油墨黏度过低，流动性强，抗水性差，易乳化，造成背面蹭脏；油墨中冲淡剂过多时，也会加快油墨乳化，导致背面蹭脏。

（6）润版液的影响。润版液的 pH 值过低，会延缓油墨干燥，易出现背面蹭脏；润版液用量过大时，也会造成油墨乳化，导致背面蹭脏。

（7）车间温湿度的影响。车间温度越高，油墨越稀，越易乳化，易产生背面蹭脏；车间湿度越大，印张干燥则越慢，越易造成背面蹭脏。

7. 杠子

所谓杠子，是指印刷时印品上所出现的与滚筒轴线平行的，且与周围密度不同（颜色深浅不同）的条状印迹。它是因为靠版墨辊与印版滚筒之间、印版滚筒与橡皮滚筒之间，或者橡皮滚筒与纸张之间产生微小滑移等原因产生的。在油墨转移过程中这一微小滑移改变了墨膜厚度或网点的形状和大小，形成了条状墨色变化，这就是杠子。

根据外观，杠子分黑杠（墨杠）和白杠（水杠）两种，其根本原因是由于机械磨损、压力突变、线速不匀、接触面光滑、齿轮加工精度不高等，致使橡皮布、墨辊、水辊等与印版表面在滚压过程中产生的瞬间滑动，导致与印版滚筒轴线平行的某一直线上的图文，发生了网点变形，并改变了油墨堆积的厚度，形成与前后两色深浅不同的杠子。

杠子产生的原因具体如下。

（1）黑杠产生的原因

①着墨辊对印版的压力过大，这样着墨辊从空当部位碰到印版的咬口边缘时，会产生冲击跳跃，当然第一根着墨辊产生的冲击会在印版咬口边的空白位置，但当第二根着墨辊碰到印版咬口边缘产生冲击跳跃时，跳跃产生的振动会通过下串墨辊传递给已位于图文部分的第一根着墨辊，形成墨杠。这种墨杠一般靠近咬口处，位置上下不定。解决的方法是：首先要调节好着墨辊对印版的压力，其次还要注意着墨辊的橡胶硬度，硬度越高，越易出现墨杠。

②印版滚筒与橡皮布滚筒之间压力过大，橡皮布在压力挤压作用下产生较大的滑动摩擦，造成网点变形以致形成墨杠，这种墨杠大多是在固定的区域内出现，位置往往不变。要调整好印版滚筒与橡皮布滚筒之间压力。

③着墨辊与串墨辊之间压力过大，大于着墨辊与印版之间的接触压力，使得着墨辊两侧的压力相差过多，这样着墨辊的转动主要依靠串墨辊带动，从而使它在印版表面产生滑动摩擦，尤其是后一组的着墨辊容易形成墨杠，这种墨杠位置不固定，也可是单侧出现墨杠。

④滚筒齿轮磨损严重，齿轮间无法精确啮合。在滚筒受压时，由于齿轮的啮合不准而发生颤动，使得相接触的滚筒表面发生滑动摩擦，这时版面网点就会由于这种滑动摩擦而在转印时变形，形成一条条与齿轮节距相等的周期性的墨杠。

⑤滚筒轴承磨损严重，造成滚筒轴颈与轴套之间间隙过大，套合松动，咬口处受压后离让值大，产生滑动摩擦，形成比较宽的墨杠。这时需要更新滚筒轴承。

⑥印版滚筒与橡皮滚筒的包衬配置不当，造成二者在滚压过程中，压印面存在较大的滑动现象，形成黑杠。

⑦滚筒在匀速转动的某一瞬间产生振动，使印版滚筒、墨辊、橡皮布滚筒和压印滚筒产生微量的晃动，从而产生墨杠，这种墨杠的规律性不强，在印品上随机出现。

（2）白杠产生的原因

白杠主要是由于输水部分故障引起的，主要有以下几点。

①着水辊与印版表面接触压力过大，运转时印版咬口处在撞击下容易出现较大的跳动，而且后一根水辊的跳动会影响到前一根，此时前一根着水辊会对印版图文产生摩擦作用，这样在往复摩擦下，图文网点会遭到破坏，无法吸收足够的墨量而形成白杠，这种白杠常出现在咬口处。对应的解决方法是减小着水辊与印版之间的压力，特别注意使水辊两侧的压力均匀一致。

②串水辊传动齿轮磨损严重，运转中产生振动，并传给着水辊而引起白杠，这通常在印刷满版图文或实地时在某一区域内出现。

③传水辊摆时间不正确，传水辊向串水辊传水时，着水辊应当在印版滚筒的空当处，如果传水辊摆到串水辊时，着水辊刚好处在印版图文部分，这样会引起着水辊和版面间产生瞬间的重压摩擦，导致白杠，这种白杠通常出现在固定部位。

④着水辊与串水辊之间接触压力过大时，着水辊容易跟随串水辊轴向位移产生窜动，使着水辊与印版之间发生摩擦而引起白杠；着水辊与串水辊之间压力大于着水辊与印版之间压力时，若串水辊与印版表面线速度不一致的话，着水辊便会随着压力大的一侧即串水辊一侧同步运转，而着水辊与印版表面之间可能产生滑动，引起白杠。这种白杠前轻后重且间距较宽，其位置不固定，有时在单边出现。

8. 前后墨色深浅不一

印刷过程中有时会发现同一画面上墨色前后深浅不一的现象，往往是墨色前深后浅，这在版面耗墨量不大时还不是很明显，但在用墨量大的大面积实地印刷中就常遇到，这对印刷质量影响很大。产生墨色前深后浅故障的原因主要有如下几点。

（1）着墨辊表面老化或着墨辊表面清洗不干净，使其毛细孔变为光滑表面，影响油墨的吸附和传递，易出现前后墨色不一致的故障。这种墨辊可在保证直径允许情况下进行研磨，使之表面粗糙化，增加油墨的吸附及传递性能；也可用布蘸上煤油及浮石粉，用力擦去表面的光滑老化层，平时一定要将墨辊清洗干净。

（2）墨辊间压力太小，造成传墨不均匀，忽大忽小。尤其是着墨辊和串墨辊之间接触压力太小时，会影响油墨的正常传递，使得着墨辊第一圈传墨时的传墨量大于第二圈的传墨量，墨色前深后浅。印刷中要特别注意着墨辊与印版的压力要大于着墨辊与串墨辊的压力，这样便于油墨分离转移，保证墨色前后一致。

（3）滚筒方面原因。一是滚筒齿轮或轴承轴颈使用年久磨损，导致压力不均匀；二是滚筒轴颈与滚筒壳体不同心，当滚筒重心偏向叼口中侧，出现前深后浅的故障，这是滚筒滚动时，叼口及拖梢部位压力不一致所造成。压力大的一边网点增大，墨色深；压力小的一边，网点缩小，墨色浅。

（4）油墨过稠，流动性太小，在墨辊上传布不均匀，导致墨色前深后浅。

9. 重影

重影指印刷的线条旁边出现的浅线条或印刷网点旁边出现的侧影，侧影比主线条或主网点要淡一些，重影也称为双影。重影主要是发生在由于机械原因或工艺原因导致的印刷界面相对移动或颤动时，当滚筒窜动和压力过大时更为严重。

重影的出现使网点增大更为严重，并降低边缘的锐度，影响图像的阶调和色彩还原，使整个印刷品的图文模糊，清晰度明显下降。

（1）重影的种类

按照重影的方向来分，重影分为三类：纵向重影、横向重影和A、B重影。

①纵向重影，即上下重影。网点的侧影在原网点的上、下端与滚筒轴向垂直的方向上，位置固定，侧影有轻有重，如图4－41（a）所示。

②横向重影，即来去重影。网点的侧影在原网点的左、右侧，与滚筒的轴线方向平行或成一定的角度，位置固定，侧影有轻有重，如图4－41（b）所示。

③A、B重影，网点的侧影。有的在原网点的上、下端，有的在原网点的左、右侧，其位置不固定，如图4－41（c）所示。A、B重影有时是每一印张上均有，有时却是隔一张或隔几张才有。

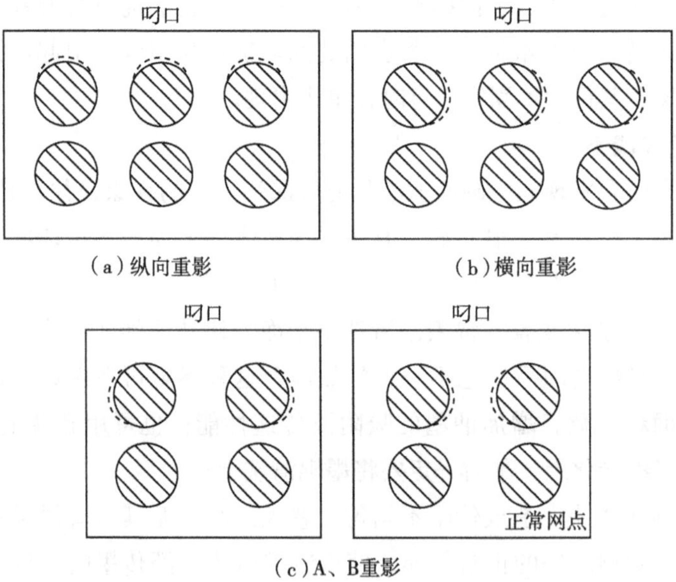

图4－41　重影的种类

（2）重影产生的原因

①纵向重影

a. 滚筒之间压力过大或滚筒半径配置不当，橡皮布在压印面摩擦力作用下位移量大，各次转印后不能完全复位，导致纵向重影。

b. 橡皮布绷得不紧，滚压过程中位移量大，并且不能依靠绷紧力复位。这里包括两种情况：一是橡皮布整体绷得不紧，这样引起的重影面积较大；二是橡皮布裁切歪斜或装得不好，导致局部绷得不紧而产生局部重影。

c. 印版没绷紧或印版咬口附近有破裂而导致压印过程中错位，形成纵向重影。

d. 滚筒轴颈与轴套，偏心套与墙板孔的配合间隙过大，使滚筒在运转过程中产生振动，滚筒转动角速度不均匀，印版滚筒与橡皮滚筒每次不能在相同的位置上接触，印版上的油墨连续两次转移到橡皮滚筒不同的位置，出现纵向重影。这类重影大多发生在印刷品的叼口部位。

e. 滚筒齿轮的侧隙及径向跳动量过大。胶印机使用年限过长，齿轮磨损，齿厚减小，各滚筒不能匀速运转，产生滚筒间的瞬时相对位移，出现纵向重影。

f. 周向传纸误差。一是多色胶印机各色机组相互交接不准。多色胶印机的油墨是在湿压湿的情况下进行叠印的，故先印的油墨印迹很容易转移到后套色的橡皮布表面。当各机组之间定位交接不准时，先印色的墨迹会发生位移，致使每色转移的印迹不能重合而引起重影。印刷时，纸张从进纸开始至收纸台为止，要经过许多部件，纸张交接的次数愈多，累积套印误差愈大，发生位移的机会也愈多，即出现重影的可能性愈大。因此要求滚筒之间的定位交接部件位置要精确，不能松动或磨损，以保证滚筒在切点交接纸张。二是剥离张力过大或压印滚筒咬牙牙垫光滑、咬力偏小，这时剥离张力大于压印滚筒咬牙咬力，使得纸张从咬牙中微量拉出，但每次被拉出的量又是随机的，这样导致套印误差，而产生纵向重影。

②横向重影

a. 两滚筒在运转中发生轴向位移。滚筒的止推轴承螺丝松动或止推轴承磨损或紧固止推轴承的螺母松动，使印版滚筒、橡皮滚筒、压印滚筒在高速运转中发生轴向位移，造成墨迹转移不重合，从而产生横向重影。

b. 轴向传纸出现误差。一般是由于叼纸牙的轴向串动，叼纸牙是安装在叼纸牙轴上的，叼纸牙轴的窜动，造成传纸不准，纸张出现位移，从而产生横向重影。这时需要调整滚筒叼纸牙轴两头紧圈和轴套端面的间隙，来克服这种原因造成的重影。

此外，串水辊、串墨辊的轴向窜动；纸张“荷叶边”、前挡规和侧挡规调节不当，使纸边压力过大产生卷曲；输纸不平稳等也是引起横向重影的原因。

③A、B 重影

双倍径滚筒胶印机的同一传纸滚筒或压印滚筒上的两副咬牙的制造或安装精度不够，或某一副咬牙装置发生故障，导致分别由两副不同的咬牙传递过去的先后相邻纸张，其位置不相同，但同一副咬牙传递过去的奇数纸张或偶数纸张位置相同，这样前一印张留在后一机组橡皮布上的印迹就不能和当前印迹相重合而产生重影，每一张都有重影，并且先后相邻两张印张的重影位置是对称的。

A、B 重影的产生，有机器本身设计和制造的原因，也有工艺操作的原因。机器的原因，主要是双倍径滚筒两副咬牙的制造和安装精度不够。工艺操作问题，主要是长期使用的牙垫被磨损，精度下降。

二、凹印中常见的故障

下面主要介绍凹印生产过程中最常见的故障现象、产生原因及解决办法。

1. 刀丝

现象：刀丝也称为刮墨刀痕，是指出现在印刷品中图案空白部分圆周方向的线状痕迹。

主要原因：来自刮墨刀、印版、油墨等方面。

（1）如刮墨刀平直度太低。

（2）刮墨刀刀口损伤。

（3）油墨的黏度过高。

（4）油墨的颗粒度太大。

（5）铬层光洁度不好。

（6）铬层硬度不高。

（7）滚筒加工与安装精度低。

解决办法：

（1）调整刮墨刀角度、高低位置，刮刀与印版的角度和压力。

（2）及时打磨或更换新刀。

（3）向油墨中加入适量溶剂，以降低黏度，增加流动性。

（4）采用油墨添加剂。

（5）过滤油墨或清洗过滤装置。

（6）打磨滚筒，或重新镀铬并抛光。

（7）控制好印版滚筒加工精度与安装精度。

2. 溶剂残留超标

现象：印刷品中有机溶剂残留量大，并伴有臭味发生。

主要原因：

（1）油墨成分选择不当。

（2）油墨涂膜的干燥条件或干燥机效率不良。

（3）薄膜树脂成分和性质缺陷。

解决办法：

（1）选用溶剂类型和比例适当的油墨。

（2）适当调整干燥温度和机器速度。

（3）选择不同种类的薄膜。因此，应从薄膜生产厂取得有关残留倾向的预备知识。

3. 网点丢失

现象：网点丢失也称小网点不足，指在层次版印刷中出现的小网点缺失现象，常见于纸张印刷。

主要原因：

（1）印版滚筒网穴堵塞。

（2）压印滚筒表面不光洁或硬度不合适。

（3）油墨内聚力偏大。

（4）纸张表面比较粗糙。

解决办法：

（1）加大印刷压力。

（2）使用硬度较低的压印滚筒。

（3）降低油墨的黏度，同时提高印刷速度。

（4）选择一些对印版亲和性较弱，对印刷基材亲和性较强的油墨。

（5）如果可能，可开启静电辅助移墨装置（ESA）。

（6）必要时，更换表面粗糙度低的材料。

4．脏污

现象一：油墨滴落或飞溅到承印物上。

主要原因：

（1）墨槽（滚筒）两端的密封不佳。

（2）印版滚筒的端面不光洁或倒角不合适，高速时甩出油墨。

（3）油墨流量过大。

解决办法：

（1）调整好密封装置挡墨片的位置。

（2）制作滚筒时要注意端面光洁，倒角适宜，或打磨印版滚筒端面。

（3）降低印刷速度，调整油墨流量。

现象二：印版非图文部分油墨未被刮净，转印到承印物上。

主要原因：刮墨刀未与印版滚筒紧密接触，油墨从刮墨刀与滚筒之间的间隙流出。

解决办法：

（1）提高印刷速度时，适当增加刮墨刀压力。

（2）保持刮墨刀压力均匀，如检查并调整刮墨刀的平直度和角度。

（3）横向局部出现脏污时，检查并排除刀口上的异物。

5．纵向套印不准

现象：纵向套印无法稳定正常精度。

主要原因：料带张力变化所引起。

（1）印刷机参数设定不当，主要是张力、干燥和冷却温度、压印力等。

（2）料卷质量状况差，平整度、同心度和均匀性太低。

（3）预处理装置未使用或不能正常工作。

（4）交接纸干扰。

（5）加速和减速，特别是在宽幅机上印刷窄幅材料时更为严重。

（6）滚筒尺寸不正确，比如尺寸误差大、偏心、椭圆、锥形、不平衡等，滚筒递增量不合适。

（7）压印故障，比如橡胶硬度不正确或弹性改变。

（8）压印滚筒滚面宽度不正确，导致端面变形，使印刷压印区接触不良。

（9）压印滚筒气压不稳定。

（10）油墨的黏度和刮墨状态改变。

（11）其他各种滚筒如过渡辊、冷却辊精度下降。

解决办法：

（1）正确设定印刷机各种参数，并根据实际情况进行适当调整。

（2）检查并规范原材料质量，必要时更换材料。

（3）检查并正确使用预处理装置，特别是纸张温湿度和薄膜表面处理。

（4）选择合适接纸方式，并注意相关机构的状况（裁切机构）。

（5）选择合适的加速度变化率（尽量选用低值），并尽量选用较大的料带宽度。

（6）严格控制印版滚筒各参数，特别是递增量。

（7）选择合适的压印滚筒材料和尺寸，检查并调整压印气缸状况和压印力。

（8）及时调整油墨的黏度，尽量采用自动控制系统，检查并调整刮墨刀的状况。

（9）保持各滚筒表面清洁，严格按要求进行润滑，检查并及时调整其精度（如跳动）。

6. 横向套印不准

现象：横向套印无法稳定达到正常精度。

主要原因：由机械缺陷、材料性能或动态效应等因素引起的问题。

（1）张力控制系统错误或设定不正确。

（2）纸张通过高温表面处理或干燥箱后因水分损失而收缩。

（3）滚筒递增量不合适。

（4）料带不能精确导向。

（5）滚筒偏差或位置精度不良使料带不断产生横向漂移。

（6）印刷副之前的导引辊（偏转辊）调整不当。

（7）反面印刷翻转杆装置产生横向摆动。

（8）料带和滚筒之间失去附着力。

解决办法：

（1）正确设定张力，检查张力控制系统状况或缺陷。

（2）正确设定纸张干燥和冷却温度等参数。

（3）在每个干燥箱之后利用低压蒸汽重新润湿，或用更好的方法是在印刷之前蒸汽加热，均匀去除纸张水分。

（4）增加张力以克服滚筒的缺陷，如必要，更换滚筒。

（5）检查并调整纠偏机构，如清洁传感器。

（6）精心调整导引辊。

（7）检查所有过渡辊和其他滚筒相对于印版滚筒的恒定误差。

（8）翻转杆装置输出端使用马达对角杆进行微调或增加牵引副。

（9）采用表面材质合适、尺寸正确（螺旋角、沟槽宽度和深度）的螺旋滚筒以在料带通过时排除空气。

7. 色差

现象：印刷过程中，同样产品卷与卷、批次与批次之间出现颜色差异现象。

主要原因：

（1）油墨批次不同在配制时产生的色差。

（2）油墨浓度改变。

（3）印版滚筒着墨量变化，包括印版滚筒磨损或多套印版滚筒参数（如雕刻的网线数、网角、深度、甚至表层硬度等）不一致。

（4）重复印刷时工艺参数未保持一致。

（5）承印材料本身存在色彩差异。

解决办法：

（1）保证每次配墨配比一致，颜色稳定。

（2）严格控制好油墨的黏度，尽量采用自动溶剂添加装置。

（3）及时更换印版滚筒，严格控制新制作滚筒的参数。

（4）防止层次版因堵版引起的色差。

（5）稳定印刷速度。

（6）调整刮墨刀角度。

（7）防止旧油墨使用不当引起色差。

8. 导向辊粘脏

现象：料带经过干燥后导向辊上沾染所印油墨的颜色，使后面产品被脏污。

主要原因：直接原因是印刷油墨的干燥不良，而造成油墨干燥不良的原因是多方面的，如油墨干燥性能不佳，干燥系统能力不够，印刷速度过快等。

解决办法：

（1）检查并确定所使用的溶剂类型是否合适，如有必要，更换成快干性溶剂。

（2）适当提高烘干温度。

（3）适当降低印刷速度。

（4）与油墨供应商研究改进油墨的干燥性能，特别是印刷非吸收性材料时。

9. 飞墨

现象：印刷时，不时有墨点飞溅到料带上，污染印刷表面。

主要原因：刮墨刀压力太大；刮墨刀破损、有缺口；印版滚筒防溅装置未密封好。

解决办法：适当减小刮墨刀的压力；打磨或更换刮墨刀；调整好防溅装置。

10. 堵版

现象：在印刷品特定部位（往往是高调部分）着墨量不足、图文不能完全复制再现。

主要原因：大多由油墨干结堵塞网穴而引起的。其原因主要在油墨方面，如油墨颗粒较粗、油墨中连结料再溶性差、黏度过高或干燥过快等。也可能与印版图文部的网穴深度过浅有关。

解决方法：

（1）清洗印版。

（2）使用颗粒较细的油墨。

（3）适当降低干燥温度。

（4）控制印刷车间温湿度。

（5）尽量缩短刮刀与压印滚筒之间的距离。

（6）混合使用慢干溶剂，适当提高印刷速度。

（7）经常搅拌油墨，及时添加新油墨或更换新油墨。

（8）重新镀版或重新制版。

（9）及时清洗印版，或者把它们浸入墨槽中连续空转。

（10）避免溶剂误用，应使用正规的专用稀释溶剂。

11. 起皮

现象：墨槽中油墨表层部分干燥，形成一层皮膜。皮膜附着到滚筒上可造成凹凸不平、刀痕、污染等。

主要原因：

（1）油墨干燥过快，或流动性差。

（2）墨槽结构不好，油墨存在不流动的滞留部分。

（3）热风系统泄露，加速了油墨表层干燥。

解决办法：

（1）降低油墨的干燥性，增加油墨的流动性。

（2）改进墨槽的结构，使油墨能够均匀地流动。

（3）或采取临时性措施，如在墨槽中漂浮聚乙烯管。

（4）对干燥箱增大排风量或加强密封措施，也可以改进或调整墨槽的密封装置。

12. 干燥不彻底

现象：干燥太缓慢，导致析出、导辊污染、黏着、油墨过多地渗入纸张，或引起印品卷曲以及因残留溶剂量增加而发出臭味。

主要原因：

（1）溶剂干燥性不够。

（2）干燥系统能力不足。

（3）印刷速度太高。

（4）印版墨穴深度过大。

解决办法：

（1）使用专用溶剂或快干溶剂。

（2）调整印刷速度。

（3）调整干燥参数（如风量、风速或温度）。

（4）调整印版滚筒的参数。

13．静电障碍

现象：静电蓄积放电时在直线部位发生条状斑痕状的现象，破坏了图像的形成，并可能引起火灾（冬季更易发生）。

主要原因：高阻值薄膜或其他材料与电位差不同的其他物质接触、剥离、摩擦而发生。

解决办法：

（1）对于薄膜，可以采用防静电剂等方法来减轻障碍，但如使用种类、份量不当，则会发生黏合障碍和层压障碍。

（2）淋水和使用加湿机或向印刷车间中导入水蒸气等以提高湿度。

（3）使用静电消除器，在印刷机上所有与材料接触的牵引副（进给部分、所有印刷单元、出料单元等）都安装静电消除器。

三、柔版印刷中常见的故障

在柔性版印刷实际的生产过程中，常见的印刷故障主要包括以下几个方面。

1．实地印刷有针孔

主要原因：双面胶使用不当。

解决方法：

（1）加大压力，但有时不能彻底解决。

（2）将墨调稀，加大油墨的流动性。

（3）采取印刷两遍的方法，但需要注意套版准确。

（4）工艺参数相同的网纹辊线数低，储墨量大，对减少针孔有利。

（5）双刮刀网纹辊系统，印刷速度不宜太快。

2．网点中心有针孔

主要原因：

（1）印版滚筒与压印滚筒之间的压力过小。

（2）制版时溶剂未彻底挥发，干燥时间不够，印版放置时间不足。

（3）油墨的黏度小。

解决方法：

（1）适当增加压力。

（2）控制印版的干燥时间，保证印版表面足够干燥。

3. 细小网点脏污

主要原因：压力过大。

（1）机器精度差的机器，在不该发生压力突变的情况下压力加大，即在一次调整了压力之后，在运转中压力变化较大。

（2）印版的突变造成压力的突变，使印刷压力增大。

解决办法：

（1）选择合适的印版网线与网纹辊线数的比例。

（2）选择合适的双面胶。应采用低密度双面胶，利用其比较软的特点缓冲异常冲击，减少网点变形。

4. 糊版

主要原因：

（1）印版浮雕太浅。

（2）印刷压力过大。

（3）供墨量太多。

（4）油墨的黏度过高。

（5）油墨干燥太快。

解决方法：

（1）重新制版，并适当地减少背曝光时间，增加印版浮雕的深度。

（2）适当减轻印刷压力。

（3）适当减少供墨量。

（4）降低油墨的黏度。

（5）降低热风干燥的强度，适当减慢车速，或者加入适量的慢干燥剂。

5. 粘脏

主要原因：

（1）油墨干燥不充分。

（2）油墨的黏度太高。

（3）复卷张力太大。

解决方法：

（1）提高干燥温度，或者加入适量挥发速度快的溶剂。

（2）降低油墨的黏度。

（3）降低复卷张力。

6. 印迹边缘轮廓

主要原因：

（1）印版不平整，有磨损。

（2）压印过度。

解决方法：

（1）调节金属网纹辊、印版、压印滚筒相互之间的压力，将接触压力减少到最小。

（2）调节版面高低（垫版），包括版面研磨和背面粘贴纸带。

（3）根据图文情况调节油墨。

7. 套印不准

主要原因：

（1）张力不当。

（2）印刷色组安排不当。

（3）机械振动或者机械偏差。

（4）承印材料不平整。

（5）印刷车间内温湿度不当，烘干箱温度过高，纸张尤其是塑料薄膜收缩严重。

解决方法：

（1）调节放卷和收卷的张力。

（2）重新调整印刷色序，将套准要求严格的色安排在相邻的色组紧挨着印刷，以防出现偏差，必要时可适当地在双面胶下再垫一层或两层透明胶带。

（3）检查机械部件，并调整相应的机器部件。

（4）调节张力，或者更换承印材料。

（5）降低干燥温度，并尽量保持车间内恒温、恒湿，有条件的话，在车间内安装空调器。

8. 叠色效果不佳

主要原因：

（1）前一色油墨干燥不充分。

（2）后一色油墨的黏度过高。

解决方法：

（1）加入适量的挥发快的溶剂，提高前一色油墨的干燥速度。

（2）降低后一色油墨的黏度。

9. 油墨起泡

主要原因：印刷速度太快，而且未使用消泡剂或者消泡剂的用量不足。

解决方法：加入适量的消泡剂，或者适当降低印刷速度。

10. 静电故障

主要原因：

（1）气候和环境。气候寒冷和空气干燥是产生静电的主要原因，我国北方气候寒冷干燥，在冬季最容易出现静电问题。

（2）材料之间、材料同传动辊之间的摩擦、接触再分离也会产生静电，如薄膜面料分离时，其内部的电子转移到另一种材料上，电子转移的结果是薄膜表面出现静电。

解决方法：

（1）控制印刷车间的湿度和温度。在印刷车间安装加湿器，使理想的温度为20～22℃，相对湿度为50%。

（2）在机器上安装静电消除器。静电消除器有铜金属线法和静电刷两种。

四、丝网印刷中常见的故障

丝印故障的产生有单一方面原因的，但更多的则是错综复杂的诸多原因交叉影响的结果。常见的故障有以下几种。

1．糊版

现象：丝网印版图文通孔部分在印刷中不能将油墨转移到承印物上的现象。

原因：丝网印刷过程中产生的糊版现象的原因是错综复杂的，主要包括以下几个方面。

（1）承印物的原因。丝网印刷承印物是多种多样的，承印物的质地特性也是产生糊版现象的一个因素。例如：纸张类、木板类。织物类等承印物表面平滑度低，表面强度较差，在印刷过程中比较容易产生掉粉、掉毛现象，因而造成糊版。

（2）车间温度、湿度及油墨性质的原因。丝网印刷车间要求保持一定的温度和相对湿度。如果温度高，相对湿度低，油墨中的挥发溶剂就会很快地挥发掉，油墨的黏度变高，从而堵住网孔。如果环境温度低，油墨流动性差也容易产生糊版。

（3）丝网印版的原因。制好的丝网印版在使用前用水冲洗干净并干燥后方能使用。如果制好版后放置过久不及时印刷，在保存过程中或多或少就会黏附尘土，印刷时如果不清洗，就会造成糊版。

（4）印刷压力的原因。印刷过程中压印力过大，会使刮板弯曲，刮板与丝网印版和承印物不是线接触，而呈面接触，这样每次刮印都没能将油墨刮干净，而留下残余油墨，经过一定时间便会结膜造成糊版。

（5）丝网印版与承印物间隙不当的原因。丝网印版与承印物之间的间隙不能过小，间隙过小在刮印后丝网印版不能脱离承印物，丝网印版抬起时，印版底部就会黏附一定的油墨，这样也容易造成糊板。

（6）油墨的原因。在丝网印刷油墨中的颜料及其他固体料的颗粒较大时，就容易出现堵住网孔的现象。另外，所选用丝网目数及通孔面积与油墨的颗粒度相比小了些，使较粗颗粒的油墨不易通过网孔而发生封网现象也是其原因之一。此外，在印刷过程中，油墨的黏度增高，流动性差，会使油墨在没有通过丝网时便产生糊版，这种情况可以通过降低油墨的黏度、提高油墨的流动性来解决。

2. 油墨在承印物上固着不牢

原因：当承印物表面附着油脂类、黏结剂、尘埃物等物质时，就会造成油墨与承印物黏结不良。塑料制品在印刷前表面处理不充分也会造成油墨固着不牢的故障。

解决方法：

（1）如果承印材料是聚乙烯，在印刷时为了提高与油墨的黏着性能，必须进行表面火焰处理，如果承印材料是金属材料，则必须进行脱脂、除尘处理后才能印刷，印刷后应按照油墨要求的温度进行烘干处理，如果烘干处理不当也会产生墨膜剥脱故障。

（2）在纺织品印刷中为了使纺织品防水，一般都要进行硅加工处理，这样印刷时就不容易发生油墨黏着不良的现象。

（3）玻璃和陶瓷之类的物品，在印刷后都要进行高温烧结，所以只要温度处理合适黏结性就会好。试验墨膜固着牢度好与坏的简单方法：当被印刷物是纸张时，可把印刷面反复弯曲看折痕处的油墨是否剥离，如果油墨剥离，那么它的黏结强度就弱。另外，将印刷品暴露于雨露之中，看油墨是否容易剥落，这也是检验墨膜固着牢度好坏的一个方法。

（4）油墨本身黏结力不够引起墨膜固着不牢，最好更换其他种类油墨进行印刷。稀释溶剂选用不当也会出现墨膜固着不牢的现象，在选用稀释溶剂时要考虑油墨的性质，以避免出现油墨与承印物黏结不牢的现象发生。

3. 墨膜边缘缺陷

在丝网印刷中，常出现的问题是印刷墨膜边缘出现锯齿状毛刺（包括残缺或断线）。

原因：产生毛刺的原因有很多，但是主要原因在于丝网印版本身的质量问题。

（1）感光胶分辨力不高，致使精细线条出现断线或残缺。

（2）曝光时间不足或曝光时间过长，显影不充分，丝网印刷图文边缘就不整齐，出现锯齿状。好的丝网印版，图文的边缘应该是光滑整齐的。

（3）丝网印版表面不平整，进行印刷时，丝网印版与承印物之间仍旧存有间隙，由于油墨悬空渗透，造成印刷墨迹边缘出现毛刺。

（4）印刷过程中，由于版膜接触溶剂后发生膨胀，且经纬向膨胀程度不同，使得版膜表面出现凹凸不平的现象，印刷时丝网印版与承印物接触面局部出现；油墨悬空渗透，墨膜就会出现毛刺。

解决方法：

（1）选用高目数的丝网制版。

（2）选用分辨力高的感光材料制版。

（3）制作一定膜厚的丝网印版，以减少膨胀变形。

（4）尽量采用斜交绷网法绷网，最佳角度为22.5°。

（5）精细线条印刷，尽量采用间接制版法制版，因为间接法制版出现毛刺的可能性比较小。

（6）在制版和印刷过程中，尽量控制温度这一膨胀因素，使用膨胀系数小的感光材料。

（7）提高制版质量，保证丝网印版表面平整光滑，网版线条的边缘要整齐。

（8）应用喷水枪喷洗丝网印版，以提高显影效果。

（9）网版与承印物之间的距离、刮板角度、印压要适当。

4. 着墨不匀

原因：墨膜厚度不匀，原因是各种各样的，就油墨而言是油墨调配不良，或者正常调配的油墨混入了墨皮，印刷时，由于溶剂的作用发生膨胀、软化，将应该透墨的网孔堵住，起了版膜的作用，使油墨无法通过。

解决方法：

（1）调配后的油墨（特别是旧油墨），使用前要用网过滤一次再使用。

（2）在重新使用已经用过的印版时，必须完全除去附着在版框上的旧油墨。

（3）印刷后保管印版时，要充分的洗涤（也包括刮板）。

5. 针孔

原因：针孔发生的原因也多种多样，有许多是目前无法解释的原因，有的还是质量管理的问题。针孔是印刷产品检查中最重要的检查项目之一。

（1）附在版上的灰尘及异物。制版时，水洗显影会有一些溶胶混进去。另外，在乳剂涂布时，也有灰尘混入，附着在丝网上就会产生针孔。

（2）承印物表面的清洗。铝板、玻璃板、丙烯板等在印刷前应经过前处理，使其表面洁净。

解决方法：

（1）试验时注意检查印版，发现并进行及时的补修。

（2）若灰尘和异物附着在网版上，堵塞网版开口也会造成针孔现象。在正式印刷前，若用吸墨性强的纸，经过数张印刷，就可以从版上除去这些灰尘。

（3）在承印物经过了前处理后，应马上印刷。在多色印刷中，一般采用印刷前用酒精涂擦的方法。另外，还可使用半自动及全自动的超声波洗净机。经过前处理，可去除油脂等污垢，同时，也可除去附着在表面上的灰尘。

6. 气泡

原因：承印物在印刷后墨迹上有时会出现气泡，产生气泡的主要原因有以下几个方面。

（1）承印物印前处理不良。承印物表面附着灰尘以及油迹等物质。

（2）油墨中的气泡。为了调整油墨，加入溶剂、添加剂进行搅拌时，油墨中会混入一些气泡，若放置不管，黏度低的油墨会自然脱泡，黏度高的油墨则有的不能自然脱泡。这些气泡有的在印刷中因油墨的转移而自然消除，有的却变得越来越大。

（3）印刷速度过快或印刷速度不均匀。

解决方法：

（1）为了去除油墨中的气泡，要使用消泡剂，油墨中消泡剂的添加量一般为0.1%～1%左右，若超过规定量反而会起到发泡作用。红、蓝、绿等透明的油墨，因微粒子的有机颜料量比例较少，这些油墨的连结料具有易发泡的特点。若添加相应稀释剂、增黏剂或撤黏剂，也可使油墨转变为稳定的印刷适性良好的油墨。

（2）适当降低印刷速度，保持印刷速度的均匀性。

（3）如果上述几条措施均不能消除印刷品中的气泡时，可以考虑使用其他类型的油墨。

7. 网痕

原因：丝网印刷品的墨膜表面有时会出现丝网痕迹，出现丝网痕迹的主要原因是油墨的流动性较差，当丝网印版抬起时，油墨流动比较小，不能将丝网痕迹填平，就得不到表面光滑平整的墨膜。

解决方法：为了防止印刷品上出现丝网痕迹，可采用如下方法。

（1）使用流动性大的油墨进行印刷。

（2）可以考虑使用干燥速度慢的油墨印刷，增加油墨的流动时间使油墨逐渐展平并固化。

（3）在制版时尽量使用网丝比较细的单丝丝网。

8. 墨膜龟裂

原因：

（1）由于溶剂的作用和温度变化较大引起。

（2）承印物材料本身因素也会导致墨膜龟裂的现象发生。

解决方法：

（1）选用耐溶剂性、耐油性强的材料作为承印材料，并注意保持车间温度的均衡。

（2）在多色套印时，要在每色印刷后充分干燥，并严格控制干燥温度。

9. 洇墨

原因：洇墨是指在印刷的线条外侧有油墨溢出的现象。在印刷一条线时，在刮板运动方向的一边，油墨溢出而影响了线条整齐，这种现象就称作洇墨。

解决方法：洇墨可以通过调整印版和油墨的关系，刮板的运行和丝网绷网角度的关系加以解决。

（1）可以使用柔软的尼龙丝网和尺寸精度高的聚酯丝网制版。

（2）在制版工序中最好采用斜法绷网。

10. 静电故障

原因：

（1）合成树脂系的油墨容易带电。

（2）承印物即使像纸一样富于吸水性，但空气干燥时，也会产生静电。塑料类的承印物绝缘性好，不受温度影响，也易产生静电。

（3）印刷面积大，带电也越大，易产生不良效果。

解决方法：

（1）调节环境温度，增加空气的湿度，适当温度一般为20℃左右，相对湿度为60%左右。

（2）将少量防静电剂放入擦洗承印材料用的酒精中。

（3）减少摩擦压力及速度；尽可能减少承印物的摩擦、压力、冲击；安装一般的接地装置。

（4）利用火焰、红外线、紫外线的离子化作用；利用高压电流的电晕放电的离子化作用。

复习思考题四

1. 根据实地密度控制输墨量的原理是什么？

2. 网点的几何增大和光学增大有什么相同之处？有什么不同之处？

3. 简述印刷相对反差的意义。

4. 对于四色印刷图像来说，至多存在几种叠印率？测量计算叠印率时最好采用什么滤色片？

5. 用偏振滤色片测量实地密度可以达到哪些目的？

6. 印刷控制条有哪些作用？在印张上设置在什么位置？

7. 印刷品质量控制条一般应包括哪些元素？每种元素的控制目标是什么？

8. 分析布鲁纳尔五段控制条的原理、使用方法，并说明各结构要素的使用方法。

9. 简述印刷测试版的意义、设计元素及基本功能。

10. 正确使用印刷测试版的印刷条件是什么？

11. 列举说明影响胶印印刷质量的主要因素。

12. 列举说明保证柔性版印刷工艺印品质量的关键因素。

13. 列举说明保证凹版印刷工艺印品质量的关键因素。

14. 印刷中出现重影故障的原因是什么？如何解决重影故障？重影与网点变形（也称模糊故障）的区别是什么？

第五章　印刷机质量控制系统

【**内容提要**】本章主要介绍几种典型的印刷机质量控制系统，如海德堡公司的 CPC、CP－Tronic 以及 CP2000 系统；曼罗兰公司的 RCI、CCI 和 PECOM 系统；高宝公司的 Opera 系统；小森公司的 PAI 系统等和凹印质量控制系统。学生通过学习，能够了解现代印刷质量控制的特点，并为将来使用打下基础。

【**基本要求**】了解各种质量控制系统的特点。

第一节　概述

印刷机质量控制系统是指在高速印刷情况下，印刷机在线检测和控制印刷过程的系统，不同的印刷机具有不同的质量控制系统。

印刷机的自动控制起源于 20 世纪的 70 年代。1972 年德国罗兰公司成功地研制出了多色胶印机遥控装置，几年后又研制了印品质量计算机控制系统。几乎同时，海德堡公司推出了 CPC 印刷机遥控系统。经过二十多年的发展，印刷机的自动控制技术经历了由起初的仅仅对油墨及套准的控制，发展到全数字化的对整个印刷机工作状态的全面控制，以及通过网络技术的应用，实现了对印前、印刷和印后全部工作过程乃至印刷厂的全部工作，如物流、计价、印件跟踪、发票、采购等所有环节的整体控制。目前，印刷设备市场中 90% 以上的多色胶印机都配备了自动控制系统，如海德堡公司的 CPC、CP－Tronic 以及 CP2000 系统；曼罗兰公司的 RCI、CCI 和 PECOM 系统；高宝公司的 Opera 系统；小森公司的 PAI 系统等。

采用印刷机质量控制系统后，印刷过程中的墨量调整、水墨平衡、套准调节、质量检测与控制、印版装卸、清洗橡皮布以及输纸、收纸机构的调整等大量的工作环节都采用了极高的自动操作，大大提高了印刷机的实际生产效率。

印刷机采用自动控制系统具有如下主要优点。

1. 缩短更换印件的准备时间。
2. 减少了废品，降低了纸张、油墨等材料的损耗，降低了生产成本。
3. 减轻了工人的劳动强度，改善了劳动条件。

4．最大限度地降低了凭经验判断印品质量的人为主观因素，印件质量得到了保证，同时在重印时也可以保证印刷质量的一致性。

因为墨色控制、套准控制等都是由机器来自动进行的，所以实现起来准确快捷，对操作者的经验性的要求大大降低。

印刷机自动控制技术还在继续发展，各印刷机制造商不断提高印刷机自动化程度，其目的在于进一步缩短印刷机印前准备时间，进一步提高印刷机的实际生产效率。

第二节 典型的胶印机质量控制系统

一、海德堡印刷机的自动控制系统

海德堡印刷机的 CPC 计算机印刷控制装置是应用在平版印刷机上的，是用来预调给墨量、遥控给墨、遥控套准及监控印刷质量的一种可扩展式系统。它主要包括给墨量和套准遥控装置（CPC1）、印刷质量控制装置（CPC2）、印版图像阅读装置（CPC3）、套准控制装置（CPC4）、数据管理系统（CPC5）和 CP Tronic（CP）自动监测和控制系统几部分，如图 5－1 所示。

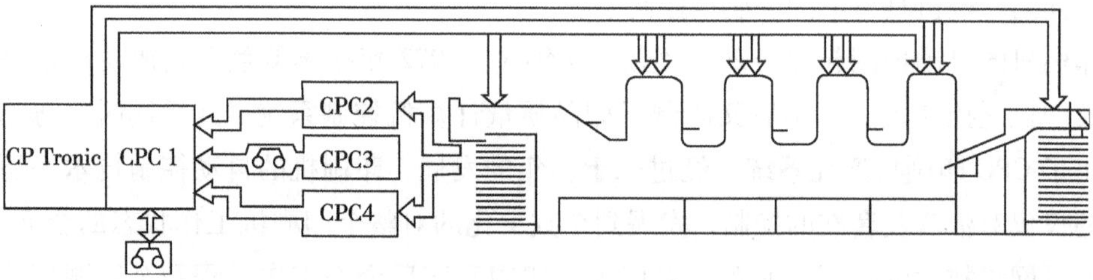

图 5－1 海德堡印刷机的 CPC 系统组成

（一）CPC 控制系统

1．输墨和套准遥控装置（CPC1）

海德堡 CPC1 印刷控制装置是由遥控给墨和遥控套准两部分组成的，它有三种不同的型号，代表着三个不同的扩展级别。

（1）CPC1－01

CPC1－01 是基本的给墨和套准遥控装置，该装置通过控制台上的按键对墨斗电机进行控制实现墨量的调节，对套准电机进行控制实现多色印刷的套准。

①墨量的控制。海德堡印刷机在轴向上将墨辊分为 32 个（对开印刷机，四开机则为 20 个）区域，每个墨区的宽度为 32.5mm，如图 5－2 所示，在对印刷机组进行墨量调节时，可通过调节单个的墨区墨量来实现。如图 5－3 所示，在 CPCl－01 的控制台上，设有

控制微电机的32组调节按键7，分别对应于32个墨区。每组有两个按键，上面的按键为加墨按键，下面的按键为减墨按键。按键的上方为墨量显示器，与调节按键一样也有32组，分别对应着32个墨区，并且每一组显示器都由16个发光二极管组成，用于显示该区域墨膜的厚度，调节的范围在0～0.52mm内，每一小格代表0.01mm。

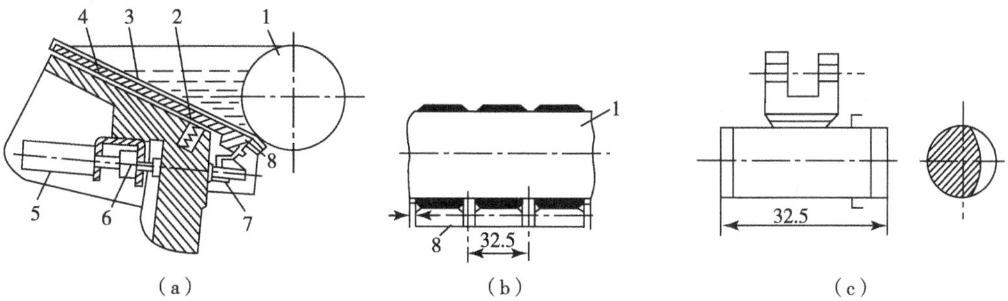

图5－2　海德堡印刷机的遥控输墨装置

1—墨斗辊；2—弹簧；3—涤纶片；4—板条；5—微电机；6—电位计；7—旋转副；8—计量墨辊

整个墨斗出墨量的调节可以通过图5－3中控制台上的按键3改变墨斗辊间歇回转角度的大小来实现。墨斗辊回转角度的调节也是通过微电机控制的，回转角度的大小可以在按键上方的显示器上显示，这时显示的数值为实际回转角度与最大回转角度的百分数，如显示器显示“45”，表示墨斗辊的实际回转角度为最大转角的45%，调节精度为最大回转角的1%。

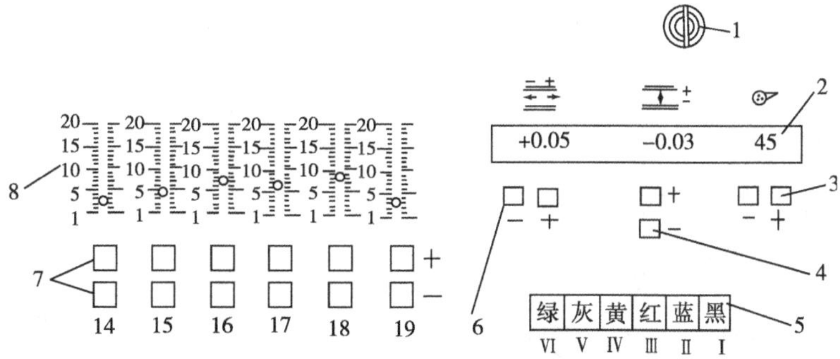

图5－3　CPC1－01控制台

1—总开关；2—显示屏；3、4、6—集中控制按钮；5—机组选择键；7—单个调节按钮；8—显示装置

图5－3中5为机组选择键，在多色印刷时用于选择参与印刷的机组。图5－3的右上方1是总开关，工作时需要先打开总开关1，然后再按机组选择键5，这样才能进行控制工作。

在检查油墨密度时，先将抽检的印张放在CPC控制台上，再将图文与调节按键7对正。首先检查的是印张上全部图文区域的整体墨量是否合适，如果某色墨量不合适，则先通过按键5选择相应的机组，再用按键3来调节墨斗辊的回转角度；如果整体墨量合适，而某些局部区域的墨量不合适，则也是先在5上选择对应的机组，然后再调整这些区域分别对应下面的调节按键7。

②套准的控制。在图5－3中控制台上的按键4、6用于有两组按键用于控制印版滚筒轴向和周向的套准，控制过程是通过安装在印版滚筒轴端的微电机实现的。同样，控制调整的数值可以在各自按键的上方显示出来，调节精度为0.01mm，调节范围为±2mm。在控制台上用放大镜观察印样的十字套准线，确定各色的套准误差。然后通过机组选择按键5选择对应的机组，并通过套准控制键4、6进行调节。

（2）CPC1－02

CPC1－02除了具有CPC1－01的所有功能以外，还增加了盒式磁带装置、光笔、墨膜厚度分布存储器和处理机等。使用光笔在墨量显示器上划过，就可以把当前的墨膜厚度分布情况以数据形式记录并存储到存储器当中，需要时只需调出就可直接使用。CPC1－02控制台如图5－4所示。CPCl－02的盒式磁带装置可以调用由CPC3印版阅读装置提供的预调数据，因此可以将给墨量迅速地调整到设定的数值，从而缩短了准备工作时间，提高了生产效率。

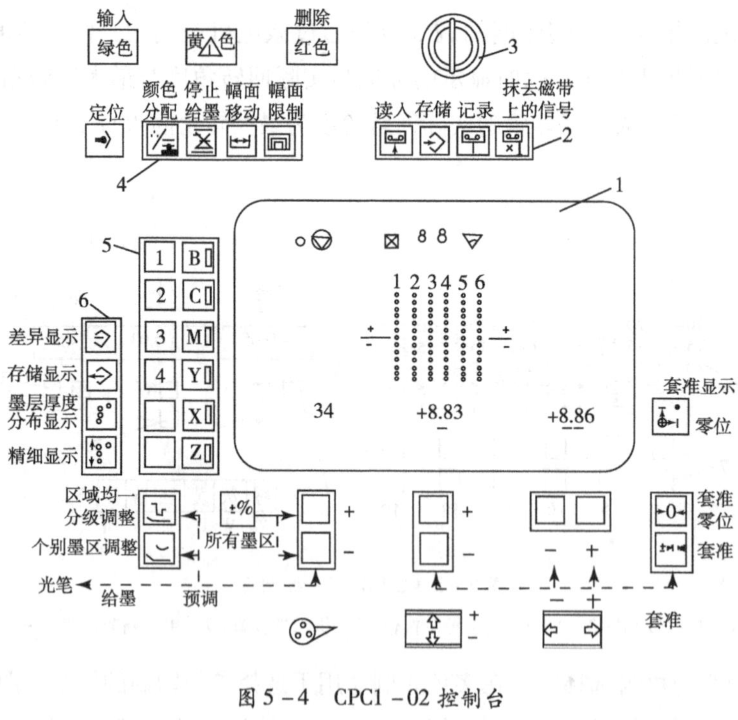

图5－4 CPC1－02控制台

1—显示器；2—光笔；3—控制台总开关；4—墨量存储器；5、6—按键组

（3）CPCl－03

CPCl－03是CPC1装置的又一种扩展形式，它提供了手动控制、随动控制和自动随动控制等多种控制方式，可以通过数据线与CPC2印刷质量控制装置相连，将CPC2装置测得印张上每个墨区的墨层厚度转换成墨量调整值，并将其与设定的数值进行比较，再

根据偏差值进行校正，从而更快、更准确地达到预定的数值。

（4）CPC1－04

CPC1－04 为海德堡印刷机另一种新型墨量及套准遥控系统，可以完全取代原先的 CPC1－02和 CPC1－03 装置，并包括了它们的所有功能。这种新型控制系统的信息显示采用与海德堡的 CP－Tronic 相同的等离子显示器，而且操作和显示方式也与 CP－Tronic 类似，所以使 CPC 与 CP－Tronic 的系统联动控制更加简便。CPC1－04 系统中功能也进一步丰富多样，信息以图像表示，与 CP 窗系统相似，使印刷控制与故障诊断等操作更趋简捷，提高了工作效率。

CPC1－04 系统整机套准遥控由一组单独控制键操作，程序更加合理。CPC1－04 墨区遥控伺服电机和印版滚筒套准电机的控制比以前也有了重大改进。印刷品墨量分布值一经调定，CPC1－04 系统现在可以同时控制 120 个墨区电机进行墨量控制，使整机上墨和水墨平衡所需的时间比以前缩短了 50% 以上，与此同时 CPC1－04 现在也比原先能同时控制更多的套准用伺服电机，从而更大地减少换版和印刷工作准备时间。

与海德堡印版阅读器 CPC31 或海德堡印刷数据管理系统 CPC51 联用，CPC1－04 系统可以对比以前更多的印件进行墨量分布预调和数据存储。例如，在 CPC31 上 50 个不同印件的网点分布信息，通过磁卡，在 CPC1－04 系统上同时进行数据转换和分析，预设墨量分布数值，并分别储存起来，从而可以大大提高预设定工作的可靠性和效率。最新生产的 CPCl－04 系统还可以对海德堡公司印刷机的上光单元进行精确的套准控制。

2. 印刷质量控制装置（CPC2）

（1）CPC2 概述

CPC2 印刷质量控制装置是一种利用印刷质量控制条来确定印刷品质量标准的测量装置。印刷质量控制条可以放置在印刷品的前口或拖梢处，也可以放置在两侧。CPC2 可以和多台印刷机或 CPC1－03 相连，测量值可以用数据传输线输送到多达 7 台的 CPC1－03 控制台或 CPC 终端设备。若有打印设备，还可以将资料打印出来；若与 CPC1－03 联机，则可以直接将测量数据传输到 CPC1－03 上进行控制，从而缩短了更换印刷作业所需要的时间，并减少了调机时的废品。在印刷中该装置是通过计算机把实际的光密度值转换成控制给墨量的输入数据来保证高度稳定印刷质量的。

该装置的同步测量头可在几秒钟内对印刷质量控制条的全部色阶进行扫描。在一张印刷品上可以测量六种不同的颜色（实地色阶和加网色阶），然后确定诸如色密度、容限偏差、网点增大、相对印刷反差、模糊和重影、叠印牢度、色调偏差和灰色度等特性参数值，并将这些数据与预调参考值相比较。上述结果可在 CPC2 质量控制装置的荧光屏上同时显示出给定值或相对规定值的偏差值。此时操作人员可以按“释放测量值”键将数据传送到 CPC1－03 控制台，再由 CPC1－03 控制台根据校正颜色和光密度偏差来计量墨辊的调定值，并给出建议的校正值，其校正方法可以通过手动方式、随动方式或自动随动方式进行。也可将得到的正确值存储或打印出来，以便再用。

（2）CPC2－S 分光光度质量控制

CPC2－S 分光光度质量控制用色度测量代替原 CPC2 的密度测量。CPC2－S 能进行光谱测量和分光光度鉴定，而且能够根据 CPC 测量条的灰色、实地、网目和重叠区计算出 CPC1 装置的油墨控制值。印刷前可测量样张或原稿的测量条，在印刷过程中可测量印刷品的质量控制条，并可将从原稿所测量的 6 种颜色直接转为专色；它与 CPCl 结合使用能够最大限度接近样张或指导印刷。而且它也可以测量油墨的光密度。

（3）海德堡印刷质量控制系统 CPC21

该系统利用分光光谱来分析色彩，改善了过去凭人眼获得的色彩的方式。该装置对于 PMS 和特殊内部色彩的升级极为有用。通过打样的参考值与机器印张的比较，输墨的正确校正数值可自动进行计算。然后机器进行自我校正。

（4）海德堡印刷质量检测系统 CPC22

CPC22 是一种经济实用的印刷质量检测系统，可以帮助印刷厂家提高印刷品的质量并达到 ISO 9000 印刷质量检测标准，进而帮助企业取得 ISO 9000 认证。

ISO 9000 标准或者说印刷品质量检测证书的第一步，就是要对印件在印刷过程当中进行连续不断的、有规律的检测。每个印件都可以根据其印刷特性得到取样的频率和检测内容。按照这个频率，印刷工人有规律地取出样张，在 CPCl－04 看稿台上对样张进行质量分析并由 CPC22 印刷检测系统对检测数据进行打印，记录到该样张上去。通过对这一组样张的印刷数据的记录打印，印刷厂家便可以向他们的用户提供整套印刷质量控制的过程数据文件（包括所有样张），同时也达到了对印刷过程有规律质量控制的目的。

海德堡印刷质量检测系统 CPC22 有一个便携无绳式打印机，用于对样张的检测数据记录，数据可以被打印在印张的任何部位。CPC22 系统对印张的检测频率、内容及输出格式等均可以按用户要求在 CP 窗系统中进行预设。在印数接近采样点时指示灯会自动闪亮，提醒操作人员取样检查。样张取出之后，CP 窗系统便将当时的实际印刷数据传送给 CPC22 系统，只要按一下按钮，便能将这些数据打印记录在样张的任何区域上。操作简便可靠，对于短版高速印刷，其优越性尤为明显。印刷完成之后，工人可以对每个印件都有一套完整的、有数据记录的样张，作为印刷质量跟踪控制的可靠依据。

（5）海德堡联机图像控制系统 CPC23

CPC23 是海德堡公司新近推出的单张纸胶印机联机在线图像控制系统。这一系统的推出和使用，使印刷机操作功能对印张进行实测比较，从而使随机印刷品色彩控制成为可能；同时也使我们对印刷图像的瑕疵区域、墨皮蹭脏或套印误差等进行精确检测成为可能。

CPC23 系统是为那些对印刷品质量要求极高的印刷企业设计制造的，例如高品质包装盒、精美名牌商标或者其他高品质的商业印刷品的印刷企业。

CPC23 系统采用专门设计的高分辨率 CCD 监测扫描头对整个印张进行数据扫描采样，并将采样数据传送至专用计算机处理，并与预设值进行比较分析。该系统的数据采样精度极高，以 70cm×100cm 的印张为例，CPC23 系统将此区域细分成 100 万个以上的像素单元，并对其进行逐个采样。

印张经采样后在一个高分辨率的彩色显示屏上显示，任何印刷图像的错误信息会立刻清晰地被显示出来，印刷人员便能及时准确地采取措施纠正，CPC23 系统可以容易地监测到直径为 0.3mm 的细小印刷瑕疵，在 0.8mm×0.8mm 的区域中也可以检查到由于墨皮蹭脏而引起的不小于 D=0.1 的局部密度偏差。当 CPC23 系统发现上述种种错误时，会立即对印刷人员进行提示。按客户要求，海德堡公司还可以提供收纸端标贴插入装置。

在印刷中为了实现对印张色彩的全面控制，必须对印张上一些关键区域进行监检控制。通过 CPC23 的彩色显示屏，便可对那些高品质要求的包装盒、商标和样本等印张进行分析，找出对印刷质量控制最重要的区域，并对其进行监控设定，当然 CPC23 系统也可以对其进行自动分析设定。

当印刷机调定完成，操作人员得到满意的印张之后，CPC23 系统将对此印张后面的 16 张印张测量数据并自动采集运算，得出标准比较值，作为以后印张图像监测和色彩控制的基准。印刷色差在印刷过程中可以被及时发现，而且 CPC23 系统可以通过其显示屏显示颜色变化的趋势，印刷人员可以立即采取相应的调节措施。该系统软件还有控制动作的记忆功能，从而保证在整个印刷过程中准确及时地校正色差，最大限度地保障印刷质量的稳定性，提高印刷成品率。

3. 印版图像阅读装置（CPC3）

CPC3 印版图像阅读装置是一种通过测量印版上网点面积率来确定给墨量的装置，如图 5-5 所示。与 CPC1 对应，CPC3 也是将图像分为若干个区域，测量时单独计算每个墨区的墨量。CPC3 印版图像阅读装置可对逐个给墨区感测印版上亲墨层所占面积的百分率。感测孔宽度 32.5mm，相当于计量墨辊有效宽度或海德堡印刷机墨斗上墨斗螺丝之间的距离。对最大图像部分，刚采用 22 个前后排列成一行的传感器，同时测量一个给墨区，每组传感器的测量面积为 32.5mm×32.5mm，每组传感器安装在一根测量杆上。根据需要测量杆上的传感器可以同时工作，也可以让其中一部分工作。

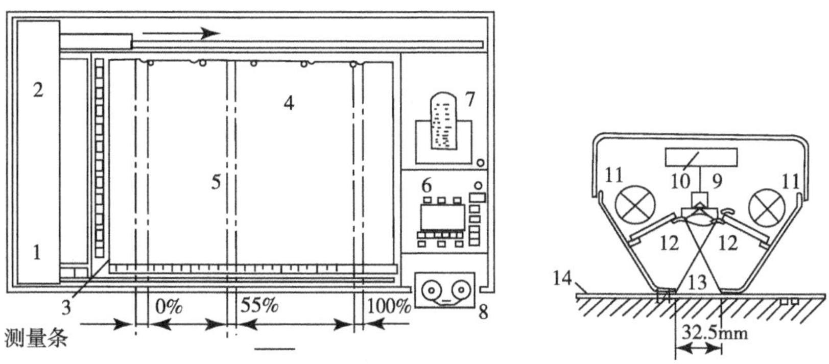

图 5-5　CPC3 印版图像阅读装置

1—测量条；2—标准条；3—校准区；4—印版；5—图像区；6—操作台；7—打印记录；8—盒式磁带；9—传感器；10—电子装置；11—活塞分配器；12—扩散的荧光屏；13—测量限制器；14—吸气槽

CPC3 专为海德堡各种尺寸规格的印版设计的，能够阅读所有标准商品型的印版（包括多层金属平版），印版表面质量好坏直接影响测量的结果。印版基本材料、涂层材料的涂胶越均匀，测量结果就越准确。

CPC3 印版图像阅读装置通常放置在制版室内，在印版曝光和涂胶以后，可以立即只用几秒钟的时间阅读一个印版，在阅读过程中，传感器均采用与欲阅读印版相类似的校准条进行校正。在非图像部分校准至 0%，在实地部分校准至 100%，为了排除校准条和印版之间在颜色方面的差别，采用附加的校准传感器来测量一个校准区，此校准区也可在印版上曝光，它可以自动校正颜色上存在的任何偏差。

CPC3 印版图像阅读装置测量的结果可以存储在盒式磁带或打印输出，当采用打印输出时，有两种不同类型的打印件。一种是有各种颜色和各种墨区的百分率数值；另一种是以图表的方式表示单一颜色的区域百分率。

该装置总共可相继测量和存储六个印版（颜色），印版颜色的顺序是黑色、青色、品红、黄色以及第五和第六种颜色，它们与阅读印版的次序无关。在印刷前，只要将印版和 CPC3 记录的 CPC 盒式磁带给操作人员，只要把磁带读入 CPC1 - 02 和 CPC1 - 03 的存储器中，按一下控制台上的按钮，就可把数据输给印刷机，并早已由 CPCl - 02 和 CPC1 - 03 的处理机把网点百分率数据换算成个别给墨区的调定值，就可以开机进行印刷。因此采用 CPC3 阅读印版，可以更快更准确地预调墨层厚度分布，几乎没有换版调机时的纸张浪费和时间的浪费。

4. 套准控制装置（CPC4）

（1）CPC4 套准控制装置

CPC4 是一个无电缆的阅读装置——套准阅读器，如图 5 - 6 所示。可以通过它测量周向和横向套准偏差值，并且可以显示和存储测定结果。

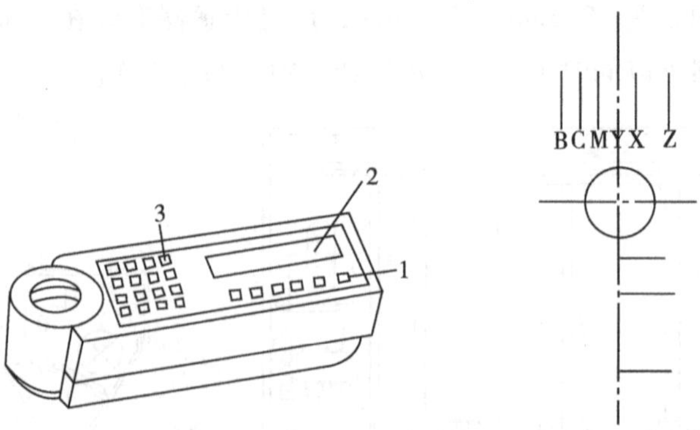

(a) 测量装置　　(b) 套准标记

图 5 - 6　CPC4 套准检测装置及标记

1—色组键；2—误差显示；3—操作按钮

测量时把 CPC4 放在印刷品上，可测出十字线套准误差并记录，然后再把 CPC4 装置放在 CPC1 控制台的控制板上方，通过按钮操作可借助红外线将存储的数据传输给 CPC1，再通过 CPC1 遥控套准装置驱动步进电机调整印版位置，完成套准校正。CPC4 装置不需电缆和插式连接器，操作简单、使用方便。

（2）CPC42 自动套准控制装置

CPC42 是海德堡公司新推出的全自动套准系统。在印刷准备工作期间或正式印刷过程中，该系统对每一印张的套准进行自动监测和控制，可以大大地缩短印刷准备工作时间，印刷人员则可以在生产过程中集中精力于质量管理。

与 CPC42 系统配套使用的是新推出的新型印刷套准标记。这种新型标记的横向宽度仅为以前普通标记的一半，这样便增加了印张的有效印刷面积。CPC42 能对海德堡胶印机进行全自动套准检测和修正，其套准控制精度达 ±0.01mm。CPC42 全自动套准控制系统的主要部件为安装在印刷机最后一个印刷单元上的测量杆，在测量杆上装有两个由伺服电机驱动的测量头，测量头的移位和定位则由 CPC1－04 控制。在实际印刷过程中，CPC42 的两个测量头通过光导纤维提供测量光源，对每个颜色的套准偏差进行测量，并将数据传送至 CPCl－04 系统，进行运算比较，然后再由 CPCl－04 系统对各印刷单元执行自动套准控制，对印版滚筒进行周向、横向或对角线自动调整，无须人工操作。对每个不同的印件，其套准参数一经确定后即可存储，而不会因为纸张、油墨规格的变化或印刷速度的变化而影响套准精度，印刷人员可以集中精力关心色彩控制或准备下一个印件的参数预设。

5. 数据管理系统（CPC5）

CPC5 数据网络为基础，把数据控制与管理、印前、印刷和印后运作联系在一起。它对高效生产计划、自动机器预置和有效生产数据的获取等信息的变化进行最佳化和自动化处理，加快了作业准备时间和生产时间，而且加速了订单方面的信息数据。CPC5 与 CP 窗数据控制系统相联系，也为印刷企业和销售公司、印刷设备制造企业之间的遥控诊断服务提供了依据。

（二）自动监测和控制系统（CP－Tronic）

海德堡公司在 CPC 控制系统的基础上，又配备了全面控制、监测和诊断印刷机用的全数字化电子显示系统，即 CP－Tronic（CP 窗）。

1. CP 窗概述

CP 窗是一个模块化集中控制、监测和诊断系统，它使胶印机所有功能数字化，例如预选值与实际值由数字输入，并能重新存储或重新显示。其核心是一组高容量的计算机。密集的传感器和脉冲发生器网络提供信息和传输命令，中央控制台上的等离子显示器显示出全部作业信息，并可在屏幕上显示错误信息，使操作人员进行修正。几台高性能的计算机全部集中在一个开关柜内，彼此之间以尽可能直接的方式相互通讯，控制系统采用 16 位模块化处理机，与印刷机中密集的传感器、制动器和电机网络交互作用。在印刷机上配备了这种全数字化的控制装置后，使印刷机的功能大大加强，成为真正的全自动印刷机。

2. CP 窗中央控制台

(1) 中央控制台键盘分布及作用

图 5－7 所示为 CP 窗中央控制台的键盘布置，下面分别进行介绍。

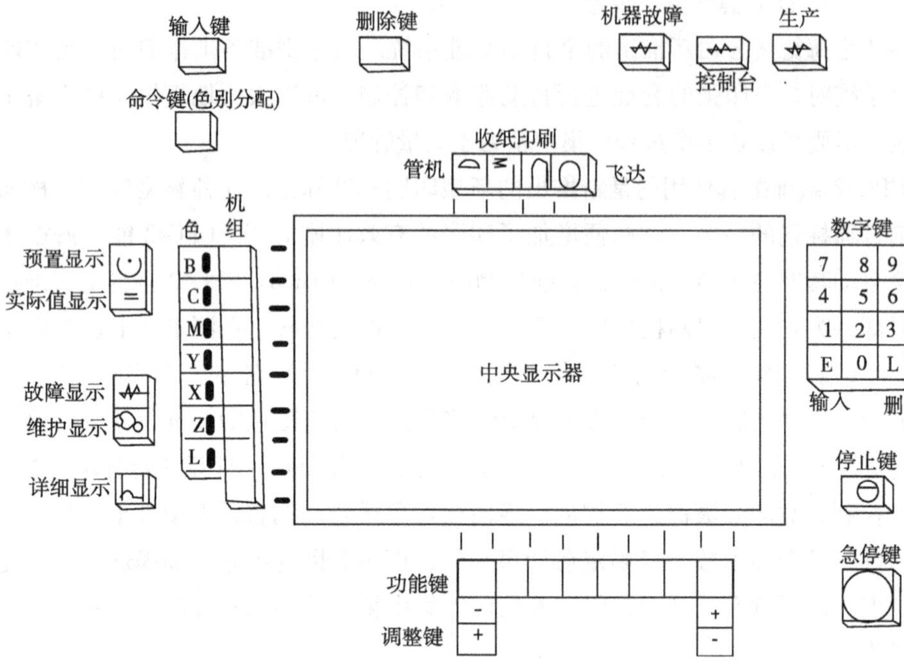

图 5－7 CP 窗中央控制台的键盘布置

①“单元”键。它由整机、收纸、印刷单元和飞达四个键组成。按下其中一个键就可以选择对应要进行操作和检查的单元。

②“显示”键。它由预置、实际值、故障、维修、详细显示五个显示键组成，它们的作用如下。

• 预置显示键：通过该键可为印刷过程设置各种功能预置值，并在中央显示屏显示出预置功能，如走纸、合压和印刷过程等，预置功能是按顺序启动的。

• 实际值显示键：该键可以对各种功能或机器各部件进行启动/停，或连续改变其值（如改变吹风轮速度），改变后可立即取代预置值。当在短暂停机又合压后，原已预置的功能重新显示并有效。

• 故障显示键：当机器出现故障，由故障信号灯发光或闪亮，这时按下该故障显示键，在中央显示屏上会列出故障类型及有关部位，然后自动选择有关部位并在屏幕上以闪动的符号显示故障原因。

• 维修显示键：按此键可启动各种检测系统，并可看到各种图示显示。这些检查用于检测各“组”各部件的控制和功能。在中央显示屏上给出检测项目，各种代码及报告各部件的状态。这里所指的“组”是吸气部件、吹风部件、润版冷却部件等。

• 详细显示键：此键用于对中央显示屏进行详细显示/整体显示的切换。整体显示是指显示所选“单元”内的所“功能”和“组”。详细显示是对选中一“组”及其功能给出一个详细的图形显示，这样就可以看到印刷机各部位和指令单元的每一部分。

③“组”选择键。当选择印刷单元之后利用“组”选择键可以选定指定的机组。在显示屏上各机组与键是对应的。此外，对选中的机组相应的色别键发亮。如果未专门选择某一机组则对全部机组有效。这时，按功能键或调整键对全部印刷机组都有效。所以“组”选择键的功能取决于已选“单元”或预置显示。当选择“整机”后，“组”选择键可选下列功能或“组”：走纸、吸气单元、吹风单元、润版液冷却等。在显示屏上各功能与选择键对应，例如选择“飞达”或“收纸”，它们是最小单元再无选择的功能。而当选择“维修显示”键后，用“组”键启动各种维修检测，如中央润湿、维护 1、维护 2，其检测可以测试，也可以是显示图表及显示各种状态报告等。

④色别键。选择“印刷单元”色别键 B ~ L 均可起作用。它们与印刷机组 1 ~7 相对应。按机组键时，机组与色别键都亮，要改变对应关系由“色别分配”命令控制。

⑤功能键。该键可启动或关掉在“组”内预置的功能或部件，在显示屏上功能和部件均有具体的按键对应。功能控制在显示屏上有八组显示方式。显示方式 1：整机/走纸；显示方式 2：整机/吸气；显示方式 3：整机/吹风；显示方式 4：整机/润版液冷却；显示方式 5：印刷单元和上光单元；显示方式 6：各印刷单元；显示方式 7：收纸；显示方式 8：飞达。

⑥调整键。此键用于调整可变的功能或部件，如水斗辊速度、吸气轮速度、工作计数器和预置速度，变化后的速度可在显示屏上显示。

⑦印刷机控制键。急停键，按此钮立即停车，并锁住，再按才解锁。停车键，在操作中按此键，机器按下列顺序执行下列动作：关掉飞达、离压、墨斗辊和着墨辊停、印机降至最低速度运行、在机器中的纸张到达收纸部位全机停。

⑧命令键。按动黄色的命令键时，即命令色别分配。

⑨命令控制键。按动绿色“输入”键时，可输入命令，并启动命令执行键同时闪亮。在命令的启动或执行中，均可用红色的“删除”键将其中断。

⑩故障信号。它由“机器故障”信号灯、“控制台故障”信号灯、“生产故障”信号灯三个信号组成。当红色“机器故障”信号灯亮时，此时表示机器有故障不能开机，其故障分为：安全装置起作用（如打开防护罩），急停键被锁住，安全键钮处于“SAFE”位置（在给纸机控制板上）。当蓝色“控制台故障”信号灯亮时，表示控制台故障（如急停键仍锁住）。当黄色“生产故障”信号灯亮时表明影响生产的故障，其结果可导致印刷机离压，并以最低速度运行。即使此故障不立即影响生产，该信号作为一种警告，应尽快检查排除。

⑪中央显示屏。该显示屏可显示大量的符号与图形，以利于控制印刷。从屏幕显示和键盘顺序操作中可进行各种选择，其上以不同的符号代表功能、部件和测试，各种符号都恒定地与“组”选择键和“功能”选择键相对应。选中的键相应的符号在屏幕上显

著发亮。

⑫数字键。从 0 ~ 9 为数字键，当选择输入印数功能键后，即可用数字键输入。此键在中央显示屏上显著发亮的区域中显示输入值，已输入的数值还要按正在闪亮的输入键“E”才能有效。当要去掉输入值时按“L”删除键即可。

(2) 印刷显示器 MID

在配备有 CP 窗控制系统的印刷机，全机除了有机器正常操作的按钮外，在输纸机和收纸部操作面板上面增设了两个印刷显示器 MID，它在印刷机作业中能够显示瞬时信息，监控纸张运行情况，并能够在操作点立刻显示故障，如图 5 - 8所示。

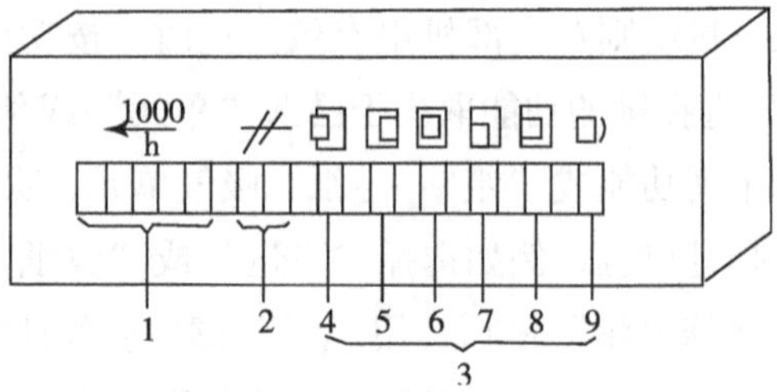

图 5 - 8　MID 印刷显示器

1—预置速度或角度显示；2—故障显示；3—纸张监视显示；4—纸张过早显示；5—纸张过晚显示；6—纸张歪斜显示；7—输纸故障显示；8—拉纸故障显示；9—双张显示

具体显示方式如下：

①开动显示器，即打开主开关，在显示器上开始自检，自检完成后在屏幕上出现“HEIDELBERG”字样。

②自检后，屏幕上“HEIDELBERG”字样消失，在“1”处出现横线，当机器旋转一周之后，机器内部建立了同步，横线消失，显示器给出预置速度或角度。

③角度和故障显示。当控制达到同步之后，显示器在“1”的位置给出滚筒当前的位置。

相对全机“零位”的角度值，此时只有在停机或进行滚筒定位、低速运转和点动机器时均为角度显示。当机器处于操作状态时则显示预置速度。

④预置速度和纸张监控显示。机器处于操作状态时，在“1”处显示为当前速度（大小为当前值 ×100）。在“3”处报告纸张传送或输入信息，如果出现故障，以“#”指示出故障出现的位置，根据故障类型发出声响信号，使飞达脱开或机器停止。

⑤维修代码显示。当启动主开关时，显示器开始自检，若发现有故障，在整个屏幕上显示相应的故障信息。

⑥收纸部显示器的特殊功能。这里有两种操作显示方式：一是吸气故障和水斗辊速度显示；二是工作计数显示，在 MID 显示屏幕上显示预置和已印好的张数。

⑦输纸显示器的特殊功能。

(3) CP 窗的功能

① CP 窗主要功能。CP 窗主要功能是预选择、实际值显示、故障诊断和维修信息指示四个功能。

• 参数预选择功能。在控制台上可以根据所需要的功能进行选择，输入与作业相关的调定值，主要有印刷速度、预定印数、润版液量等，通过这些参数的预选择可以对印刷机进行主动控制。

• 实际值显示功能。实际值的监测显示为操作者提供信息反馈，使操作人员及时掌握印刷生产过程中的实际运行状况及作业进度，同时在必要时也可以进行人工调节，这时并不影响预选择功能，在操作过程中会自动实现有关的调定值。

• 故障诊断功能。这里是通过出错信息提示来实现对印刷机进行故障诊断，来监测控制印刷机各个部件，包括输纸、收纸、输墨、润湿、印刷机组等。当发生故障时，CP 窗监控系统会立即向控制台发出信号，并在显示屏上显示故障类型及原因等。

• 维修信息指示功能。根据显示屏上的检测项目、各部件状态等，来显示相关信息，为操作人员提示维修部位，便于快速维修，提高印刷生产效率。

②CP 窗自动调整功能。除具有上述主要功能外，CP 窗还具有一系列的自动调整功能，主要有自动更换印版、自动夹紧印版、印刷规格自动调整、自动运送纸堆等。

• 自动更换印版功能。通过 CP 窗自动更换印版是从制版部门开始的，当印版在制版车间制作完成，并阅读好各印版的供墨预调值后，直接装入印版盒子内。当印刷机需要更换印版时，先把印版盒子装入印刷机上的印版贮箱内，操作人员在控制台上通过 CP 窗指令将装好印版的盒子移到换版位置，自动卸下旧的印版，再自动安装新的印版，不需手动参与。

• 自动夹紧印版功能。在印版滚筒上有气动夹紧印版装置，在更换印版时由操作者将印版引至夹紧及套准装置内，然后按下印刷机组上的按钮，就可以把印版牢固又准确地固定好，这是与前面的自动更换印版功能相对应的。

• 印刷规格自动调整功能。当印刷机更换新的印刷纸张幅面或纸张厚度时，只需要将印刷的纸张幅面大小、厚度数据通过 CP 窗输入，再按一下按钮，就可完成全自动调节纸张尺寸规格的预调操作。在输纸机上，预调装置会使吸气头、横向导纸板、压纸滚轮和侧规自动移向正确的位置。未对齐的纸张及主给纸堆和备用纸堆的横向位置会自动进行校正。印刷压力和前规盖板的高度也会自动调节，以配合新的纸张厚度。在收纸台，横向齐纸板、幅面尺寸限位器和吸气辊、喷粉器等辅助装置也会自动调整。

• 自动运送纸堆功能。印刷机由 CP 窗控制运用全自动化的纸堆托板和滚轴输送机，自动完成输纸机纸堆更换及纸堆从纸库运送到印刷机输纸机旁的过程，即海德堡后勤工作的自动化。

（4）CPC 和 CP - Tronic 之间的连接

海德堡公司为了改进控制以及编入附加调定值的输墨、润版及涂布的顺序，实现了 CPC 和 CP 窗之间的在线连接。通过这种连接，操作人员可以通过 CP 窗控制台的操作完成由 CPC 和 CP 窗控制的涂布套准；各印刷机组油墨分布的自动传送；通过 CPC1 设定润版液量；程控油墨的输入等功能。

①控制涂布套准。海德堡公司研制了 Speedmaster 涂布装置，它是 Speedmaster 平版印刷机的最后一个机组。它是一个完全独立的印刷机组。该涂布机组是由 CPC 和 CP 窗控制和监测。和其他印刷机组一样，可以自动调节速度补偿式涂布盘辊的速度，以达到控制

涂布液的供应量。海德堡 Speedmaster 涂布装置涂料流往印张的行程较短，操作十分简便，并可自动清洗。

②设定润版液量。在印刷机印刷过程中，计算机从 CPC3 印版装置经由 CPC1 光笔得到的油墨分布数据，由 CP 窗控制的油墨输入程序能针对作业自动使润版液配合印刷图像的需要，以最短的时间达到水墨平衡，该程序还能调节和稳定润版和输墨装置，以保证印刷质量的稳定性。

③程控油墨输入。在印刷作业开始或需要更换油墨洗涤墨辊后，需要给各机组输入新油墨。这种油墨输入是由 CPC 和 CP 窗连接后的系统实现的，它是该系统的软件所产生的一个功能。它可根据 CPC 存储的油墨分布数据，按时间和墨区及不同的印刷画面情况，通过 CP 窗的计算机计算出所需要的较大墨量和较小墨量，再分别自动输入到各个印刷机组的墨斗中去。比起只用 CPC3 遥控输墨量使整个输墨装置中油墨均匀和饱和更为优异。采用程控油墨输入的方式，大大地减少了开印的废品量，并减少油墨的浪费。另外，用 CP 窗可进行监控及供墨量的无级调节，以便有效地控制印刷质量。

综上所述,海德堡平版印刷机的 CP 窗和 CPC 连接后,实现全自动印刷控制过程如下。

• 印刷作业准备。油墨预调、预选择、程控油墨量输入、给墨量与套准遥控装置、润版液量输入、自动套准控制、印刷纸张尺寸与厚度的输入、输纸与收纸机预调、印张传送控制、中心控制及功能诊断等。

• 正式印刷过程控制。纸张输送及定位控制、自动套准控制、光谱彩色测定与灰色平衡、中心控制与诊断、整机监控等。

• 更换作业控制。橡皮布自动洗涤、墨辊自动洗涤、滚筒压力遥控调节、输纸机与收纸机自动调节、定位部分自动调节、自动装版，以校样的测量条为基准值来控制印刷品质量。

• 为提高印刷机利用率的控制工作。功能与维修诊断、自动集中润滑、预防性维修、可互换印刷电路板、电话维修服务等。

总之，海德堡平版印刷机实现全自动印刷，又由 CP 窗监控整个印刷机，保证了印刷过程的稳定性，提高了产品质量，降低了废品率，从而提高了印刷机的生产效率。

（三）CP2000 控制系统

海德堡 CP2000 型新一代平版印刷机以 CP2000 控制系统为核心，以传统的速霸平版印刷机为基础，形成完美的机电组合。它把速霸平版印刷机的多项创新技术和全新的 CP2000 控制技术、CPC24 图像控制技术以及印前系统数字化融为一体，进一步体现了海德堡印前、印刷和印后一体化的概念。

CP2000 型平版印刷机与前几代速霸印刷机相比，主要区别在于其现代化的控制台，控制台右方有一个 TFT 彩色显示触摸屏，全部操作都能在触摸屏上轻易完成，而且还能在触摸屏上对所有重要的功能进行预设和调整，并对所有的作业信息和机器设定数据进行存储和读取。这被形象地称为“单键生产率”，这也是海德堡自 1993 年推出供单人操作的速霸 SM74，并提出“单键生产率”口号以来的又一大进步。

下面重点介绍一下该机器各项系统的特点和性能。

1．中央控制系统

CP2000 控制系统继承了 CP 窗和油墨遥控系统 CPC1－04 的所有功能，并增加了如色彩实时控制、触摸屏操作等一些加强功能，使得整套中央控制系统日趋完善。整套系统主要包括 CP2000 中央控制台和色彩实时控制系统。

CP2000 的控制系统具有以下几大特点。

（1）触摸屏操作、快速简便可靠。

（2）可以预置作业信息、储存多达 250 个作业。

（3）可以选配印前接口，实现印刷和印前数字化联机。

（4）色彩实时控制系统可以使供墨单元反应加快 50%～70%，大大减少了废张数量。

（5）生产中，即使生产中断，墨量分布变化也会很少，保证印张色彩统一，减少废张。

（6）智能化预润版和后润版，减少了机件磨损。

2．图像和色彩管理

CP2000 平版印刷机基本摒弃了传统的利用色彩控制条，通过“肉眼”测量印品色彩、分析印张与样张色差的方法，而是采用了一套自动化的色彩测量和控制系统。它就是海德堡公司最新研制的被称为“电子眼”的 CPC24 系统。

其技术特点主要有以下几点。

（1）对整个印张图像进行测量。

（2）通过分光光度技术进行真实的测色分析，基本不需要色彩控制条。

（3）彩色触摸屏显示器使操作更加简便。

（4）通过印前接口 CPC32－CIP3 输入印前信息。

（5）自动显示与标准值的色差。

（6）自动生成墨区调整值，经操作员确认后，联线传送到印刷机中。

（7）可与多台印刷机联机。

（8）适用于不同尺寸、厚度和材料的纸张。

3．自动化纸张控制

CP2000 型 CD102 印刷机在速霸平版印刷机飞达、递纸和收纸各部分的技术特点基础上，并增加了诸如用于递纸的空气导纸系统、收纸部分的双面喷粉等功能，使得走纸更加顺畅，印刷速度保持在 15200r/h，而且确保了印刷质量。

其主要特点和优势有几下几点。

（1）从飞达到收纸各部分优化的纸张控制系统，保证印刷机以 15200r/h 的最快速度运转，并且保证印张全线无划痕。

（2）使用双面喷粉技术防止纸张蹭脏，并减少了喷粉量。

（3）预制飞达自动化程度更高，提高了生产率。

（4）无须壳罩和超级蓝布备网，节省成本。

（5）进行普通纸和板纸作业更换时，调整准备更快捷。

（6）与以前系统相比，可以减少清洗和维护的次数。

4. 印刷系统控制

CP2000 型对开机不仅机械精良，而且在供墨、润版、上版和洗涤系统方面也独具特色。CP2000 印刷机主要采用酒精润版方式和差动系统。CP2000 印刷机可以选购自动化的油墨供应系统 - 墨线。这是海德堡公司最新开发研制的，它把油墨均匀地分布到墨斗中，无须操作人员手动加墨。

其主要特点有以下几点。

（1）墨斗及时自动续墨。

（2）超声波传感器可监控墨斗和墨盒的墨量。

（3）墨盒油墨过少或出错时，会发出警告并有低墨显示。

（4）内置油墨搅拌器经常搅动油墨，保持油墨流动。

（5）CP2000 印刷机还可以选购自动上版装置，只需 1min 即可完成滚筒定位。

5. 清洗和维修

CP2000 印刷机各部分的设计都是以最少的清洗维护和保养为目标之一的，来节省停机时间，提高印刷生产率。

海德堡公司最新研制成功的模块化橡皮布洗涤装置和自动压印滚筒清洗装置，用毛刷取代了传统的布面清洗，通过毛刷串动和旋转，对橡皮布进行上下左右的清洗。该清洗方式不仅能提供有效彻底的清洗作业，而且减少停机时间，还有利于环保、减少成本。

通过对 CP2000 印刷机的中央控制系统、色彩和图像管理、纸张控制、印刷自动化和清洗方面在技术特点、功能和优势上的综合分析，会看到 CP2000 平版印刷机真正把“单键生产率”落实到了每个零件、每个装置和每个系统中。

二、曼罗兰印刷机的自动控制系统

（一）遥控调墨装置 RCI

遥控调墨装置 RCI 是曼罗兰系列平版印刷机的标准配件，主要由油墨计量装置和输墨遥控装置组成，可完成上墨区域的中心设定和墨辊串动和旋转的设定。该装置可通过中央控制台进行控制。曼罗兰电子制版扫描仪（EPS）对印版进行扫描后，将印版图像层次和信息存入盒式磁带，并输入到 RCI 装置，这时控制台上的电位计会准确控制尼龙墨刀滑片位置，通过发光二极管显示墨量大小，来完成遥控调墨。

（二）油墨调节系统 CCI

油墨调节系统 CCI 是 Roland 700 型胶印机的一个附加装置，可以在油墨设定和生产中自动测量和控制油墨的密度。横扫描式密度计可以精确地迅速反应出墨色的微量变化，在印刷过程中可以自动测量画面的颜色控制条。使用 CCI 进行印刷时根据测量的彩色密度值，把测量值和理想值进行对比和校准，计算出所需的控制数据，把它作为调节指令来控制微电机的转速，从而控制墨斗辊出墨量。

CCI 控制台是由油墨密度测量装置、键盘、彩色显示器、侧边和周边套准装置组合的遥控自动调节装置。操作者可通过功能键和显示器上的菜单选择完成操作和检测。CCI 系统有良好的文件管理功能和用户界面，通过分析运行过程中的测量结果调整记录，可有效地评价印品的印刷质量。再版时，可从数据库中迅速调用原设定数值，大大缩短工作的准备时间。

此外，CCI 系统可以与 PECOM（印刷控制中心）系统相连，在数据网络中，生产管理的 TPP 工作站可以为中央控制作准备，而不需用磁带来传输和存储油墨的设定值。

（三）曼罗兰印刷机的 PECOM 印刷控制中心

曼罗兰胶印机配备的 PECOM 印刷控制中心由电子控制处理器（PEC）、电子归纳处理器（PEO）和电子管理功能系统处理器（PEM）组成。

曼罗兰 PECOM 印刷控制中心采用现代数码程序技术，大量工作由主控中心集中操作完成，并用数字显示，实现了印刷过程的全自动控制。通过光导纤维快速准确地传输数据信息，保证了印刷质量的稳定性，并提高了生产率。

1. 电子控制处理器（PEC）

电子控制处理器 PEC 是 PECOM 结构的基础，它包括印刷机组、压印、控制和调整功能。例如 PECOM 对油墨控制调节系统（RCI/CCI）、定位装置的控制及调节系统、输纸过程监视、输纸尺寸的预设和附件设备的控制等。控制系统集中于每个机组单元机身墙板中，每个控制单元机组均有自己的 CPU，数据信息在机组之间以及机组与主控中心之间转换，并自动显示机器故障的原因及排除方法。该电子控制系统具有如下控制功能。

（1）自动定位装置（ASD）。该装置控制输纸和收纸装置，印刷前将印刷纸张的尺寸输到控制中心，此时横向引导纸堆定位和吸嘴位置自动调整。侧规装置和收纸装置的调节自动跟踪输纸装置进行。纸堆两侧有标准监测仪器，必要时会自动调节纸堆所处的位置，这样就保证了在输纸过程中气动拉规可以获得相同的拉纸距离，横向位移同样可以用输纸台上的手动按钮直接操作。自动中心位置控制能保证每次纸堆重新安放时自动回到原中心位置。纸堆高度的选择依靠后面的压角进行监视，当纸堆前面没有按要求靠前挡板时，会产生中断信号。

纸张输送随时受监测器监视，由计算机跟踪并显示位移情况，当纸张发生倾斜、输纸过早或过晚时，都被记录并显示在第一色组的显示屏上，提醒操作输纸装置运行情况，以便及时准确处理，保证可靠走纸。

（2）压力自动调节装置（APD）。在印刷前，将纸张厚度输入到印刷控制中心，橡皮滚筒便自动移到与压印滚筒之间恰当的距离上，每个独立的机组均可由控制中心控制完成。在印刷过程中，橡皮滚筒与印版滚筒之间的压力调整可以通过印刷控制中心在运行中完成，并能分别对每一色组进行不同的调整。

（3）滚筒自动定位装置（ACD）和自动换版系统（PPL）。当需要换版时，按动键盘按钮，由滚筒自动定位装置将印版滚筒自动旋至换版的最佳位置，然后操作者将印版放入版夹中，再启动自动换版系统 PPL，通过印版引导装置，把印版准确地紧固在印版滚筒的版夹中。

当印刷不同的纸张时，可通过自动换版装置 PPL 或全自动换版装置 APL 对印版的边缘进行轴向和周向调节，以适应纸张的尺寸变化。

（4）印版定位及质量放大器（RQM）。印版查准控制是通过印品套准定位线或印品局部放大显示在控制中心的显示屏上进行版位校正的。操作者可根据具体情况决定手动调版或是通过键盘启动 RQM 进行调版。如果用 RQM 调版，可选择画面细微部分放大作为参考或显示在监视器上，并自动输入到其他机组，其偏差由参考值自动计算，再启动定位键即可自动完成印版的纵向和横向校正工作。应用 RQM 调版可减少版位调整次数。

（5）橡皮滚筒自动清洗装置（ABD）。该装置用气动控制的反向运行的带有特殊涂层的辊子清洗橡皮滚筒。可针对每个独立的色组选择和改变溶剂量和水量，以清洗不同机组橡皮布上的纸毛和印过专色的橡皮布。ABD 装置由印刷控制中。已控制快速清洗工作，存入 ABD 中的多种清洗程序均可调用。

（6）墨辊自动清洗装置（ARD）。该装置由印刷控制中心控制，清洗程序可预设和调用。洗涤水和溶液分离放置，以适应不同清洗要求。清洗时墨辊和润版辊可同时清洗。与橡皮滚筒清洗配合，可以确定和使用多种清洗程序。

2．电子归纳处理器（PEO）

电子归纳处理器 PEO 负责归纳印刷机工作室的各部分工作，例如印版扫描 EPS 装置、监视器和印刷功能检查以及印刷技术指令准备（TPP）状态等。

3．电子管理功能系统处理器（PEM）

该处理器连接于技术工作准备站 TPP，并进一步连接到 PED 和 PEC 平面上。通过 PEM 使生产部门与印刷产品之间利用软件在印刷厂收集所有的印刷过程进行处理，并且成为一个信息系统。该系统的主控中心数据库可储存 5000 条指令，测量数据和各种参数可集中存储于数据库中进行管理，重复工作可以从预设中调出所需各种实际资料和数据。

印刷技术准备 TPP 工作站是连接印刷车间和印刷厂管理层之间的纽带，在远离车间的生产管理办公室内可以进行胶印机的所有技术命令准备和命令准备程序控制。其中包括中心数据的存储和参数准备，如纸张幅面尺寸、油墨调节参数、印刷压力、套色顺序、印刷数量以及最高印刷速度的设定；也包括辅助设备的准备如喷粉器、润湿液控制装置和清洗系统等的准备工作。印刷前将有关数据直接传给印刷机，在印刷的同时，运行数据传回到 TPP 工作站，随时可以检查实际生产过程的情况。

（四）曼罗兰 AUPASYS 全自动纸堆传输系统

全自动纸堆传输系统 AUPASYS 将组织整个材料供应流程，提供完整的纸堆传输，将印刷和印后加工部分与原材料仓库和中间存储纸堆单元连接起来，为输纸装置和收纸装置提供全自动不停机换纸台功能。纸堆更换在全速印刷过程中进行控制，既减轻了印刷工人的劳动强度，又提高了生产效率。

三、小森 LITHRONE 印刷机的自动控制系统

小森 LITHRONE 印刷机是小森印刷机系列中比较具有代表性的，它的印刷自动控制系统 PAI（图 5－9）是由自动作业准备系统（AMR）和印刷质量控制系统（PQC）组合发展而来的，构成了印刷自动化集成系统。

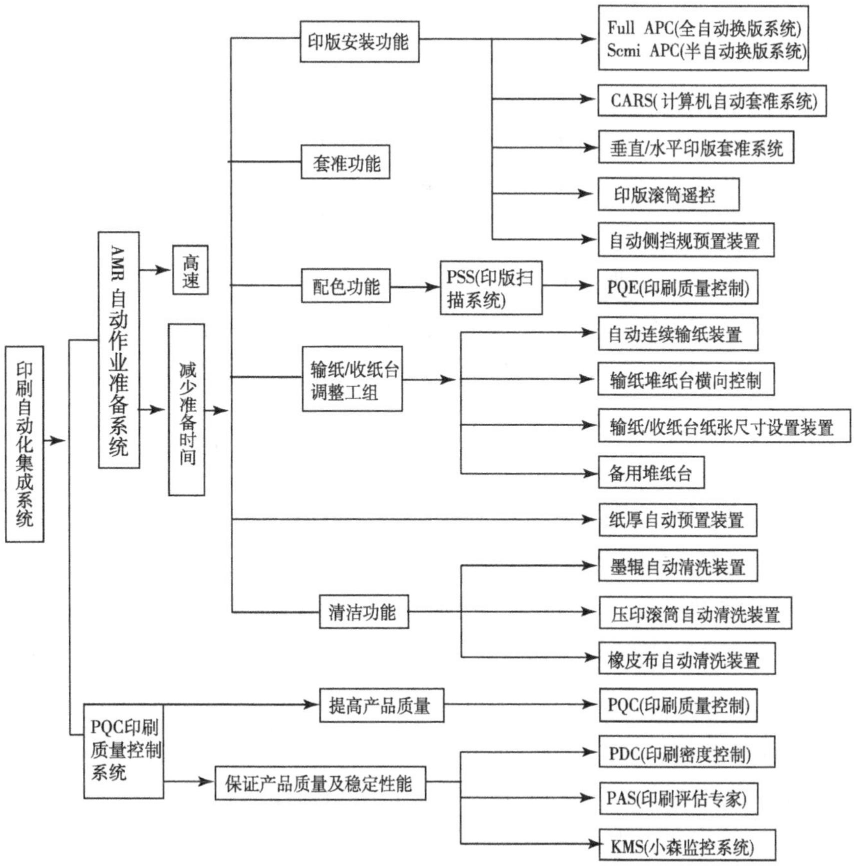

图 5－9 小森印刷机的 PAI 系统

（一）自动作业准备系统 AMR

小森印刷机不仅具有高印刷速度，而且在合理利用设备即减少设备停顿时间和废品率方面性能优越。这主要是由于 AMR 的五大自动作业准备功能。

1. 自动换版系统

自动换版系统有全自动换版系统（Full APC）和半自动换版系统（Semi APC）。当需

要换版时，可以通过该系统对印版滚筒进行滚筒预选择，确定每一印刷机组的印版滚筒安装位置，便于各个机组的印版同时安装，一套四色印版仅用3min就可安装完成。使用APC系统安装印版，精度可在0.05mm之内，减少印刷前套准准备时间。

2. 自动套准系统

小森印刷机具有自动套准系统CARS，使用该系统时，选择好印版的基准面并在印版上绘制出套准标志，连同制作的印版画面一起，经过印版扫描系统PSS所得到的数据盒式磁带输入到印刷质量控制系统PQC内，来完成印刷过程中的印版套准调整。而且在印刷过程中，监测装置随时可检测垂直/水平印版套准标志。目前小森LITHRONE印刷机的套准精度可达0.01mm。

3. 墨色控制系统

墨色控制系统是通过印版扫描系统PSS扫描印版，并计算出版面上所需要的理想输墨与输水比例，再将计算数据输入到印刷质量控制系统PQC中，实现自动配色。PQC是一个由计算机控制的系统，由它控制输墨输水的比例。印刷中当水墨平衡失调时，及时反馈给供墨和输水装置，经自动调节后达到重新调整，保持印刷质量的稳定性。

4. 自动调整系统

当印刷纸张或纸张厚度改变时，只需将变化的数据输入到PAI预置控制盘内，纸张尺寸预置装置就能相应于纸张尺寸及厚度的改变，自动地对输纸台进行所需要的左右调整，自动移动分纸头部件，调整侧规及前规位置，来适应新的纸张幅面要求。

5. 自动清洗装置

印刷完成或更换油墨时，印刷机组必须进行清洗，AMR系统中有自动清洗装置，使墨辊、压印滚筒、橡皮布的清洗实现自动化操作，与普通印刷机相比节约时间近1/5。

（二）印刷质量控制系统PQC

PQC系统由计算机自动套准系统（CARS）、印版扫描系统（PSS）、印刷质量管理（PQC）、印刷密度控制（PDC）及印刷评估系统（PAS）、小森监控系统（KMS）等装置组成。

CARS系统主要作用是完成套准工作。

PSS系统是PQC系统中一个独立的装置，它能扫描印版、测读并存储版面图像的供墨量和供水量等工作参数，来进行预定标，并通过PQC系统实现供墨量和供水量的自动控制。为了保证输出信息准确，应先将印刷方式、印刷机型号、纸张品种、实地密度等印刷信息输入PSS装置中。

PQC系统是一个计算机控制系统，它控制着输水和输墨的比例，控制着印版套准的调整。在印刷中发出信号对印刷机随时进行水墨平衡及套印准确的调节。

PDC系统在印刷中可随时测量油墨密度，并调整供墨量。

PAS系统通过最新的电子工艺技术，使印刷质量的检验工作实现了自动化，在印刷过程中能不停机的检验印刷品，对于印品油污及人眼难以发觉的瑕疵也能检查出来，并将问题及时告知印刷人员。

KMS 系统可监测印刷机的运行，提供生产信息和保养信息，避免机器损坏，操作人员可通过 KMS 系统了解印刷中出现的一切情况，保证机器正常运行。

（三）印刷自动化的控制方法

小森印刷机配备的 PAI 系统，从印刷质量的控制到清洗工作，从更换纸张到设备的自动调整，再到自动换版、自动套准等都实现了自动控制。图 5－10 所示为小森印刷机自动化控制路线图。

从图 5－10 可以看出，PS 版经过 CARS 系统由计算机在 PS 版上作出套准标志，然后根据印品需要制作 PS 版，再通过 PSS 系统进行印版扫描，计算出理想的油墨和润版液比例，存储在盒式磁带内。同时制好的 PS 版经过 KPS3 小森三点版销系统给印版打定位孔，再将印版装入印刷机滚筒上，同时将印版扫描所存储的盒式磁带放入 PQC 印刷质量控制系统中，并输入到印刷机的各个控制机构。在印刷时，PAS 不停地检测印张的质量。在印刷过程中，印刷品又经 PDC 对油墨密度进行测量，把测量结果输入到 PQC，并自动调整印刷机的输墨量大小，这样来完成整个印刷过程的自动化控制。

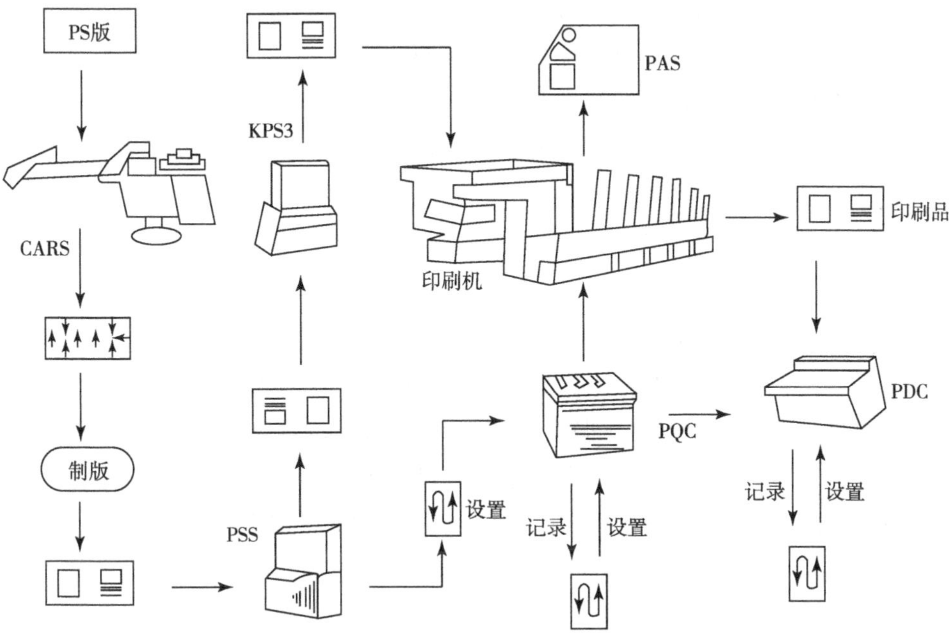

图 5－10　小森印刷机自动化控制路线图

四、其他印刷机的自动控制系统

1．高宝印刷机自动控制系统

高宝系列印刷机都可以配备其自行研制的欧培拉（Opera）自动化印刷控制系统，该系统将多种模块进行组合，在印刷企业中实现了全数字式交流，如图 5－11 所示。

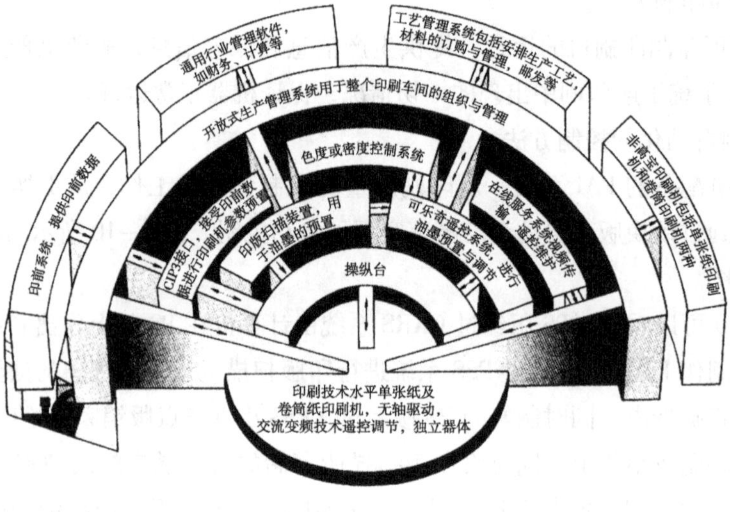

图 5-11　高宝印刷机欧培拉（Opera）自动化印刷控制系统组成

Opera 自动化印刷控制系统的核心是一台 Ergotronic 控制台，通过该控制台可对不同程序进行启动、调节等，来控制印刷生产过程。

印版扫描装置 Scantronic 通过对印版进行扫描，计算印版上各部分图文所需的油墨量，为印刷机预置参数提供数据。

可乐奇（Colortronic）系统可用来设定及调节印刷机的油墨和润版液量，并设定印刷机的各种自动化调节功能。对油墨的设定可通过 Scantronic 印版扫描系统获得，也可通过 Densittronic 印品阅读装置获得，还可通过 Logotronic 系统从其他途径得到，例如印前数据等。

Servicetronic 是高宝印刷机的远程诊断与维护系统。通过 ISDN 电话线可以实现印刷机与印刷企业管理部门、高宝服务中心及高宝销售中心的网络联系，可以进行数据传输，方便管理部门调取印刷机的有关数据以便及时了解印刷机的工作状况及印件进度等，同时也方便维修服务部门检查机器运行情况、排除机器故障等。

Logotronic 是一个开放式的生产管理系统，通过局域网将印刷机以及印前设备、印刷管理部门联系起来，使企业内部的各种作业传票实现电子化。

2. 米勒印刷机自动控制系统

米勒公司研制的 UNIMATIC 墨色自动控制系统由墨量控制装置 C3、墨色测量控制装置 C4 和 C5 组成。

（1）墨量控制装置 UNIMATIC - C3。用于遥控调节墨斗的出墨量和纵、横向套准。用磁带可存储印刷过程中墨斗和供墨区域的调节数据，以备重新印刷时，取得一致的印刷效果。

（2）测量控制装置 UNIMATI - C4。用一精确的密度计测量印刷过程中的色彩密度，并与理想值比较，用计算机自动校准。同时还能控制和显示网点增大量和反差值。

（3）测量控制装置 UNIMATIC - C5。用于测量印刷过程中印张的实地、网点密度，通过比较测量值和理想值，自动调节供墨装置，并能存储有关印刷数据、监视印刷。

第三节　柔性版与凹版印刷中质量控制系统

一、在线检测系统

过去，印品质量的在线自动检测系统常采用频闪观测仪、旋转镜观测器和摇摆镜观测器三种方法来观测印品质量，这些装置虽然目前还在继续使用，但正在被新型观测和检测系统所取代。现代印品质量观测和检测主要有三种系统，即图像观测仪、自动印品缺陷检测系统和全面质量自动控制系统。

1．频闪观测器

频闪观测器是最简单的印刷品质量观测器，主要由观测灯和电压脉冲光源组成，如图 5 - 12 所示。

频闪观测灯与承印物的印刷长度或与印刷速度乘积同步闪光，所以总可以观测到承印物印刷表面的同一部分，即闪光频率以印刷长度及承印物的进给速度为依据，当印刷长度及进给速度发生变化时，观测灯的闪光频率也随之变化；当印刷速度不断变化，闪光频率达到一定程度时，就在闪光区内形成一个可见视区，产生闪光效果，即可看到印刷画面相对景致的图像。

2．旋转镜观测器

旋转镜观测器主要由反射镜和旋转镜多面鼓组成，如图 5 - 13 所示。

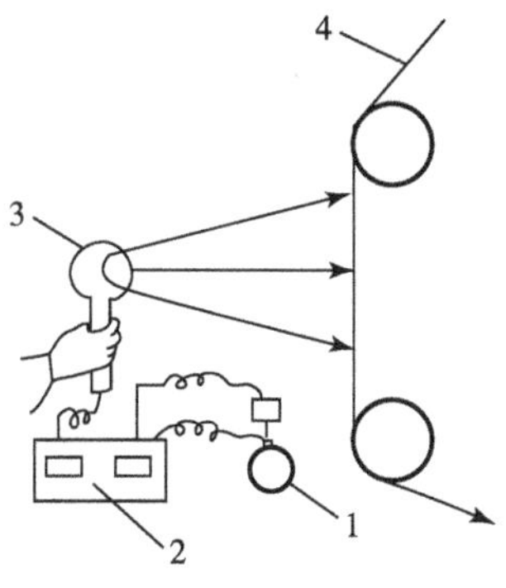

图 5 - 12　频闪观测器

1—电压脉冲光源；2—控制部；3—观测灯；4—承印物

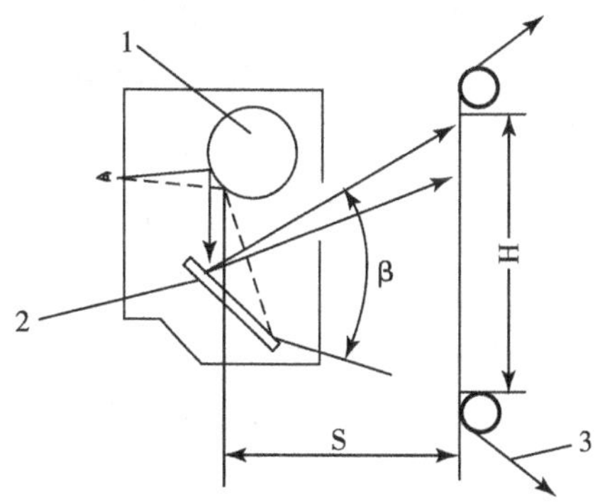

图 5 - 13　旋转镜观测器

1—旋转镜多面鼓；2—反射镜；3—承印物；H—扫视跨度；S—与印刷重复长度相关距离；β—固定视角

旋转镜多面鼓与给定印刷周长的卷筒承印物和被观测部分同步旋转。每次旋转都把通过观测区的印刷图像放映出来，然后，旋转镜再捕捉下一个印刷周长的观测区域。同样，旋转鼓的另一面观测镜又同步旋转到另一印刷区域，因此，随着旋转鼓的转动，印刷面上的一系列图像就可以放映到与旋转鼓轴一同转动的每个观测镜上，从而在观测区内形成相对景致的图像。

旋转镜观测器一般可以观测印刷面的宽度为450～500mm，通常将观测器安装在机器上部导轨上，可以沿着导轨横向运动。

3. 摇摆镜观测器

摇摆镜观测器的结构如图5－14所示。

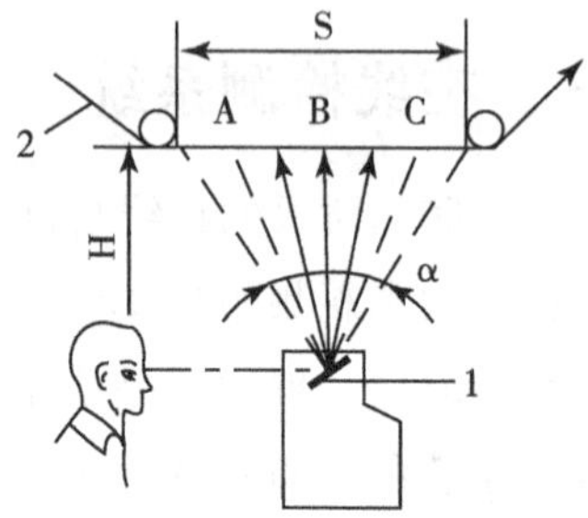

图5－14　摇摆镜观测器

1—摆动反射镜；2—承印物；H—固定距离；S—印刷重复长度；α—扫描角度

4. 图像观测仪

图像观测仪是目前最常见的印品质量观测系统，由摄像机、频闪光源、可变焦距透镜和横向调节机构等组成，可提供高质量的图像。这些图像可被连续地显示和观测，并可与一个参考图像进行比较，即可显示检测结果。

5. 印品缺陷自动检测系统

自动印品缺陷检测系统是一个适时质量检测系统。其观测装置（数字摄像机）与计算机控制系统相连，不只是简单地进行观测，而且还可以将实际图像与参考图像进行比较，当套准和色彩出现较大偏差时，可以向操作者发出视听警示，并可在收卷时将相应的缺陷指示器（如小红旗）自动插入料卷的边缘。

这一系统可分辨的四种基本缺陷包括：刀丝、脏点、墨雾、结构缺陷等。当检测到某种缺陷超过其预先设定的标准时，该种缺陷及其警示信息（刀丝、套印不准、偏色、脏点、飞溅、其他等）将显示在屏幕上。

数字摄像机的分辨率取决于分辨率、工作宽度和最高工作速度等因素。

一般情况下，印品缺陷自动检测系统的功能主要包括以下内容。

（1）对不同的缺陷设定不同的阈限。

（2）选择按缺陷的不同显示模式（适时、累计、或仅最后缺陷）。

（3）检测缺陷、警示并在屏幕上显示。

（4）显示缺陷的排除处理方法。

（5）与外部警示装置连接（视听警示）。

（6）进行缺陷记录等。

6. 全面质量自动控制系统

上述自动印品缺陷检测系统通常还是对印刷区域部分的检测，但全面质量自动控制系统不仅具有上述系统的全部功能，还可以100%地对印品质量进行检测、比较、标示、警示、管理等。其优点是：

（1）对印品进行100%监测（宽度上100%、时间上100%）。

（2）可以标注和分类所有的印品质量缺陷。

（3）可以最大限度提高生产率、增加印刷机速度。

（4）可以减少废品和客户拒绝率，增加客户的满意度。

（5）使短版活印刷加工更容易和成本更低。

国外一些先进凹印机已开始采用自动印品缺陷检测系统和全面质量自动控制系统。

二、自动套准装置

凹版印刷机主要为卷筒纸高速印刷机，印刷过程中，由于各种因素的影响，往往使彩色套印出现误差。为了提高凹版印刷的套印精度，在凹版印刷机上安装自动套准装置，利用套准检测标记进行套准误差检测及控制。

自动套准装置由电子控制装置、扫描头、脉冲发生器、套印调节辊、调节电机、示波器等几部分组成，如图5－15所示。

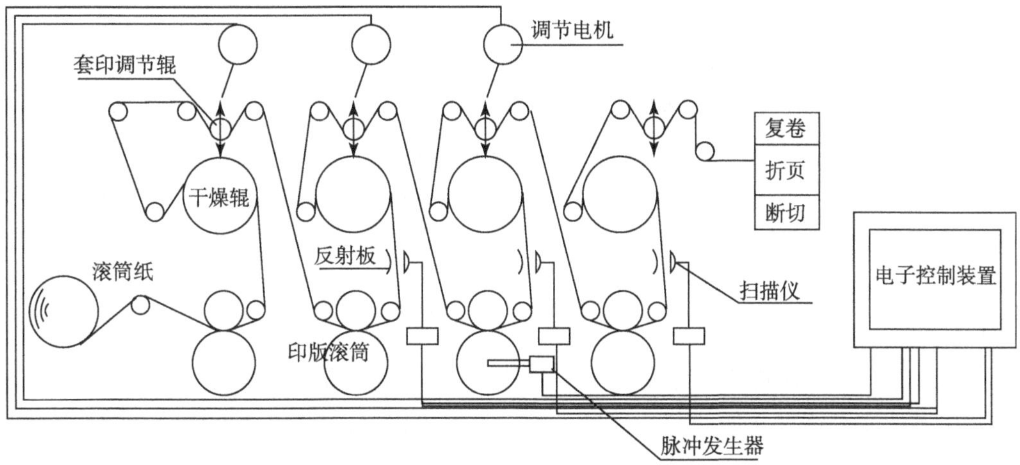

图5－15　凹印自动套准装置

套准检测标记又叫马克线，长为10mm，宽为1mm，检测方法分为平行式和垂直式两种。平行式是将马克线按照印刷顺序的先后，每两色间隔5mm从左到右平放于印张的空白部分，如图5－16（a）所示。垂直式如图5－16（b）所示，线与线的间隔为20mm。无论是平行式还是垂直式，检测原理都一样，均通过扫描头的反射波来测量马克线的水平度误差和间隔间的误差。

在印刷过程中，各色印刷单元的扫描头监视着马克线。扫描头由一个光源、两个透镜和两个光电池组成。当马克线在扫描头下通过时，光电池受光量发生变化，这个变化被转换成脉冲信号，该信号又被送入电子控制装置中如果第二印刷单元的马克线相对于第一印刷单元的马克线推迟或提前到达扫描头时，就会产生电脉冲相对时间的偏移，此信号输入第二印刷单元的电子控制装置后，就直接驱动调节电机，使第一单元和第二单元之中的套准调节辊微动，进行套准调节。

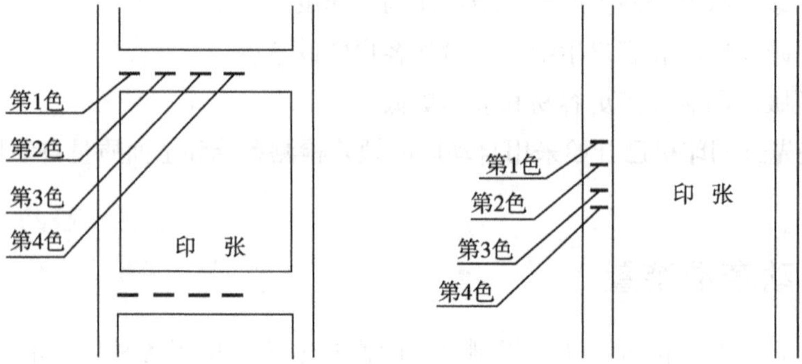

（a）平行式　　（b）垂直式

图 5－16　套准检测标记

三、故障诊断信息系统

故障诊断信息系统由各种传感器、程序逻辑控制器和显示装置等几部分组成。在凹印设备上安装了数量很多的不同传感元件，如光电传感器、接近开关、电位器、限位开关、温度传感器等，一旦设备出现故障，就会通过这些器件将信号传输给可编程序控制器（PLC），同时，在设备上工作的除 PLC 以外的电子装置，如调速装置等亦会将马达的各种故障信号（如过流、过压、过速及过载等）及张力控制过程中的各种故障信号传输给 PLC。

PLC 中有一套故障诊断程序，这套程序在接受了所有的故障信号后，会将其翻译成相应的一段文字，并且通过通讯电缆将这段文字显示在终端屏幕上，操作、维修人员可以根据显示出来的文字信息（如“英文字母－数字”的组合方式），迅速准确地找到相应的故障所在。

四、凹印机集成管理系统

凹印机集成管理也称凹印机监管系统，是最先进的印刷机上采用的一种控制和管理系统，其目的是为用户提供在单一系统上具有集中监视、印刷机控制和生产监控的有效方法。

包装凹印机监管系统通常集成了故障诊断信息系统、速度和计数单元、集成化预设定装置、计算机主控制台和集成化干燥系统等功能。

普通的凹印机监管系统应具有如下功能。

1．预设定

进行参数管理和印刷机预设定，一般控制点包括所有张力控制点、所有套准补偿辊和所有电子温度控制点。

2．故障诊断显示

检测故障和印刷机停机原因，并以图形/文字方式进行显示，同时还可记录印刷机每个故障和停机时间。

3．印刷机状态图

印刷机整体布局图，显示其在不同时刻的运行状态。

4．印刷机管理

印刷机速度的数字和模拟显示，生产统计和分析，油墨、纸张的消耗数据和废品率的分析等。

其他非自动控制的参数值也可存储在预设定数据库内，用户可以查寻存储数据，进行手动设定，当然也可进行日常打印。

复习思考题五

1．了解印刷机质量控制系统的一般结构原理。

2．比较海德堡 CP2000 系统、曼罗兰 PECOM 系统以及高宝 Opera 系统的异同点。

3．如何高效地利用印刷质量控制系统？

附　录

附录 1

中华人民共和国国家标准

印刷技术　网目调分色片、样张和印刷成品的加工过程控制 第 2 部分：胶印

GB/T 17934.2—1999

eqv ISO 12647－2：1996

Graphic technology － Process control for the manufacture of halftone colour separations, proof and production prints

Part 2：Offset lithographic processes

1　范围

本标准规定了在为四色胶印准备分色片或用下列方式之一进行四色印刷品生产时所用的一些工艺参数及其量值，这些印刷方式是指热固卷筒纸印刷、单张或连续表格印刷或为这些工艺进行的打样，以及用于网目调凹印的胶印打样。这些参数及其量值的选择覆盖了“分色”、“印版制作”、“打样”、“印刷”和“表面整饰”等整个胶印工艺过程。

本标准适用于

——以分色片为基础的打样与印刷过程；

——无胶片复制的打样与印刷，及类似胶片生产系统的凹版印刷；

——类似四色印刷的四色以上印刷方式的打样过程；

——类似线条网和非周期性的加网方法。

2　引用标准

下列标准所包含的条文，通过在本标准中引用而构成为本标准的条文，本标准出版时，所示版本均为有效。所有标准都会被修订，使用本标准的各方应探讨使用下列标准最新版本的可能性。

GB/T 8941.3—1988 纸和纸板镜面光泽度测定法 75°角测定法

GB/T 11501—1989 摄影密度测量的光谱条件

GB/T 17934.1—1999 印刷技术 网目调分色片、样张及印刷成品的生产过程控制 第1部分：参数与测试方法

CY/T 31—1999 印刷技术 四色印刷油墨颜色和透明度 第1部分：单张纸和热固型卷筒纸胶印

3 定义

本标准使用 GB/T 17934.1 中给出的和下面的定义。

3.1 胶印版材 offset (printing) plate

表面经过涂布处理，可以在其上产生转移油墨的区域和不转移油墨的区域而且两种区域处于同一平面的平板工件。

3.2 阳图型胶印版材 positive – acting (offset printing) plate

用于阳图分色片的胶印版材。

3.3 阴图型胶印版材 negative – acting (offset printing) plate

用于阴图分色片的胶印版材。

3.4 四色连续表格印刷 four color continuous forms printing

使用窄幅面卷筒纸的表格胶印。

3.5 商业/特种印刷 commercial/speciality printing

普通单张纸和非杂志热固卷筒纸胶印。

3.6 非周期性网目调加网 non – periodic (half – tone) screen

指无规则网角，无固定网线数的网目调加网。

4 技术要求

4.1 分色片

4.1.1 质量

除非另有说明，分色片上网点中心的密度值应至少比透明胶片的密度值（片基加灰雾）高2.50。透明网点中心的透射密度值不得高于透明胶片的密度值（片基加灰雾）0.1以上。透明胶片的密度值（片基加灰雾）应不高于0.15。以上测量应使用光谱特性符合 GB/T 11501 规定的密度计。

分色片上的网点不应有明显碎裂，网点边缘宽度不得超过网线宽度的四十分之一。分色片质量应用 GB/T 17934.1 附录 C 中的方法进行评价。

注：1. 为了胶印版各处曝光的一致性，在同一块胶印版上曝光的各分色片之间透明胶片的密度（片基加灰雾）相差不得超过0.10。

2. 在实际应用中，如果大面积实地区域的密度值大于透明胶片密度值3.5以上，那么，网点中心密度值通常可高于透明胶片密度值2.50以上。

3. 使用密度计前应作校准工作。

4.1.2　网线数

对于四色印刷，加网线数应在 $45cm^{-1}$ 至 $80cm^{-1}$ 之间，推荐的标准网线数如下：

- 卷筒纸期刊印刷　$45cm^{-1} \sim 60cm^{-1}$
- 连续表格印刷　$52cm^{-1} \sim 60cm^{-1}$
- 商业/特种印刷　$60cm^{-1} \sim 80cm^{-1}$

注： 4. 线数在 $45cm^{-1}$ 至 $80cm^{-1}$ 范围以外，GB 17934.1 中规定的基本原则仍然有效，但特定的量值可能不同。

5. 计算机加网时，为了尽可能减小莫尔条纹，不同色版之间“网线数”和“网角”可能有少量的变化。

6. 黑版的加网线数可大于相应彩色版的加网线数，如：黑版 $80cm^{-1}$，黄、品红、青版 $60cm^{-1}$。

4.1.3　网线角度

无主轴的网点，青、品红和黑版的网线角度差应是30°，黄版与其他色版的网线角度差应是15°，主色版的网线角度应是45°。

有主轴的网点，青、品红和黑版的网线角度差应是60°，黄版与其他色版的网线角度差应是15°，主色版的网线角度应是45°或135°。

对于网目调凹印分色片的网线角度，除黄版外，其他色版应避免75°至105°之间的角度。

注： 7. 见4.1.2中的注5。

4.1.4　网点形状及其与阶调值的关系

应使用圆形、方形和椭圆形网点。对于有主轴的网点，第一次连接应发生在不低于40%的阶调值处，第二次连接应发生在不高于60%的阶调值处。

4.1.5　图像尺寸误差

在环境稳定的情况下，一套分色片各对角线长度之差不得大于0.02%。

注： 8. 该误差包括分色片输出设备的可重复性及胶片稳定性引起的误差。

4.1.6　阶调值总和

除非另有说明，单张纸印刷的阶调值总和不得超过350%，卷筒纸印刷阶调值总和不得超过300%。

注： 9. 在阶调值总和高的情况下会发生诸如叠印不牢、背面透印和由于油墨未充分干燥产生的背面蹭脏等现象。

4.1.7　灰平衡

除非另有说明，灰平衡阶调值如下：

	青（%）	品红（%）	黄（%）
1/4 阶调	25	19	19

2/4 阶调	50	40	40
3/4 阶调	75	64	64

注：10. 以上是根据 CY/T 31 规定的纸张、油墨所得到的灰平衡数据，若用不同纸张油墨和印刷条件，则灰平衡数据有所不同。

4.2　印刷品

4.2.1　图像的视觉特性

4.2.1.1　承印物的颜色

打样用的承印物应与印刷用的承印物相同。若有困难，应尽可能选用光泽度、颜色、表面特性（涂料或非涂料，压光等）、单位面积克重等方面与生产承印物接近的承印物；对于印刷机打样，应从下列 5 种典型纸张中选取最接近的纸张，这些纸张的特性列于表 1；对于非印刷机打样，应选用尽可能与表 1 所列的某典型纸张（与生产用纸接近）特性参数接近的承印物。应注明纸张类型。

表 1　典型纸张的 CIELAB L*、a*、b* 值、光泽度、亮度及允差

纸型	L*①	a*①	b*①	光泽度②（%）	亮度③（%）	克重④（g/m^2）
1. 有光涂料纸，无机械木浆	93	0	-3	65	85	115
2. 亚光涂料纸，无机械木浆	92	0	—	38	83	115
3. 光泽涂料卷筒纸	87	-1	-3	55	70	70
4. 无涂料纸，白色	92	0	-3	6	85	115
5. 无涂料纸，微黄色	88	0	6	6	85	115
允差	±3	±2	±2	±5	—	—
基准纸⑤	95	0	5	70～80	80	150

注：①测量方法按 GB/T 17934.1 中 5.6：D_{50}光源，2°视场，黑色背景，几何条件为 0/45 或 45/0。

②测量方法按照 GB/T 8941.3 的规定。

③460nm 处的反射率，仅供参考。

④仅供参考。

⑤CY/T 31 规定的基准纸，仅供参考。

注：11. 就光泽和颜色而言，表 1 中列出的纸张类型是本标准涉及到的承印物的基础。另有如下说明：

——纸张类型 1 和 2 不是典型的卷筒纸期刊印刷用纸（封面除外）。

——纸张类型 3 和 5 不是典型的四色商业表格印刷用纸。

12. 如果最终产品要进行表面整饰，可能会影响承印物的颜色。参见 4.2.1.2 注 17。

13. 在“白底衬”或“D_{65}”条件下的 L*a*b* 值，其允许的容差与表 1 数值一致。

14. 表 1 中包含了 CY/T 31 中规定的基准纸的参数，仅供参考。一些参数值与 CY/T 31 中的不一致，是由于使用了黑底衬。

15. 纸张类型 3 的克重（$70g/m^2$）是卷筒印刷用纸（$60g/m^2$～$65g/m^2$）和其打样用纸（$90g/m^2$）的

折中。用黑背景测量时，若克重从 $70g/m^2$ 改变为 $90g/m^2$，ΔL^* 值相应改变 0.7。

16. 某些 3 型卷筒纸在规定的克重范围内，b^* 值的范围变化为 0 ~ -3。

4.2.1.2 承印物光泽度

用于打样的承印物的光泽度应尽量与生产用的承印物的光泽度相近。如不可能，印刷机打样应从表 1 列出的典型纸张中选择尽量与生产用的承印物相近的纸张。

注：17. 纸张光绝度值见表 1。

18. 如果最终产品要进行表面整饰，对光泽会有一些影响。在要求苛刻的情况下，为了使样张与最终印品更好地匹配，可以给印刷者提供两种样张，一种样张表面光泽度与未经表面整饰的印品相匹配，另一种样张表面光泽度与经过表面整饰的印品相匹配。

4.2.1.3 油墨颜色

用表 1 中的 5 种承印物打样，样张上的青、品红、黄、黑四个实地色及双色叠印获得的红、绿、蓝实地色的 CIE LAB 色度值 $L^*a^*b^*$ 应符合表 2 的规定值。允许色差值见表 3。

在印刷过程中，付印样实地块印刷原色与打样样张之间的色差不应超过表 3 中规定的相应的偏差值。

在生产过程中，印刷原色实地块的变化受后工序条件的限制，因此，至少应有 68% 的印刷品与付印样之间的色差不超过表 3 中的规定，且最好不要超过规定值的一半。

表 2 色序为青—品红—黄叠印的实地色 CIE $L^*a^*b^*$ 值

纸张① / 颜色	1 型			2 型			3 型			4 型			5 型		
	L^*	a^*	b^*②③	L^*	a^*	b^*②③	L^*	a^*	b^*②③	L^*	a^*	b^*②③	L^*	a^*	b^*②③
黑	18	0	-1	18	1	1	20	0	0	35	2	1	35	1	2
青	54	-37	-50	54	-33	-49	54	-37	-42	62	-23	-39	58	-25	-35
品红	47	75	-6	47	72	-3	45	71	-2	53	56	-2	53	55	1
黄	88	-6	95	88	-5	90	82	-6	86	86	-4	68	84	-2	70
红	48	65	45	47	63	42	46	61	42	51	53	22	50	50	26
绿	49	-65	30	47	-60	26	50	-62	29	52	-38	17	52	-3	17
蓝	26	22	-45	26	24	-43	26	20	-41	38	12	-28	38	14	-28

注：①纸张类型在 4.2.1.1 中规定。

②表中各实地色是用附录 A 中给出的方法得到的。

③测量方法按 GB/T 17934.1 中 5.6 的规定：D_{50} 照明体，2°视场，几何条件为 45/0 或 0/45。

表 3 印刷原色实地的色差值 ΔE_{ab}^*

	黑	青	品红	黄
偏差	4	5	8	6
允差	2	2.5	4	3

注： 19. 表3中的色差 ΔE_{ab}^* 的分布不是高斯分布，且不对称。但为了保持一致性，仍类似于高斯分布，定义公差的值为68%的印刷品可满足的最小色差。

20. 在附录B的表B1中给出了使用的 D_{65} 照明体时测得的7种实地色的 CIELAB $L^*a^*b^*$ 值。如果用白色底衬替代黑色底衬，表2和表B1中的 a^*、b^* 值基本不变，而 L^* 值会随着纸张不透明度的变化增加2~3。

21. 在附录B的表B2中给出了三种光谱响应条件下实地印刷原色的反射密度值。

22. 如果最终产品要进行表面整饰，可能会影响实地色的颜色。参见注12和注18。

23. 二次色红、绿、蓝的值对印刷机的机械性能、承印物的表面特性和油墨的流变性、透明度等特性有很强的依赖性。因此，原色 CMY 值符合规范要求时，二次色并不一定符合表2的值。

24. 包装印刷或专色印刷允许的色差值应低于表3所列值，尤其当色差是由 L^* 的差别引起时。

4.2.1.4　油墨光泽度

如有必要，可以规定实地颜色的光泽度。应在75°入射角（与承印物表面成15°的夹角）和75°接收角的条件下测量承印物或单色实地区域的镜面光泽度。所用测量仪器应符合 GB/T 8941.3，测量值用百分数表示。

4.2.2　阶调复制范围

加网线数介于 $40cm^{-1}$ ~ $70cm^{-1}$ 时，分色片网点面积率为3%~97%的网点能完全再现在印刷品上。

加网线数为 $80cm^{-1}$ 或进行网目调凹印打样时，分色片网点面积率为5%~95%的网点能完全再现在印刷品上。

分色片上，非主体图像部位的网点再现应取决于上述范围之外的阶调值。

4.2.3　图像位置误差

任意两色印刷图像中心之间的最大位置误差不得大于分色片最小网线宽度的一半。

注： 25. 若由于设备等方面的原因达不到上述套印精度时，生产者与客户之间应有必要的协议。

4.2.4　阶调值增加

4.2.4.1　目标值

应规定各印刷原色打样和印刷的阶调值增加值。其规定方法可以通过引用表4（图1）中列出的A~H各类型中的一种或使用实际阶调增加值进行确定，也可以通过如图1所示的图示法来确定。

在缺少数据的情况下，可根据印刷种类的不同，从表5列出的测控条上阶调值为50%处的阶调增加值数据中，选择相应的值作为目标值。

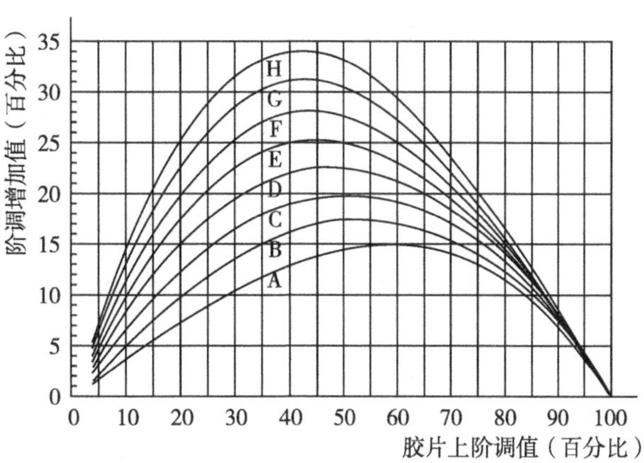

图1　表4中给定数据的阶调值增加值曲线

表 4　测控条上的阶调值与阶调增加值的关系（百分比）

胶片上阶调值	印刷品上阶调增加值							
	A	B	C	D	E	F	G	H
25	9	12	15	18	20	23	26	29
40	13	16	19	22	25	28	31	34
50	15	17	20	23	25	28	31	33
70	14	16	18	18	20	21	23	24
75	13	14	16	16	17	18	19	20
80	12	12	14	14	14	15	16	17

注：26. 黑版的阶调增加值通常比其他色版大 2% ~3%，黑版墨层较厚，通常先印。

27. 如果需要转换不同加网线数之间的阶调增加值数据，可参看附录 C。图 C1 和 C2 给出了不同印刷条件下，随着加网线数的变化，测控条上 40% 和 80% 阶调值处的阶调增大值数据可以从这些图上取得相应的数据来进行转换。非印刷机打样的数据转换可能需要不同的数据集。

28. 表 5 给出了测控条上加网线数为 $60cm^{-1}$，阶调值为 50% 处的阶调增加值。测量密度计使用 GB 11501 中规定的 T 状态光谱响应条件，不使用偏振片测量。黄版测量值比青、品红、黑低 2%。

表 5　测控条上网线数为 $60cm^{-1}$，阶调值为 50% 处的阶调增加值（百分比）

热固卷筒纸期刊印刷，彩色①	
阳图型印版，3 型纸②	19
阴图型印版，3 型纸②	27
四色连续表格印刷	
阳图型印版，1 型和 2 型纸②	26
阴图型印版，4 型和 5 型纸②	29
阳图型印版，1 型和 2 型纸②	29
阴图型印版，4 型和 5 型纸②	33
商业/特殊印刷，彩色①	17
阳图型印版，1 型和 2 型纸②	19
阳图型印版，3 型纸②	23
阳图型印版，4 型和 5 型纸②	25（18）③
阴图型印版，3 型纸②	27（22）③
阴图型印版，4 型和 5 型纸②	31（28）③

注：①黑版比其他色版通常高 2% 到 3%。

②纸型定义见 4.2.1.1。

③为尽量减小阶调值增加而优化过的，使用阴图型胶印版印刷时的阶调增加值。

4.2.4.2　误差与中间调扩展

样张或付印样的中间调阶调值增大的误差应不超过表6的规定。

注：29. 在最坏的情况下，样张与付印样在中间调会有7%的变化。

对于印刷生产，中间调平均值与确定的目标值之差应在4%以内。阶调值的统计标准偏差应不超过表6规定的偏差，且最好不要超过一半。

打样和印刷的中间调扩展应不超过表6所列的值。

表6　样张和印刷成品阶调值增大容差与最大中间调扩展

分色片上阶调值	样张的允许误差（%）	付印样的允许误差（%）	印刷品的允许误差（%）
40%或50%	3	4	4
70%或80%	2	3	3
最大中间调扩展	4	5	5

注：30. 表6中的数据是在网线数为 $50cm^{-1} \sim 70cm^{-1}$ 的测控条上用密度计或色差计测量的结果。

31. 表6中的容许误差是测量值减去目标值得到的结果。

5　印刷品上阶调值和阶调增加值的测量方法

测量方法见 GB/T 17934.1 中的5.3，测量时应注意：测控条应随主题内容一起印刷；其网线数应在 $50cm^{-1} \sim 70cm^{-1}$ 范围内；网点中心密度值应比透明胶片（片基加灰雾）的密度值高3.0以上；网点边缘宽度应不超过 $2\mu m$。

注：32. 椭圆形网点第一次连接约在其40%阶调值处，椭圆形网点的阶调值增加比圆形网点大1.5%左右。

33. 见4.2.4.1中注27。

附录 2

中华人民共和国新闻出版行业标准

CY/T 2—1999

印刷产品质量评价和分等导则

1 范围

本导则规定了印刷产品质量等级的划分和评定原则，印刷行业应按本导则的规定，制定本行业的产品质量分等办法，并确定分等产品目录。

本导则适用于在中华人民共和国境内生产和销售的印刷产品。

2 引用标准

下列标准包含的条文，通过在本标准中引用而构成为本标准的条文。在标准出版时，所示版本均为有效。所有标准都会被修订，使用本标准的各方应探讨使用下列标准最新版本的可能性。

GB/T 12707—1991 工业产品质量分等导则

3 内容

3.1 产品设计评价

产品设计评价包括：

a）装帧设计；

b）原稿质量；

c）产品总体要求。

3.2 原辅材料的评价

原辅材料评价包括：

a）印刷用原辅材料质量；

b）印后加工用原辅材料质量。

3.3 加工工艺评价

加工工艺评价包括：

a）各工序加工工艺；

b）各工序的质量标准；

c）成品的质量。

3.4 产品外观的综合评价。

3.5 牢固程度和是否便于使用。

4 印刷产品质量等级的划分原则

本标准采用 GB/T 12707 的产品质量分等原则。

印刷产品质量水平划分为优等品、一等品和合格品三个等级。

4.1　优等品

优等品的质量标准必须达到国际先进水平，实物质量水平与国外同类产品相比达到近五年内的先进水平。

4.2　一等品

一等品的质量标准必须达到国际一般水平，实物质量水平应达到国际同类产品的一般水平或国内先进水平。

4.3　合格品

按我国一般水平标准（国家标准、行业标准、地方标准或企业标准）组织生产，实物质量水平必须达到相应标准的要求。

5　印刷产品质量等级的评定原则

5.1　印刷产品质量等级的评定，主要依据印刷产品的标准水平和实物质量指标的检测结果。

5.2　印刷产品质量等级的评定，由行业归口部门统一负责，并按国家统计部门的要求，按期上报统计结果。

5.2.1　优等品和一等品等级的确认，须有国家级检测中心、行业专职检验机构或受国家、行业委托的检验机构出具的实物质量水平的检验证明；合格品由企业检验判定。

5.2.2　印刷产品质量等级评定工作中标准水平的确认，须有部级或部级以上标准化机构出具的证明。

5.2.3　经国家、行业检验机构证明印刷产品的实物质量水平确已达到相应的等级水平，才可列入等级品率的统计范围。

5.3　为使印刷产品实物质量水平达到相应的等级要求，企业应具有生产相应等级产品的质量保证能力。

6　印刷产品标准水平的划分原则

6.1　印刷产品标准水平划分为国际先进水平标准、国际一般水平标准和国内一般水平标准三个等级。

6.1.1　国际先进水平标准，是指标准综合水平达到国际先进的现行标准水平。

6.1.2　国际一般水平标准，是指标准综合水平达到国际一般的现行标准水平。

6.1.3　国内一般水平标准，是指标准水平虽然达不到国际先进和国际一般两个等级标准水平，但是符合中华人民共和国标准化法的规定，达到仍在使用的现行标准水平。

6.2　标准综合水平是指对标准中规定的与产品质量相关的各项要求的综合评价。

对比标准的水平，也是指综合水平，不应将各国标准的高指标拼凑在一个标准中。

6.3　标准水平的对比对象为现行的国际标准或国外先进标准。

无对比对象的标准水平的确定，采取与国际、国外类似标准对比的方法，完全取决于我国资源优势的标准，如其最低一级产品技术要求不低于国外先进标准的水平，即认为具有国际先进水平的标准，不低于国际一般水平，即认为具有国际一般水平的标准，也可与收集到的国外实物进行对比。

6.4　与印刷产品质量相关的指标中任一项关键指标达不到国际先进标准水平或国际一般标准水平的，则不能认为是具有国际先进水平的标准或国际一般水平的标准。

参考文献

[1] 周建平. 平版印刷工艺. 北京：石油工业出版社，1997.

[2] 刘世昌. 印刷品质量检测与控制. 北京：印刷工业出版社，2000.

[3] 高鸿飞. 彩色印刷质量管理的测试方法及工具. 北京：印刷工业出版社，1988.

[4] 胡成发. 印刷色彩与色度学. 北京：印刷工业出版社，1993.

[5] 姚海根. 数字印刷技术. 上海：上海科学技术出版社，2001.

[6] 陈永常. 分色及制版工艺原理. 北京：化学工业出版社，2006.

[7] 杨保育. 晒版与打样工艺. 北京：印刷工业出版社，2005.

[8] 许文才. 包装印刷与印后加工. 北京：中国轻工业出版社，2006.

[9] 香港印艺学会. 胶印技术资料手册. 北京：印刷工业出版社，2006.

[10] Sean Smyth. The Print and Production Manual. Pira International Ltd，2003.

[11] Mile Southworth，Donna Southworth. Quality and Productivity in the Graphic Arts，1990.

[12] GATF. Digital Sheetfed Test Form 4. 1 User Guide.